KB219275

조지아 홀리데이

조지아 홀리데이

2025년 5월 10일 개정1판 1쇄 펴냄

지은이 이시현·이정욱
발행인 김산환
책임편집 윤소영
디자인 윤지영
지도 글터
펴낸 곳 꿈의지도
인쇄 다라니
종이 월드페이퍼

주소 경기도 파주시 경의로 1100, 604호
전화 070-7535-9416
팩스 031-947-1530
홈페이지 blog.naver.com/mountainfire
출판등록 2009년 10월 12일 제82호

ISBN 979-11-6762-117-7
ISBN 979-11-86581-33-9-14980(세트)

GEORGIA
조지아 홀리데이

글·사진 이시현·이정욱

꿈의지도

프롤로그

가마르조바 조지아! (안녕 조지아!)

어떤 이에게는 여전히 낯선 나라, 조지아. 어디에 있는지, 어떤 곳인지, 어떤 사람이 사는지 모르겠는 생소한 나라다. 나 역시 몇 년 전까지는 조지아라는 나라가 그랬었다. 무뚝뚝한 표정으로 동양인을 쳐다보는 사람들의 시선이 낯설었고, 시간표 없는 낡은 마르슈르트카 버스가 당황스러웠다. 하지만 조지아를 여행하면서 많은 게 달라졌다. 마르슈르트카를 타고 가 만난 조지아의 모든 것들은 평생 잊을 수 없는 추억이 되었다.

2014년 조지아로 가는 여행은 낯설고 험했다. 아제르바이잔에서 10시간 동안 버스를 타고 국경을 넘어 조지아로 들어갔다. 차갑고 어두운 새벽, 버스터미널이 아닌 길 가에 선 버스에서 내려 마주한 첫 트빌리시의 기억은 지금 생각해도 아찔하다. 꼬불꼬불 써놓은 조지아어는 그림인지 글씨인지 도통 알 수 없었다. 여행자의 직감과 센스, 찍기로도 결코 해석할 수 없었다.

조지아 여행도 결코 쉽지 않았다. 말이 통하지 않으니 의존할 것은 눈빛과 몸짓뿐이었다. '이렇게 여행이 가능해?' 라는 두려움이 생겼다. 하지만 그 두려움도 잠시, 조지아를 조금씩 알게 되자 진짜 조지아가 보였다. 얼핏 표정만 보면 무뚝뚝해 보였지만, 조지아인은 친절하고 다정하다. 여행자가 먼저 다가가면 절대 먼저 물러나지 않는 친절한 사람들이었다. 그것을 알고나자 조지아가 사랑스럽게 다가왔다.

자연과 문화가 어울린 조지아의 여행지도 알면 알수록 빠져들게 했다. 조지아는 세계 와인의 시초가 된 와인의 나라다. 8,000년 전(세상에나!)에 와인을 빚던 토기가 전해지고, 지금도 옛 방식 그대로 와인을 빚는다. 조지아 북부는 알프스보다 더 높고 웅장한 코카서스산맥이 있다. 산이 어찌나 높고 깊은지 천년 동안 외부 세계와 단절되었던 곳도 있다. 그 높고 푸른 초원을 따라 트레킹을 하면 대자연의 압도적 풍경에 입을 다물 수 없다. 그리고 또 고대 동굴도시를 비롯한 수많은 문화유적과 그리스 로마 신화의 무대도 가슴을 설레게 했다. 버스를 타고 가면서도 교회를 보면 성호를 긋는 조지아인의 독실한 신앙심에서 알 수 있듯이, 이천 년에 걸쳐 이룩한 교회와 성당 등 기독교 유적지도 발길을 끌었다.

조지아에 대한 애정이 깊어질수록 아쉬움도 생겼다. 사람들이 이렇게 다정하고 아름다운 나라가 있다는 것을 제대로 알았으면 하는 바람이다. 또 스마트폰 하나면 못할 게 없는 한국과 달리 불편하기 짝이 없는 조지아 여행에 대해 알려주고 싶었다. 조지아는 아직 여행 인프라가 많이 부족하다. 버스는 정확한 스케줄이 없다. 좌석도 지정하지 않는다. 승객이 다 채워지면 출발한다. 한참을 달리다가도 누군가가 손을 흔들면 버스를 세우고 태워주는 문화가 그대로 남아있다. 분명히 몇 번을 확인하고 간 여행지가 문이 닫혀 있는 일도 많다.

그래서 조지아 가이드북을 써보기로 마음 먹었다. 사람들에게 조지아가 얼마나 매력적인 나라인지의 알려주고 싶었다. 또, 구글링에서도 찾을 수 없는 조지아의 여행 정보를 최대한 많이 알려주고 싶었다. 여행자들이 조지아에서 행복한 추억을 만들 수 있도록 돕고 싶었다.

〈조지아 홀리데이〉 초판이 나오고 3년이 지났다. 그 사이 많은 것이 바뀌었다. 물가는 크게 올라서 더 이상 '저렴한 여행지'가 아니다. 불편했던 도로와 철길도 현대적으로 변모하면서 교통편과 시간표도 바뀌었다. 새로운 호텔이 생겨나고, 여행지의 레스토랑도 변했다. 이처럼 변화무쌍한 조지아지만 변하지 않는 것도 있다. 그것은 언제 보아도 매력적인 여행지와 친절한 사람들이다. 부디 이 책이 설레는 마음으로 조지아 여행을 꿈꾸는 이들에게 도움이 되기를 바란다.

Special Thanks to

〈조지아 홀리데이〉를 준비한다는 소식을 듣고 여행 친구이자 가이드가 되어준 덕진, 연주, 혜수 덕분에 더욱 깊이 있게 조지아를 만날 수 있었고, 웃음 가득한 즐거운 여행이 되었습니다. 조지아를 방문할 때마다 반갑게 맞이해주신 박철호&임진려 대표님, 송's Family 식구들, 바투미의 세오님 감사합니다. 흔들리는 멘탈을 항상 잡아주는 석진이와 영원한 멘토 차미정 교수님께도 사랑과 감사의 인사를 전합니다.

언제나 버팀목이 되어 주는 사랑하는 부모님과 나의 소중한 동생이자 친구인 효주, 항상 응원해주는 가족들 정말 고맙고 사랑합니다. 끝으로 조지아의 멋진 사진을 도와주신 주한 조지아 대사관 대사님과 현지 호텔, 레스토랑 관계자 분들에게도 감사드립니다.

2025년 4월 이시현 이정욱

〈조지아 홀리데이〉 100배 활용법

조지아 여행 가이드로 〈조지아 홀리데이〉를 선택하셨군요. '굿 초이스'입니다.
조지아에서 뭘 보고, 뭘 먹고, 뭘 하고, 어디서 자야 할지 고민하지 마세요.
친절하고 꼼꼼한 베테랑 〈조지아 홀리데이〉와 함께라면 당신의 조지아 여행이 완벽해집니다.

01
조지아를 꿈꾸다
STEP 01 » PREVIEW 를 먼저 펼쳐보세요. 광활한 대자연을 만날 수 있는 조지아에서 꼭 봐야 할 것, 해야 할 것, 먹어야 할 것들을 안내합니다. 조지아 여행에서 놓쳐서는 안 될 핵심 요소들을 화보 사진으로 만나보세요.

02
여행 스타일 정하기
STEP 02 » PLANNING 을 보면서 나의 여행 스타일을 정해보세요. 조지아 핵심 명소와 하이라이트 스폿을 둘러보는 일정부터 근교를 포함하여 알차게 여행하는 일정까지 다양한 코스를 소개합니다.

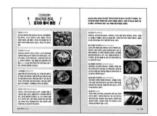

03
조지아를 즐기다&조지아를 맛보다
STEP 02 » PLANNING 에는 조지아에서 즐길 것을 알차게 소개합니다. 역사 깊은 와이너리에서 여행자의 입맛을 사로잡는 음식까지, 조지아에서 보고, 먹고, 즐길 것을 안내해줍니다.

04

숙소 정하기
각 지역의 SLEEP 을 보면서 내가 묵고 싶은 숙소를 골라보세요. 실속 있는 중저가 호텔, 최고급 럭셔리 호텔, 조지아 사람들의 생활을 엿볼 수 있는 B&B 등 콘셉트와 가격대를 고려한 다양한 숙박 시설을 소개합니다.

05

지역별 일정 짜기
여행 콘셉트와 목적지를 정했다면 이제 지역별로 묶어 자세한 동선을 짭니다. 조지아 각 지역별 관광지와 레스토랑 등을 보면 이동 경로를 짜는 것이 훨씬 수월해집니다.

06

D-day 미션 클리어
여행 일정까지 완성했다면 책 마지막의 여행 준비 컨설팅을 보며 혹시 놓친 것은 없는지 챙겨보세요. 여행 90일 전부터 출발 당일까지 날짜별로 챙겨야 할 것들이 리스트업 되어 있습니다.

07

홀리데이와 최고의 여행 즐기기
여행에서 돌아올 때까지 〈조지아 홀리데이〉를 내려놓아서는 안 됩니다. 여행 일정이 틀어지거나 계획하지 않은 모험을 즐기고 싶다면 언제라도 〈조지아 홀리데이〉를 펼쳐야 하니까요.

일러두기

- 이 책에 실린 모든 정보는 2025년 4월까지 수집한 정보를 기준으로 했으며, 이후 변동될 가능성이 있습니다. 교통편 운행 정보와 요금, 관광지 운영 시간, 식당 운영 등은 수시로 변동될 수 있습니다. 여행 전 홈페이지를 통해 검색하거나 현지에서 다시 한번 확인하세요. 변경된 내용이 있다면 꿈의지도 편집부로 연락 주시기 바랍니다. 편집부 070-7535-9416
- 이 책에 실린 지명과 상점, 교통 시설 등에 표기된 영어 발음은 국립국어원 외래어 표기법에 따랐습니다.
- 교통 정보에서 도보 이동 시간은 개인차가 있을 수 있습니다.
- 관광지, 식당, 호텔 등 요금은 성인 기준, 운영 시간은 성수기를 기준으로 작성하였습니다. 비수기인 동절기 기간은 운영 시간이 성수기에 비해 짧은 편이니, 방문 전 각 홈페이지에서 확인하시길 바랍니다.
- 조지아는 1월 1~2일 설날 연휴, 1월 7일은 크리스마스입니다. 4월에 있는 부활절은 조지아 최대의 명절로 긴 연휴입니다. 연휴 기간에 휴무하는 식당, 매장이 있을 수 있으니 방문 전 확인 하시길 바랍니다.
- 조지아 화폐는 2025년 4월 기준 1라리가 약 510원 입니다. 환율은 수시로 변동되므로 여행 전 확인은 필수입니다.

| CONTENTS |

GEORGIA BY STEP
여행 준비 & 하이라이트

STEP 01
PREVIEW
조지아를 꿈꾸다
015

STEP 02
PLANNING
조지아를 그리다
032

GEORGIA BY AREA
조지아 지역별 가이드

03
조지아 서부
WEST OF GEORGIA
226

03 보르조미

04 아할치헤 & 바르지아

05 바투미

Step 01
Preview
....
조지아를
꿈꾸다

조지아 MUST SEE

아직은 생소한 나라 조지아. 신이 내린 선물이라 불리는 뛰어난 자연 경관 이외에도
볼 게 많다. 물가는 저렴하고, 사람들은 친절하다. 조지아가 한 달 살기 도시로 떠오
르는 이유다. 조지아에서 꼭 봐야 할 11곳을 소개한다.

1
나리칼라 요새 Narikala Fortress

트빌리시 므타츠민다산 위에 있는 요새다. 4세기에 지어져 조지
아의 옛 왕국 이베리아 수도를 지켜줬다. 트빌리시를 대표하는
랜드마크로 므츠바리강과 트빌리시의 전경을 한눈에 볼 수 있는
전망대다. **111p**

즈바리 수도원 Jvari Monastery

십자가라는 뜻의 즈바리 수도원. 유서 깊은 수도원을 돌아본 후 수도원 앞 성벽에서 므츠바리강과 아그라비강이 합류하는 모습도 놓치지 말자. 석양이 질 때 방문한다면 평생 잊지 못할 장면을 볼 수 있다. **129p**

시오니 대성당 Sioni Cathedral

트빌리시 구시가지에 있는 시오니 대성당은 조지아에 기독교를 처음 전파한 성녀 니노의 포도나무 십자가가 있는 곳이다. 이 때문에 정교를 믿는 조지아인의 정신적 지주 역할을 하는 곳이다. **116p**

4

프로메테우스 동굴
Prometheus Cave Natural Monument

쿠타이시 근교에 있는 석회 동굴이다. 폭포 모양부터 그리스 로마 신화에 나오는 프로메테우스가 숨어 있던 크바블리산을 닮은 종유석까지 다양한 종류의 종유석을 볼 수 있다. **269p**

텔라비 와이너리
Winery of Telavi

조지아는 세계 최초로 와인이 탄생한 나라다. 텔라비는 조지아에서도 와인의 주생산지다. 크베브리 항아리를 이용한 조지아 전통 와인의 역사와 제조 방법, 포도원을 돌아보자. **193p**

6

카즈벡산과 게르게티 트리니티 교회
Mt. Kazbek & Gergeti Trinity Church

많은 여행자가 조지아 하면 가장 먼저 스테판츠민다의 풍경을 떠올린다. 카즈벡산을 배경으로 서 있는 중세의 수도원이 조지아의 자연과 역사를 압축해 말해준다. 특히 이곳은 일출에 맞춰 보면 더 극적이다. 해가 떠오르면 햇살이 게르게티 트리니티 교회를 품고 마을 앞까지 다가온다. **153p**

코쉬키 Koshki

코카서스산맥 깊숙한 곳에 자리한 메스티아는 스바네티 민족의 땅이다. 이곳에는 적의 침탈에 대비해 만든 코쉬키(스반타워)가 마을 곳곳에 우뚝우뚝 솟아 있다. 알프스보다 더 알프스다운 자연과 어울린 시간이 멈춘 중세의 마을을 찾아가보자. **236p**

8

보드베 수도원
Bodbe Monastery

조지아에 기독교를 전파한 성
녀 니노. 그녀의 마지막 안식
처가 시그나기에 있는 보드베
수도원이다. 성녀 니노의 일생
을 알고, 코카서스 연봉이 배
경처럼 우뚝 선 조지아의 풍요
로운 땅도 느껴보자. **173p**

9

우플리스치헤 Uplistsikhe

기원전 청동기 시대 바위로 된 산에 동굴을 파서 만든 조지아 최초의 도
시다. 시대에 따라 새로운 시설이 추가되며 조지아 역사의 산증인과도
같은 고대 도시 유적을 거닐어보자. **211p**

10

우쉬굴리 Usiguli

유럽에서 가장 높은 곳에 있는 마을, 우쉬굴리. 천년 동안 외부와 단절되었던 이 마을은 1996년 유네스코 세계문화유산으로 등재되었다. 우쉬굴리에는 일 년 내내 녹지 않는 빙하를 볼 수 있다. **244p**

11

고리 Gori

구소련 느낌을 풍기는 고리는 '스탈린의 도시'다. 소련의 철권 통치자 스탈린의 고향으로 그의 생가 와 박물관이 있다. 또 그가 타고 다니던 전용 열차 도 볼 수 있다. **205p**

조지아
MUST DO

조지아는 만년설을 이고 있는 코카
서스산맥에 둘러싸여 있다. 이곳에
서 발원한 강과 계곡, 그리고 초원
이 어울린 풍경이 절경이다. 조지아
만의 독특한 자연을 찾아가면 잊지
못할 추억을 안겨준다. 또한, 세계
와인의 기원지에서 와인을 마시며,
러시아의 대문호들이 사랑한 온천에
서 휴식도 즐겨보자.

2 다비드 가레자 수도원 탐방하기

조지아에 기독교를 전파한 수도사들의 고행을 알 수 있는 동굴 수도원 다비드 가레자. 자연과 인간이
만든 위대한 합작품 앞에 서면 특별한 감동을 받는다. 특히, 수도원 유적을 찾아가는 길은 조지아와
아제르바이잔의 국경에 걸쳐 있다. 트레킹을 하는 동안 국경을 넘나드는 독특한 경험을 할 수 있다.

1 나리칼라 요새에 올라가서 트빌리시 전경 바라보기

트빌리시를 한눈에 볼 수 있는 나리칼라 요새는 낮과 밤의 정취가 다르다. 요새 성벽을 따라 조지아 어머니상까지 걸어보자. 케이블카를 이용하면 쉽게 오르내릴 수 있다.

3 시그나기 성벽 거닐며 풍경 감상하기

시그나기 성벽은 조지아를 대표하는 풍경을 볼 수 있는 곳이다. 붉은 지붕이 연이은 시그나기 마을과 끝없이 펼쳐진 알라자니 평원, 여름에도 하얀 눈을 이고 있는 코카서스산맥이 펼쳐진다. 시그나기 성벽을 따라 걸으며 멋진 풍경을 사진으로 남겨보자.

4 주타 & 트루소 트레킹 하기

조지아 여행의 즐거움은 코카서스산맥에서 즐기는 트레킹이다. 만년설을 바라보며 고원의 호수와 빙하, 광천수가 만든 독특한 지형을 찾아보는 재미는 기대이상이다. 스테판츠민다를 방문했다면 조지아의 자연을 느낄 수 있는 트레킹을 해보자.

6 트빌리시 도심에서 온천욕 하기

트빌리시는 도심 한가운데서 온천욕을 할 수 있다. 러시아 대문호 푸시킨이 사랑했던 아바노투바니 온천이 그곳. 조지아 수도를 이곳으로 옮기게 한 유황온천을 체험해보자.

5 조지아 와인 맛보기

세계 와인의 시초 조지아. 8,000년의 역사를 가진 조지아의 와인을 즐겨보자. 땅 속에 크베브리라 불리는 항아리를 묻어 와인을 숙성시키는 방식은 조지아에서만 볼 수 있다. 텔라비의 와이너리에서 조지아 와인 역사를 배우고, 와인 시음도 해보자.

7 구다우리에서 스키 타기

코카서스산맥이 감싼 조지아는 세계 스키의 메카다. 슬로프 밖에 펼쳐진 광활한 설원에서 프리라이딩의 진수를 느낄 수 있다. 구다우리는 트빌리시에서 접근성이 좋고, 상대적으로 저렴하게 스키를 즐길 수 있다.

8 클락타워 인형극 보기

조지아 대표 예술가이자 인형극 연출가 가브리아제가 만든 트빌리시 클락타워. 이 시계탑에서 매일 정오와 저녁 7시에 작은 인형극이 열린다. 트빌리시 도심 여행을 하다가 시간에 맞춰 방문해보자.

10 아그마쉐네벨리 거리 걷기

트빌리시는 구시가지와 신시가지로 구역이 나뉜다. 신시가지를 대표하는 아그마쉐네벨리 거리는 조지아의 젊은이와 세계의 여행자들을 볼 수 있는 핫한 장소다. 자유로운 트빌리시 밤거리를 즐겨 보자.

9 고르가살리 광장에서 인증샷 남기기
트빌리시를 방문하면 한 번은 들리게 되는 고르가살리 광장. 이곳에서 트빌리시 여행 인증샷 포인트
인 'I love TBILISI' 간판과 함께 사진을 찍자.

11 알리와 니노 조각상 동영상 찍기
흑해 연안의 도시 바투미의 명물은 알리와 니노의 슬픈 사랑 이야기가 담긴 조각상이다. 알리와 니
노 조각상은 10분간 천천히 움직이는데, 서로가 가까워지다가 이내 다시 멀어진다. 이 모습을 스마
트폰 타임랩스로 촬영하면 뜻밖의 선물이 된다.

힌칼리 khinkali
조지아의 만두. 두툼한 꼭지 부분을 잡고
한입 베어 육즙부터 먹는다.

므츠바디 Mtsvadi
포도나무 장작에 구운 조지아식 바비큐. 트
케말리라는 자두 소스와 함께 먹는다.

PREVIEW **03**

조지아 **MUST EAT**

조지아는 맑고 깨끗한 자연환경을 간직한 나라다. 이곳에서 친환경적으로 자란 육류
로 만든 음식은 풍부한 식감과 맛을 느낄 수 있다. 8,000년의 역사를 가지고 있는
와인과 와인 찌꺼기를 증류해 만든 술 차차를 마셔보자. 또한 꼬치구이 바비큐 므츠
바디나 조지아식 치즈빵 하차푸리도 놓칠 수 없다.

맛조니 Matsoni
카프카스 지역에서 먹는
발효유 제품. 조지아 장수
촌의 비결로 불린다.

차차 Chacha
와인을 만들고 남은 포도
찌꺼기로 만든 증류주.

보르조미 미네랄 워터
Borjomi Mineral Water
러시아 황제에게 진상한
세계 3대 광천수.

하차푸리 Khachapuri
빵 안에 치즈를 넣어 화덕에 구운 조지아 대표 음식.

쇼티 Shoti
화덕에서 구운 조지아 빵.

홈메이드 와인 Homemade Wine
와인의 기원지에서 맛보는 다양한 홈메이드 와인.

술구니 Sulguni
조지아 요리에서 자주 등장하는 소나 버팔로 젖으로 만든 치즈.

하르초 kharcho
스탈린이 사랑한 스튜 요리. 매콤한 맛이 한국인 입맛에도 잘 맞는다.

추르츠헬라 Churchkhela
실에 호두와 견과류를 엮어 포도즙 시럽에 적셔 말린 조지아 전통 간식.

조지아 **MUST BUY**

술구니 Sulguni
조지아에서만 맛볼 수 있는 짠맛과 신맛이
조화로운 술구니 치즈.

와인 Wine
세계 최초 와인 생산지의 다양하고 풍미 깊은
와인은 조지아의 베스트 기념품이다.

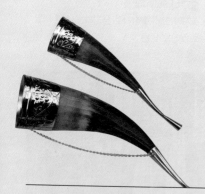

깐지 Kansi
동물의 뿔로 만든 조지아 전통 와인 잔.
뿔에 따라 잔의 모양이 다르다.

추르츠헬라 Churchkhela
신기하고 낯선 모양의 조지아 대표 간식.
선물용으로도 좋다.

조지아 여행의 추억은 기념품으로 남기자. 종류가 다양하지는 않지만 강렬한 인상의 기념품이 있다. 가격대도 저렴해 선물로도 부담스럽지 않다. 조지아의 매력과 맛을 전할 수 있는 기념품을 알아보자.

차차 Chacha
와인을 만들고 남은 포도 찌꺼기를
증류해 만든 조지아 전통 술.

구리엘리 차 Gulieli Tea
조지아의 깨끗한 물과 공기를 머금고 자라난
조지아의 구리엘리 차. 홍차를 기본으로
여러 종류가 있다.

마그넷
하차푸리, 깐지, 힌깔리 모양의 마그넷을
볼 수 있다. 하나쯤 기념으로 간직하기 좋다.

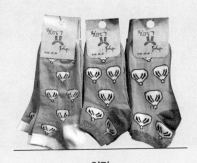

양말
힌깔리와 하차푸리가 그려진 양말은
조지아에서만 살 수 있는 귀여운 기념품.

Step 02
Planning

조지아를
그리다

키워드로 보는 조지아

알고 보면 더 깊게 보이는 조지아. 조지아를 떠올릴 때 가장 궁금해 하는 여섯 가지에 대해 설명한다. 처음은 낯설게 느껴지지만 다가가면 한없이 친근한 나라! 그게 바로 조지아의 매력이다.

1 코카서스산맥

조지아를 말할 때 코카서스산맥을 빼놓을 수 없다. 조지아 북쪽에는 대 코카서스산맥이 있다. 동서로 길게 이어진 해발 4,000~5,000m의 이 산맥은 러시아와 국경을 이루고 있다. 소 코카서스산맥은 조지아 남부의 국경을 이루고 있다. 이 두 산맥 사이에는 드넓은 평원이 있어 흑해로 연결된다. 조지아는 국토의 2/3가 산악 지형이다. 우쉬굴리에 있는 쉬카라산(5193m)은 코카서스산맥에서 세 번째로 높은 봉우리이자 조지아 최고봉이다.

조지아는 이처럼 높은 산들이 있어 유럽의 알프스가 부럽지 않다. 드넓은 평원을 배경으로 선 만년설을 이고 있는 코카서스 연봉의 아름다운 자태가 조지아를 말해준다. 또한, 순수한 자연이 살아 있는 고산은 트레킹의 즐거움을 주고, 이곳에 기대어 살던 조지아인들의 오랜 역사도 알려준다.

2 최초의 와인

조지아는 세계 최초로 와인을 만든 곳이다. 선사 유적지에서 발견된 와인 제조 시 사용하는 토기(크베브리), 다양한 형태의 와인잔, 그리고 매년 발굴되는 토기에서 발견되는 발효된 포도씨가 그것을 뒷받침 한다. 학자들은 조지아에서 와인을 만든 것이 8,000년 전으로 추정하고 있다. 조지아는 포도재배에 아주 이상적인 기후를 가지고 있다. 이 덕분에 다양한 품종을 재배할 수 있고, 또 다양한 스타일의 와인 생산이 가능하다.

조지아 대표 포도 품종은 무쿠자니Mukuzani, 사페라비Saperavi, 르카치텔리Rkatsiteli, 므츠바네Mtsvane, 친누리Chinuri 등이 있다. 지금도 바닥이 뾰족한 모양을 한 큰 항아리 크베브리Qvevri를 이용해 전통 방식으로 와인을 만드는 곳이 많다. 또 가정마다 홈메이드 와인을 직접 만든다. 이처럼 조지아인들에게 와인은 신이 준 선물이자 생활의 일부나 다름없다.

3 그리스 신화

흑해와 카스피해 사이에 있는 조지아는 그리스 로마 신화의 무대다. 과거 그리스와 로마 전성기에 조지아는 두 나라의 손길이 미치는 마지막 동쪽이었다. 이런 연유로 조지아에는 신화 속 인물과 장소가 많다.

조지아 제1경이라 할 수 있는 스테판츠민다의 카즈벡산은 인간을 사랑한 신 프로메테우스 전설이 있다. 프로메테우스는 제우스 몰래 인간에게 금지된 불을 건네 준 죄로 바위에 묶여 독수리에게 간을 쪼이는 형벌을 받았다. 프로메테우스가 3,000년 동안 묶여 있던 산이 바로 카즈벡산이다.

흑해와 접한 조지아 제2의 도시 바투미는 아르고 원정대가 황금 양털을 찾아 흑해 건너 미지의 땅으로 찾아간 콜키스다. 쿠타이시 근교의 석회동굴 프로메테우스는 프로메테우스가 제우스에게 잡히기 전 몸을 숨긴 곳이라 한다. 현재 프로메테우스 동굴 내부는 그리스 신화와 연관된 이름인 아르고너스, 콜헤티, 메디아, 프로메테우스라 이름 붙였다.

4 독립 투쟁과 소련의 유산

조지아 근대사에서 러시아를 포함한 소련을 빼고는 이야기할 수 없다. 조지아는 19세기 초 러시아에 편입된 후 20세기 말까지 소련의 억압과 지배 속에서 국민의 권리와 나라를 지키기 위해 투쟁했다. 이 기나긴 독립투쟁의 역사는 조지아의 국민성과 문화유산으로 남았다. 1857~1907년 조지아 독립을 위한 애국운동이 활발하게 전개되었다. 그러나 러시아 제국이 붕괴되고 소련이 등장하면서 독립의 꿈은 수포로 돌아갔다. 그 뒤 구소련 붕괴 후 1991년 4월 조지아는 꿈에 그리던 독립을 하게 된다. 그러나 독립 후에도 러시아의 영향력은 줄지 않았다. 이는 조지아가 가진 지정학적인 중요성 때문이다. 카스피해에서 채굴한 석유와 천연가스를 옮기는 송유관이 조지아를 지나간다.

한편, 조지아가 러시아의 일원이 되면서 입은 혜택도 있다. 특히, 조지아 고리에서 태어난 스탈린이 구소련 서기장이 되면서 조지아 또한 러시아에서 주요한 지위를 점하게 됐다.

5 문명 교차로 명암

조지아는 지정학적으로 동서 지역의 교차로에 있다. 흑해와 카스피해를 연결하는 위치에 있어 중세까지 실크로드의 길목이 되었다. 조지아 동부에 자리한 카르틀리-카헤티 왕국은 중세까지 실크로드의 거점으로 큰 번영을 누렸다. 그러나 지리적 요충지에 있다는 것은 동서양 문물이 교류하는 긍정적인 부분도 있지만 끊임없는 외침에 시달려야 하는 아픔도 안겨 주었다.

조지아는 고대 그리스부터 새로운 강대국이 출몰할 때마다 침략을 당했다. 로마와 몽골, 페르시아, 오스만 튀르크를 거쳐 근대 러시아에 이르기까지 조지아의 역사 자체가 외침의 역사가 되었다. 조지아는 외침이 있을 때마다 수도가 폐허로 변할 만큼 큰 피해를 입었다. 기독교에서 이슬람으로, 다시 기독교로 종교가 바뀌는 혼란을 겪었다. 조지아인들의 독립에 대한 열망이 드높은 것도 이런 오랜 외침의 역사에서 기인한다. 그러나 조지아는 독립을 했지만, 아직도 러시아의 영향에서 자유롭지 못하다.

6 조지아 정교회

조지아인에게 종교는 삶에 깃든 생활 그 자체이다. 조지아인들은 정교회를 국교로 지켜낸 조상에게 항상 감사해 한다. 이들은 하루 중 언제라도 십자가를 마주하면 하던 일을 멈추고 성호를 긋는다. 조지아의 작은 성당만 가더라도 마음을 다해 기도하는 사람들을 많이 마주할 수 있다. 결혼을 비롯한 가족의 중요한 행사도 교회에서 치른다.

조지아 정교회는 기독교의 일종이다. 11세기 일어난 종교 개혁으로 가톨릭, 개신교 등 서방 교회가 변화를 겪을 때 동방의 교회들은 자신들은 정통을 지키고 있다는 뜻으로 정교회라 불렀다. 이처럼 강직한 신앙심을 가지고 있었기에 조지아에는 정교회 관련 유적이 많이 남아 있다. 트빌리시에 있는 성삼위일체 대성당과 시오니 대성당, 시그나기 보드베 수도원, 므츠헤타 스베티츠호벨리 대성당은 조지아인들의 깊은 신앙심을 보여주는 곳이다.

조지아 역사

조지아의 역사는 외침과 투쟁의 역사라고 해도 과언이 아니다. 고대 그리스부터 근대의 러시아 제국에 이르기까지 숱한 외침을 겪었다. 그 과정에는 조지아를 통일시킨 황금기도 있었다. 파란만장한 역사를 간직한 조지아를 알아보자.

고대 조지아

조지아 역사는 콜키스와 이베리아 왕국으로부터 시작된다. 기원전 8세기 말 콜키스 왕국으로 알려진 서조지아와 이베리아 왕국으로 알려진 동조지아가 생겼다. 콜키스와 이베리아는 메디아와 페르시아의 침략에도 살아남았다. 하지만 조지아의 지정학적 특성상 주변 왕국이나 주요 세력의 각축장이 되는 운명을 피할 수 없었다.

기원전 189년 급속도로 성장한 아르메니아 왕국은 이베리아를 절반 넘게 차지했다. 또 콜키스는 로마의 속주가 되었다. 5세기말 바흐탕 1세 고르가살리 왕자는 스스로 왕을 선언하고 페르시아에 대항하며 이베리아 왕국을 복원했다. 하지만 바흐탕 1세가 502년에 죽자 이베리아는 다시 페르시아의 속주가 되었다.

조지아 왕국 건설

10세기 말 바그라트 3세가 조지아 동부와 서부를 통일하면서 조지아 왕국이 만들어졌다. 그러나 1081년 조지아는 셀주크에 정복당해 거의 황폐화 되었다. 다만, 코카서스 산악지역에 있는 압하지아, 스바네티, 라차와 케비 같은 곳은 셀주크 통제 밖에 있었다. 다비트 4세는 왕위를 승계한 직후 셀주크에 대한 투쟁을 시작했다. 마침내 1099년 말 트빌리시와 헤레티를 제외한 조지아 영토 대부분을 해방시키고 조지아 왕국을 복원시켰다.

타마르 여왕의 시대

타마르 여왕(1160~1213)의 통치는 조지아의 황금시대를 상징한다. 타마르 여왕은 남아르메니아를 조지아의 보호국으로 만들었다. 그녀는 정치적, 군사적인 업적과 더불어 건축, 문학, 철학 등 조지아의 문화를 한 단계 발전시켰다. 조지아는 1204년 비잔티움 제국의 일시적인 몰락으로 동부 지중해 권역에서 가장 강력한 기독교 왕국이 되기도 했다.

몽골 침략

1220년 몽골의 침략은 조지아에 막대한 피해를 입혔다. 조지아는 아르메니아와 함께 격렬하게 저항했지만 국토 대부분이 함락되고 말았다. 다만, 이때도 코카서스산맥 깊은 곳에 자리한 압하지아와 스바네티는 외침을 피할 수 있었다. 몽골의 침략은 조지아를 거의 황폐화시켰다. 조지아 최초의 동굴 도시 우플리스치헤도 이 때 폐허가 되었다.

조지아의 분열

15세기 후반 조지아는 서쪽의 오스만 제국과 동쪽의 무슬림 세력으로 격전장이 되었다. 조지아의 왕국들은 나라를 지키기 위해 투쟁했다. 하지만 막강한 두 세력의 침탈을 막아낼 수는 없었다. 결국 1555년 조지아 서부 이메레티는 오스만과 사파비에 의해, 동부 카르틀리-카헤티는 페르시아에게 빼앗기게 된다.

러시아 편입

조지아 동부 카르틀리-카헤티의 왕 에리클레 2세는 1783년 러시아와 게오르기예프스키 협정을 체결하며 러시아의 보호를 받기 시작한다. 하지만 러시아의 보호를 제대로 받지 못했다. 1795년 페르시아의 침입으로 수도 트빌리시가 모두 불탔다. 조약이 무시당하며 명예가 훼손되었지만 조지아는 자립할 능력이 없었다. 1801년 1월 8일 조지아는 러시아 제국에 합병되었다. 1805년 여름, 러시아는 페르시아를 몰아내고 트빌리시를 탈환했다.

독립을 위한 열망

1855~1907년 조지아 독립을 위한 애국 운동이 일어난다. 애국운동을 이끈 사람은 시인이자 소설가, 웅변가였던 릴라 챱챠바제 왕자였다. 챱챠바제는 조지아 학교들에 자금을 조달했고 국가적인 공연을 지지했다. 그는 1877년 이베리아 신문을 발행했다. 이 신문은 조지아 국가의식을 일깨우는데 중요한 역할을 했다. 1877년 이베리아 신문을 발행했으며, 신문은 조지아 국가의식 개혁에 중요한 역할을 했다. 이베리아 신문에 실린 조지아 독립운동 선언문에는 "우리는 다른 나라를 해칠 마음이 추호도 없으며, 누구를 노예로 만들 욕망 따위도, 누구를 가난하게 몰아갈 마음도 전혀 없다. 오로지 애국자의 열정은 인권이 존재하는 사회에서 어느 누구도 빠짐없이 스스로의 정부로 그들 자신의 시민권을 위한 조지아의 권리를 복구하고 국민들의 특성과 문화를 보존하고자 함이다." 라 쓰여 있다.

짧은 독립과 소비에트 연방 귀속

1917년 레닌을 중심으로 한 볼셰비키 혁명군이 러시아 황제 니콜라이 2세를 몰아내고 세계 최초로 사회주의 국가를 세운다. 혁명 이후 남은 귀족과 혁명군의 충돌로 러시아 내전이 일어난다. 조지아는 1918년 5월 26일 러시아 내전의 혼란스러운 틈을 타 조지아 민주 공화국으로 독립한다. 그러나 이것도 잠시였다. 1921년 러시아 내전에서 승리한 볼셰비키 혁명군이 조지아를 침입했다. 저항이 이어졌으나 조지아는 결국 소비에트 연방에 귀속되었다. 1936년 조지아는 소비에트 사회주의 공화국 중 하나로 자치권을 인정받는다.

소비에트 연방 독립

조지아는 구소련이 몰락하면서 1991년 4월 9일 소비에트 연방에서 독립을 선언했다. 감사후르디아가 초대 대통령에 당선되었으나 얼마 가지 않아 셰바르드나제가 정권을 장악했다.

그는 1995년, 2000년 재선에 성공했다. 하지만 2004년 '장미혁명'으로 실각하고, 미하일 사카슈빌리가 96%의 압도적인 득표율로 당선되었다. 당시 트빌리시 자유광장은 반독재 시위 장소로 명성이 높았다. 조지아인들은 이곳에서 장미를 들고 대규모 평화 시위를 이어갔으며, 마침내 조지아의 민주화를 이끌어냈다. 장미혁명은 2004년 우크라이나의 오렌지 혁명, 2005년 키르기스탄의 튤립(레몬) 혁명으로 이어졌다.

대를 남겼다. 이에 반발한 조지아가 러시아와 전쟁을 벌였지만 무력하게 패하고 말았다. 특히, 이 두 지역이 카스피해에서 나는 석유와 천연가스를 수송하는 송유관이 지나는 지리적 요충지에 있어 러시아의 간섭은 앞으로도 이어질 전망이다.

현재의 조지아

조지아는 독립 이후 민주화의 진전이 있었다. 하지만 조지아는 여전히 러시아로부터 자유롭지 못하다. 조지아 서북부 압하지아와 남오세티아가 분리 독립을 주장하고, 이를 러시아가 지원하고 있다. 러시아는 조지아 영토에서 군대를 철수하겠다고 약속했지만, 2008년 일방적으로 압하지아, 남오세티아의 독립을 인정했으며 군

코카서스산맥으로 대변되는
조지아의 대자연

조지아의 매력을 한마디로 표현하자면 '대자연'이다. 조지아를 남북으로 감싸고 있는 코카서스산맥이 아주 특별한 조지아의 매력을 만들어준다. 코카서스산맥은 해발 5,000m가 넘는 산들이 즐비하다. 여름에는 정상부는 눈이 녹지 않는 만년설도 많다. 이런 이유로 알프스보다 더 알프스 같다는 찬사를 받는다. 코카서스산맥의 높은 산들은 조지아의 풍경을 완성해주는 아름다운 배경이 된다. 또한, 모험심 많은 여행자들은 코카서스산맥의 품으로 걸어 들어간다. 코카서스산맥 깊은 품에는 시간이 멈춘 중세의 마을이 있어 여행자들을 불러들인다.

코카서스산맥 깊은 곳에는 특별한 정취와 역사를 간직한 마을들이 있다. 스테판츠민다는 조지아를 대표하는 풍경으로 자주 등장한다. 프로메테우스 전설이 깃든 카즈벡산을 배경으로 언덕에 우뚝 솟은 교회의 모습이 조지아의 자연과 문화를 상징적으로 보여준다. 트빌리시에서도 가까운 편이라 조지아 여행자라면 거의 대부분 이곳을 찾는다. **150p 참조**

조지아 서부 코카서스산맥에 자리한 메스티아는 강인한 민족성으로 유명한 스바네티 민족이 사는 곳이다. 이곳은 너무 외지고 험한 곳에 있어 수많은 외침에도 피해를 입지 않았다. 적의 침입에 맞서기 위해 집마다 만든 방어시설 스반 타워를 비롯한 마을 전체가 중세의 모습 그대로 보전되어 있다. 메스티아 인근 우쉬굴리는 해발 2,000m 이상에 자리했으며, 유럽에서 가장 높은 마을로 꼽힌다. **228p 참조**

알프스보다 더 높고 깊은 코카서스산맥

집마다 스반 타워가 서 있는 메스티아

산에서 내려다본 스테판츠민다

트레킹

조지아의 자연 속으로 한걸음 더 들어가려면 트레킹을 해야 한다. 코카서스산맥에는 세계의 여행자들이 극찬하는 트레킹 코스가 있다. 스테판츠민다의 주타 밸리와 트루소 밸리, 메스티아의 코룰디호수, 찰라디 빙하, 우쉬굴리의 쉬카라 빙하 트레킹이 대표적이다. 이곳을 트레킹하며 코카서스 연봉의 특별한 아름다움과 산악 민족의 삶과 문화도 함께 느껴보자.

주타 밸리 스테판츠민다

주타 밸리는 정면으로 만년설을 이고 있는 차우키산(3688m)을 바라보며 걷는다. 초반에는 오르막이라 조금 힘겹다. 하지만 오르막을 오르고 나면 그림 같은 풍경과 초원이 펼쳐진다. 보통 산정에 있는 작은 호수까지 반나절 트레킹을 한다. **160p 참조**

트루소 밸리 스테판츠민다

트루소 밸리는 카즈벡산 남쪽에 펼쳐진 광활한 계곡이다. 자카고리 요새까지 10km에 이르는 트레킹 코스에는 색다른 풍경이 많다. 유황 온천수가 흘러내리면서 만든 독특한 풍경을 볼 수 있으며, 잔잔한 수면 위로 파란 하늘이 담긴 유황 호수도 있다. 트레킹 코스의 종점 자카고리 요새에 오르면 사방이 탁 트인 주변 풍경을 조망할 수 있다. **162p 참조**

코룰디호수 메스티아

우쉬바산(4710m)에 펼쳐진 산정 호수와 초원. 해발 2,700m에 있는 코룰디호수에는 작은 호수 4개가 몰려 있다. 이 호수에 비친 하늘과 코카서스 연봉의 그림 같은 풍경이 트레커들을 사로잡는다. 트레킹이 힘들면 차량을 타고 갈 수도 있다. 코카서스산맥의 진정한 아름다움이 궁금하다면 이곳으로 가자. **243p 참조**

쉬카라 빙하 트레킹 우쉬굴리

유럽에서 가장 높은 곳에 자리한 마을 우쉬굴리에서 떠나는 트레킹이다. 쉬카라산(5193m)은 조지아에 있는 코카서스 산 중에서 가장 높다. 특히, 오월에는 우쉬굴리 일대에 야생화가 만발해 천상의 화원이 된다. 계곡을 따라가다 만나는 빙하도 이색적이다. 말을 타고 갈 수도 있다. **246p 참조**

스키

조지아는 유럽에서도 손꼽는 스키 여행지다. 흑해와 카스피해의 습한 기운이 코카서스산맥에 부딪쳐 많은 눈을 내리게 한다. 특히, 코카서스의 스키장은 수목한계선 경계에 자리한 곳이 많다. 수목한계선 위로 올라가면 나무가 없는 광활한 설원이 펼쳐져 프리라이딩을 즐기기 좋다. 가격도 저렴하다. 최근에는 한국 스키어들에게도 알려져 이곳으로 스키 투어를 오기도 한다.

구다우리 Gudauri Ski Resort

구다우리는 트빌리시에서 북쪽으로 120km에 위치해 있다. 조지아에서 가장 큰 스키 리조트로 매년 겨울 세계의 스키어들이 몰려든다. 프리라이더와 초보자에게 적합한 슬로프가 다양하게 갖춰져 있다. 스키, 보드를 타지 않는 사람들도 스테판츠민다에 가는 길에 들려 쉬어가기도 하는 조지아의 겨울왕국이다. **159p 참조**

바쿠리아니 Bakuriani Ski Resort

바쿠리아니는 보르조미에서 남쪽으로 25km에 있는 스키장이다. 메스티아, 구다우리와 함께 조지아 3대 스키 리조트의 하나로 트리아레티산맥 침엽수림에 자리했다. 디드밸리, 타트라, 콕타, 미타르비 등의 스키장이 있다. 스키를 타지 않는 사람들은 눈꽃승마, 스노모빌 체험도 할 수 있다. **290p 참조**

테트눌디 스키장 Tetnuldi Ski Resort

조지아에서 두 번째로 큰 스키장이다. 메스티아 마을에서 동쪽으로 12km 떨어진 곳에 있다. 테트눌디산 (4858m) 남서쪽 2,265~3,165m 사이에 스키장이 있다. 대부분 슬로프가 수목한계선 위에 있어 프리라이딩을 즐기기 좋다. 단, 겨울에는 메스티아까지 가는 길이 쉽지 않다. 메스티아 마을에 스바네티 하츠발리 스키장도 있다. **241p 참조**

TIP 코카서스 또는 카프카스?

조지아를 감싼 산줄기를 코카서스산맥이라 한다. 그러나 현지에서는 코카서스라는 말 대신 카프카스를 더 많이 쓴다. 그렇다면 두 가지 중 어떤 표현이 맞는 것일까? 결론적으로 말하면 코카서스는 영어식, 카프카스는 과거부터 사용하던 조지아식 표현이다. 따라서 두 가지 다 맞다. 이는 조지아를 그루지아라 부르는 것과 비슷하다. 따라서 조지아를 여행하며 카프카스라는 표현을 들어도 당황하지 말자.

항아리로 빚은 세계 최초!
조지아 와인 이야기

조지아를 말하는 여러 키워드 중 와인을 빼놓을 수 없다. 조지아는 세계 최초로 와인을 만든 곳이다. 조지아는 8,000년 전부터 항아리에서 와인을 빚었다. 이곳에서 시작된 와인문화는 지중해를 따라 유럽으로 전해졌다. 지금도 전통 방식으로 와인을 빚는 조지아의 와이너리를 돌아보며 와인에 흠뻑 취해보자.

조지아 와인의 역사

조지아는 8,000년 전 세계 최초로 와인을 만든 나라로 알려져 있다. 과거에는 조지아의 와인 역사를 6,000년, 혹은 7,000년이라 주장하는 학자들이 있었다. 그러나 연도는 해마다 늘어나고 있다. 그 이유는 출토되는 와인 항아리(크베브리)에서 계속 더 오래된 와인의 역사가 발견되기 때문이다. 최근 발견된 크베브리에는 8,000년 된 포도씨와 포도나무가 출토되면서 조지아 와인 역사는 8,000년으로 수정되었다.

조지아 사람들에게 와인은 신이 준 선물이며 삶 그 자체다. 조지아인들은 옛날부터 집집마다 땅에 크베브리Qvevri라는 항아리를 묻어 직접 와인을 담갔다. 이런 전통은 지금도 이어져서 많은 이들이 크베브리에 와인을 담가 먹는다. 조지아를 여행하며 유적지나 성당 같은 곳을 방문하면 건축물 외벽에 포도나무와 와인잔 장식이 있는 것을 많이 볼 수 있다. 므츠헤타의 스베티츠호벨리 대성당, 아나누리 성채의 성당 외벽 등에도 이런 그림이 있다. 조지아에 처음으로 기독교를 전파한 성녀 니노가 만든 십자가도 포도나무 줄기였다. 또 조지아 알파벳도 포도나무 줄기에서 형상화한 것이라는 주장도 있다. 이처럼 조지아와 와인은 오랜 세월 함께 해왔다.

조지아에는 오랜 와인 역사만큼 다양한 포도 품종이 있다. 조지아가 작은 나라임에도 불구하고 포도 품종이 다양한 것은 기후 때문이다. 조지아는 코카서스산맥을 비롯한 산이 많은 나라라 지역에 따라 다양한 미세기후가 있다. 또 너무 덥지 않은 여름과 겨울에도 온화한 기후는 포도를 재배하기에 적합하다. 조지아에는 토착 포도 품종만 500여종 가량 된다고 한다. 이처럼 포도재배에 적합한 환경 덕에 조지아는 독특하고 질 좋은 와인을 생산하고 있다.

조지아 전통 항아리 와인

조지아는 크베브리라는 항아리를 이용한 전통 와인 양조법이 있다. 크베브리를 이용한 양조법은 조지아 와인의 역사와 함께 시작되었다. 크베브리는 조지아 와인의 상징이자 와인 제조의 중요한 유산으로 2013년 유네스코 세계문화유산으로 지정 받았다. 크베브리는 바닥이 뾰족하게 생긴 붉은 빛의 큰 도자기다. 진흙을 한 겹씩 덧붙여가며 보통 3~5cm 두께로 만든다. 크베브리 항아리는 다양한 크기가 있다. 1,000도 이상의 가마에서 굽는다.

크베브리는 양조부터 숙성까지 와인을 책임진다. 수확한 포도를 크베브리에 담가 1차 발효시킨 후 땅에 묻어둔 크베브리에 포도의 알갱이, 잎, 줄기, 가지 등을 넣고 2차 발효를 한다. 크베브리는 목 부분까지 땅에 묻는데, 이렇게 하면 온도가 일정하게 유지된다고 한다. 현대식 온도 조절 기계와 마찬가지로 와인의 온도를 유지시켜 준다. 크베브리의 뾰족한 바닥에는 포도 천연 효모와 침전물이 가라앉아 고정된다. 와인은 항아리 중간의 넓은 공간에서 순환된다.

크베브리에 담근 와인은 깊고 무거운 맛과 향을 낸다고 한다. 숙성시킨 와인은 단일 품종의 와인이 되기도 하고 다른 품종과 블랜딩하기도 한다. 현재 조지아에는 유럽 방식의 와인 양조법을 사용하거나 유럽 방식과 혼합하는 와이너리도 많다. 하지만 일부에서는 여전히 크베브리 양조법을 고수하고 있다.

크베브리

조지아 대표 와인

1 **2** **3** **4** **5**

1 무쿠자니 Mukuzani

카헤티 무쿠자니 지역에서 수확한 사페라비 포
도로 만드는 레드 와인. 짙은 루비색을 머금은
드라이한 무쿠자니는 조지아 최고의 와인이라
는 평가를 받는다. 국제 와인대회 수상경력도
화려하다.

2 치난달리 Tsinandali

카헤티 텔라비와 크바렐리 지역에서 수확한 르
카치텔리와 무츠반 포도로 만드는 드라이 화이
트 와인이다.

3 알라자니 밸리 Alazani Valley

알라자니 지역에서 재배한 포도로 만드는 와
인이다. 르카치텔리 100%로 만드는 화이트
와인은 세미 스위트다. 사페라비와 르카치텔
리를 6:4로 섞어 만드는 레드 와인 역시 세미
스위트다.

4 킨즈마라울리 Kindzmarauli

사페라비 품종으로 숙성시킨 대표적인 세미 스
위트 와인이다. 1942년부터 생산되기 시작했
다. 구소련 시절부터 소비량이 가장 많은 인기
와인이다.

5 흐반치카라 Khvanchkara

조지아를 대표하는 세미 스위트 와인이다.
1917년 유럽 와인 박람회에서 금메달을 수상
하면서 유명해졌다. 당시에는 이 와인을 출시
한 가문의 이름을 따서 '키피아니 와인'이라 불
렀다. 그러나 흐반치카라의 애호가였던 스탈린
이 가문의 이름 대신 포도 재배지역 이름을 붙
여 흐반치카라로 부르게 했다. 흐반치카라는
다른 와인과는 달리 4~5도의 낮은 온도에서
숙성시킨다. 단맛을 내기 위해 어떠한 첨가물
도 넣지 않는다. 흐반치카라는 차게 마실 때 더
욱 맛있다.

조지아 대표 포도 품종

사페라비 Saperavi

조지아를 대표하는 레드 와인 품종. 사페라비로 빚은 와인은 진한 빛깔이 나며 자두향이 난다. 포도 추출물이 많아 탄닌이 풍부하고 산미가 강하다. 구소련 시절에는 사페라비로 빚은 레드 와인을 최고로 쳤다.

르카치텔리 Rkatsiteli

조지아에서 가장 오래된 포도 품종 중 하나다. 기원전 6,000년경에 와인을 만들던 항아리에서 르카치텔리 씨앗이 발견되었다. 한때 와인 생산량의 18%를 차지할 정도로 인기가 많았다. 현재는 유럽 방식과 조지아 전통 크베브리 방법을 혼합해 와인을 생산한다.

므츠바네 Mtsvane

화이트 와인을 만드는 데 사용되는 품종이다. 므츠반은 조지아어로 녹색을 의미한다. 주로 르카치텔리와 블랜딩해 와인을 빚는다. 과일향과 꽃향의 조화를 느낄 수 있다. 크베브리를 사용해 숙성시킨다.

키시 Kisi

화이트 와인을 빚는 포도 품종. 일부 학자들은 키시가 므츠반과 르카치텔리 두 품종의 교배종이라 주장하기도 한다. 키시를 크베브리 양조법으로 숙성시키면 보통의 화이트 와인보다 강하고 깊은 향과 풍미를 낸다고 한다.

조지아 대표 와인 브랜드

트빌비노 Tbilvino

트빌비노는 조지아의 대표적인 와인 브랜드다. 1962년 설립되어 매년 650만병의 와인을 생산한다. 트빌리시와 카헤티에 와이너리를 운영하고 있다. 조지아 토착 포도 품종을 사용하며, 현대적 방법과 전통적 방법을 조합해 다양한 스타일의 와인을 만든다. 조지아에서 가장 흔하게 볼 수 있는 브랜드로 믿고 마셔도 된다. 독특한 와인 병 모양도 눈길을 끈다.

바다고니 Badagoni

2006년에 설립된 와이너리다. 조지아 전통 와인 양조법과 최첨단 기술을 동시에 사용해 와인을 만든다. 포도는 조지아를 대표하는 와인 생산지 카헤티 지역에서 재배한 포도를 사용한다. 바다고니는 이탈리아 양조학자 도나토 라나티Donato Lanati와 협력해 새로운 와인 개발에 노력하고 있다.

마라니 Marani

1915년 텔라비에 세워진 와이너리다. 전통적인 크베브리 양조법에 충실하며 현대적인 방법을 더해 와인을 생산한다. 마라니 와이너리 지하 저장고에는 크베브리가 묻혀 있다.

카레바 Khareba

최고급 유기농 와인을 생산하는 와이너리다. 와이너리에서 25개 품종의 포도를 유기농으로 재배해 와인을 생산한다. 코카서스산맥에 파놓은 깊은 터널에 여러 개의 저장고가 있다.

조지아의 수도 트빌리시에서 와인샵 탐방

와이너리 투어를 하기 힘든 일정이라면 와이너리를 찾아가지 않아도 조지아의 어느 도시, 어느 식당에서든 깊고 풍미 가득한 홈메이드 와인을 마실 수 있다. 또 쉽게 와인 판매 전문점을 찾을 수 있으며, 마트에서도 손쉽게 구할 수 있다. 트빌리시만 방문 예정이라면 와인전문점을 방문해 다양한 조지아만의 와인을 맛보자.

와인타워 Wine Tower

Data **지도** 107p-K **가는 법** 시오니 대성당에서 타마다 동상 쪽 도보 2분
주소 MRR5+65 트빌리시 (구글 플러스코드) **전화** +995 595 23 28 28
오픈 11:00~00:30 **홈페이지** winetower.ge

와이너리 투어

조지아 와인을 좀 더 자세히 알고 싶다면 와이너리 투어를 떠나보자. 조지아 와인의 심장이라 할 수 있는 카헤티주 텔라비에는 여행자를 반기는 많은 와이너리가 있다. 와이너리에서 조지아 와인의 역사에 대한 해설도 듣고, 시음도 하면 조지아 와인의 매력에 더욱 빠져 들것이다.

터널 와이너리 카레바 Tunnel Winery Khareba's

텔라비 근교 크바렐리Kvareli에 있는 동굴 와이너리다. 15개의 동굴이 있는데, 전체 동굴 길이는 7.5km에 이른다. 와이너리에서 조지아 와인의 기원과 제조법에 대한 설명을 들을 수 있다. 와인과 차차 시음, 추르츠헬라 만들기 체험도 할 수 있다.

Data **지도** 193p-B **주소** WRPM+C9 Kvareli (구글 플러스 코드)
전화 +995 591 91 89 41 **오픈** 10:00~20:00(하절기)
홈페이지 www.winery-khareba.com

슈미 와이너리 Shumi Winery

텔라비 근교 치난달리Tsinandali에 있는 와이너리. 3,300년 된 크베브리를 비롯해 조지아 와인의 역사와 제조법을 알 수 있는 박물관도 함께 운영한다. **194p 참조**

Data **지도** 193p-A **주소** WH29+3F Tsinandali (구글 플러스 코드)
전화 +995 551 08 04 01 **오픈** 10:00~20:00
홈페이지 www.shumi.ge

킨즈마라울리 코퍼레이션 와인 하우스
Kindzmarauli Corporation Wine House

텔라비 근교 크바렐리에 있는 와이너리. 영어로 진행되는 무료 가이드 투어에 참가해 와인 제조과정을 돌아볼 수 있다. 시음하고 싶은 와인이 있다면 2라리를 내고 마실 수 있다. **195p 참조**

Data **지도** 193p-B **주소** C9PH+HV Etelta (구글 플러스 코드)
전화 +995 511 14 44 00 **오픈** 09:00~18:00
홈페이지 http://kindzmaraulicorporation.ge/EN

크래들 오프 와인 마라니 와이너리
Cradle of Wine Marani Winery

시그나기 마을 남쪽에 위치한 와이너리. 와인 제조과정을 볼 수 있으며 지하실에 있는 크베브리도 볼 수 있다.

Data **지도** 172p-A **주소** JW88+M2 Sighnaghi (구글 플러스 코드)
전화 +995 595 64 17 55 **오픈** 13:00~17:00(월요일 휴무)
홈페이지 www.facebook.com/cradleofwines

조지아를 하나로 묶는 **종교&사람들**

조지아인은 친절하다. 무뚝뚝한 표정과 달리 외국 여행자를 가족처럼 맞아준다. 조지아인은 또 애국심이 강하다. 숱한 외세의 침략 속에서도 독립을 지키려고 싸워왔다. 그런 조지아인의 마음속에는 항상 깊은 신앙심이 있다. 조지아 정교는 조지아인들의 삶의 버팀목이자 좌표다.

조지아 정교의 역사

4세기 초반 성녀 니노의 선교활동을 통해 대다수의 조지아인들이 기독교를 믿기 시작했다. 5세기 중반에는 동로마 제국 황제로부터 자치 교회로 인정받아 기독교를 국교로 삼았다. 조지아는 5세기까지 그리스어로 예배를 보다가 6세기부터 조지아어로 예배를 봤다. 조지아 정교의 수도원 제도는 6세기부터 시작돼 10~12세기에 정점에 달했다. 이 때 수많은 수도원이 세워졌으며, 수도원은 정치와 학문, 문화의 중심이었다. 이때 많은 종교 작품들이 그리스어에서 조지아어로 번역되기도 했다.

타마르 여왕(1184~1213) 재위시절 기독교는 국가와 함께 황금시대를 맞았다. 그러나 그 후 몽골, 페르시아, 오스만 튀르크 등 주변 강대국의 많은 침략을 받으며 기독교도 핍박을 받았다. 1801년 조지아의 일부를 합병한 러시아는 1811년 조지아 정교회 대주교가 죽자 대주교직을 폐지하고 상트페테르부르크에서 관리하게 했다. 조지아 정교회 교구는 30개에서 5개로 축소되었으며, 조지아 신학교에서는 조지아어 대신 러시아어나 슬라브어를 사용했다. 구소련 시절 조지아 정교회는 러시아 정교회와 비슷하게 쇠퇴현상을 보였다. 과거 2,500여 곳이나 있던 성당이 80여개로 줄어들었다.

조지아 왕의 대관식이 열렸던 스베티츠호벨리 대성당

그러나 조지아 정교회는 페레스트로이카와 함께 구소련이 몰락의 길을 걸으면서 새로운 전기를 맞았다. 조지아 정교회 대주교로 취임한 일리아 2세의 강력한 지도력은 조지아 교회를 부활시켰다. 조지아 정교회는 1990년 독립교회의 지위를 다시 부여받았다. 1992년 소련으로부터 독립한 후에는 수많은 성당이 새로 세워졌다. 성직자 수도 늘어났고, 수도원 생활도 다시 시작됐다. 1994년부터는 공립학교에서도 종교 수업을 하게 되었다.

2002년 조지아 정부는 정교회와 정부의 관계, 특권 계층의 축출, 성직자와 교회의 권리 등을 포함한 조약을 맺는다. 이로서 정교회는 조지아의 국교로 다시 굳게 자리매김하게 됐다. 현재 조지아 인구 400만 명 가운데 80%가 조지아 정교회를 믿는다.

정교회란?

기독교의 한 분파로 동방정교회라고도 불린다. 11세기 종교개혁이 일어나자 서방에서는 기독교가 가톨릭과 개신교로 갈라졌다. 이 때 동방에서는 올바른 신앙심을 지키고 있다는 뜻으로 자신들을 정교회라 불렀다. 동방과 서방은 유럽에서 기독교를 믿는 지역을 로마 중심의 동쪽과 콘스탄티노플 중심의 서쪽으로 구분해서 부르던 말이다. 동방에 속한 나라들은 그리스, 러시아, 조지아, 불가리아, 루마니아, 세르비아 등이다.

조지아인의 종교적 자부심

조지아인들은 자신들의 조상이 종교적 신념을 지켜온 것을 무척 자랑스럽게 여긴다. 이슬람 지배 아래 있었으면서도 신앙을 지켰다는 자부심과 종교를 끝까지 포기하지 않고 정교회를 믿는 국가를 물려주었다는 것에 크게 감사한다. 조지아의 성당에서는 마음을 다해 기도하는 사람들을 자주 볼 수 있다. 또 길을 걷다가도 교회나 길가의 십자가를 보면 멈춰 서 성호를 긋는다. 이런 모습에서 조지아인들의 깊은 신앙심을 느낄 수 있다.

조지아 정교 인물

▼ 최초의 복음 전파자 안드레아&시몬

조지아에 최초로 복음을 전파한 것과 관련해서는 두 가지 설이 있다. 하나는 예수의 열두 제자 가운데 한 사람인 안드레아다. 그는 고대 조지아(콜키스와 이베리아)에 처음으로 복음을 전하고 기독교 공동체를 설립했다고 한다. 다른 한 사람은 시몬이다. 시몬 역시 예수의 열두 제자 가운데 한 사람이다. 그러나 두 사람 모두 최초의 복음 전파자라는 이야기가 있을 뿐 확실한 증거는 없다.

▼ 미리안 3세

미리안 3세(AD 265~361)는 이베리아의 첫 번째 기독교 왕이다. 그는 성녀 니노를 통해 기독교로 개종하였으며 기독교를 국교로 받아들이는데 크게 기여했다. 므츠헤타에 있는 삼타브로 성당에는 미리안 3세와 왕비 나나의 석관이 있다. 미리안 3세는 현재 조지아 정교회에서 성인으로 추앙받고 있다.

▼ 성녀 니노

성녀 니노(AD 296~335)는 조지아에 처음으로 기독교를 전파한 인물이자 조지아 기독교 역사에서 가장 중요한 인물이다. 니노는 인내와 헌신적 사랑, 그리고 기적을 보여 사람들의 존경을 받았다. 니노의 노력으로 미리안 3세는 325년 국교를 기독교로 개종했다. 그 후 니노는 조지아에 교회 설립을 돕고 여생을 기도하는데 바쳤다. 현재 니노는 보드베 수녀원에 안치되어 있다.

▼ 일리아 2세

일리아 2세(1933~)는 현재 조지아 정교회 총대주교다. 1960년 모스크바 성직 아카데미를 졸업한 그는 조지아로 돌아와 바투미의 사제로 임명되었다. 그후 구소련의 몰락으로 격변기를 맞는 조지아에서 강력한 정교 재건운동을 벌여 조지아 정교를 다시 부활시켰다. 일리아 2세는 므츠헤타와 트빌리시 대주교도 겸하고 있다.

조지아 정교를 느낄 수 있는 성당&수도원

성 삼위일체 대성당
Holy Trinity Cathedral

조지아 정교회 독립 1,500년 및 예수 탄생 2,000년을 기념해 1995년부터 2004년까지 약 10년에 걸쳐 지은 조지아에서 제일 높은 성당이다.
119p 참조

시오니 대성당
Sioni Cathedral

트빌리시 구시가지 안에 있다. 조지아에 기독교를 처음 전파한 성녀 니노의 포도나무 십자가가 시오니 대성당의 제단 왼쪽에 보관되어 있다.
116p 참조

바그라티 대성당
Bagrati Cathedral

1003년 조지아를 통일시킨 바그라트 3세가 지은 성당이다. 쿠타이시의 랜드마크라 불린다. 이곳에서는 쿠타이시의 전경을 내려다볼 수 있다.
262p 참조

겔라티 수도원
Gelati Monastery

1994년 유네스코 세계문화유산으로 지정된 수도원. 조지아의 수도원 가운데 예술적으로 가장 잘 지어진 곳으로 평가받는 수도원이다.
267p 참조

스베티츠호벨리 대성당
Svetitskhoveli Cathedral

조지아에서 두 번째로 큰 성당이며, 국가의 중대한 행사가 이곳에서 열린다. 이 성당은 예수의 성의가 묻혀 있는 전설을 가지고 있다.
126p 참조

보드베 수도원
Bodbe Monastery

보드베 수도원은 성녀 니노의 안식처이다. 수도원 정원에서 보이는 알라자니 평원과 코카서스산맥의 아름다운 풍경도 유명하다.
173p 참조

게르게티 트리니티 교회 Gergeti Trinity Church
코카서스산맥을 배경으로 서 있는 교회다. 조지아인의 정신적 고향이라 부를 만큼 신성시 하는 곳이다. 교회에 올라 스테판츠민다를 보는 것도 매혹적이다. **153p 참조**

세계 4대 장수 국가 조지아인의 장수 비결

조지아는 세계 4대 장수 국가 중 하나이다. 조지아에는 60대에 출산한 여성이 있다. 또 140세로 세상을 떠난 20세기의 최장수 여인도 조지아 출신이다. 이처럼 조지아인이 무병장수하는 이유는 무엇일까? 조지아인들은 세계 3대 광천수로 불리는 보르조미 광천수와 와인, 발효 유제품 맛조니가 큰 역할을 한다고 믿는다. 무엇보다도 코카서스산맥을 비롯한 조지아의 깨끗한 자연환경이 장수의 비결로 꼽는다.

세계 3대 광천수 보르조미

조지아의 3대 자랑은 크베브리 양조법으로 만든 와인과 장수마을, 그리고 보르조미 광천수다. 이 가운데 보르조미 광천수는 전 세계로 수출되고 있는 조지아 최고의 히트상품이다. 조지아 정부는 보르조미 광천수 수출을 국가적 목표로 두고 심혈을 기울이고 있다.

보르조미 광천수는 코카서스산맥이 품고 있는 보르조미 지하 8,000m에서 용출된다. 60% 이상의 미네랄과 탄산소다를 동시에 함유하고 있다. 11세기부터 음용했다고 알려진 보르조미는 1829년 러시아 보병대가 발견한 후 치유 효과가 알려지면서 러시아 황제에게 진상됐다. 그 후 러시아 황실의 휴양지로 인기를 누렸다. '호두까기 인형'을 작곡한 차이코프스키도 보르조미 광천수를 마시며 요양하기도 했다.

보르조미 광천수는 만성위염, 장염, 위궤양, 간질환, 신장결석, 숙취 해소 등에 좋다고 한다. 특히 소화질환, 당뇨병에 효과가 있는 것으로 알려졌다. 보르조미에 함유된 나트륨, 유황 등의 성분은 인슐린 합성을 자극해 당뇨에 효과적이며 장의 기능을 촉진시킨다는 임상결과가 있다. 보르조미 광천수는 중앙아시아에서는 약국에서도 판매할 정도로 신뢰를 받았다.

와인 많이 마시면 장수한다?

140세를 일기로 세상을 떠난 20세기 최장수 장드브나 할머니. 그녀에게 장수의 비결을 묻자 직접 담근 와인을 꼽았다. 장드브나 할머니는 40세부터 직접 담근 와인을 하루 5잔씩 마셨다고 한다. 비단 장드브나 할머니만이 아니다. 조지아의 와인 소비량은 엄청나다. 그럼에도 조지아가 세계4대 장수국가로 꼽히는 것을 보면 와인과 건강에 연관이 있는 것으로 보인다. 학자들은 조지아에만 있

는 전통 포도 품종 사페라비에 영양학적으로 장수의 비결이 있을 수도 있다고 말한다. 조지아의 포도밭은 대부분 높은 산악지대 사이 분지처럼 자리한 평원이다. 이곳은 또 사계절 온난하고 일조량이 풍부하다. 드높은 코카서스산맥에서 형성된 차가운 공기와 맑은 이슬을 먹고 자란 조지아 포도가 특별하다는 것이다.

코카서스산맥과 장수촌

코카서스산맥은 조지아를 장수의 나라로 만든 일등공신이다. 코카서스산맥이 품고 있는 만년설과 빙하, 울창한 산림이 조지아의 깨끗한 자연을 유지하는데 큰 역할을 한다. 조지아의 장수촌이 대부분 코카서스산맥에 자리하고 있는 것도 이와 연관이 있다. 코카서스산맥의 산악지역에 사는 사람들은 도시와 떨어져 자급자족하는 생활을 해야 한

다. 매일 산과 밭으로 나가 일을 하고, 일을 하지 않는 사람은 나이든 것으로 생각한다. 이처럼 근면한 생활 태도는 건강에 이롭다. 또 조지아의 식탁에는 하루도 거르지 않고 샐러드가 오른다. 오이, 토마토, 양파, 마늘 등의 채소를 많이 먹고, 제철 과일도 계절별로 챙겨먹는다. 이처럼 부지런한 생활 패턴과 자연에서 일구어낸 신선한 식재료가 조지아 장수의 비결이다.

발효 유제품 맛조니는 장수에 특효

조지아를 세계 4대 장수 국가 반열에 오르게 한 데는 맛조니도 빼놓을 수 없다. 맛조니는 염소나 양, 소의 우유를 발효시킨 음료로 요구르트와 비슷하다. 우유와 효모 종균으로 집에서 발효하여 만드는데, 실내에서 8시간만 놔두면 맞조니가 만들어진다. 이렇게 간편하게 만들 수 있는 발효 유제품을 섭취하면 골다공증, 당뇨, 대장암 등을 예방할 수 있다고 한다. 코카서스산맥에 사는 산악 마을 사람들은 맛조니를 매일 먹는다고 한다.

PLANNING 07

바위를 파서 만든 **조지아의 동굴 도시**

조지아는 유달리 동굴 유적지가 많다. 조지아 최초의 도시 우플레스치헤는 기원전부터 동굴을 파 도시를 건설한 곳이다. 절제된 생활을 하며 복음을 전파하던 초기 기독교 수도사들도 바위를 파 수 도원을 짓고 수행했다. 또 외부 세력의 침략에 대비해 일부러 동굴 도시를 만들기도 했다. 숱한 외 침과 지진으로 지금은 많이 부서졌지만 동굴 도시를 가면 과거 조지아를 만날 수 있다.

프로메테우스 동굴
다른 동굴 유적지와 달리 이곳은 자연적으로 만들 어진 석회암 동굴이다. 프로메테우스가 제우스에 게 붙잡혀 카즈벡산의 바위에 묶이기 전까지 이곳 에 숨어 있었다는 전설이 있다. 프로메테우스 동 굴이 있는 지역은 석회암 지대여서 여러 개의 동굴 이 있다. 조명을 받아 신비롭게 빛나는 종유석을 관람하고, 동굴 속을 보트를 타고 지날 수도 있다.
269p 참조

다비드 가레자 David Garega

다비드 가레자는 조지아에서 가장 특별한 수도원 중 하나다. 이 수도원은 아제르바이잔과 국경을 이루는 황량한 고원에 있다. 6세기부터 바위절벽에 동굴을 파서 예배당을 짓고 수행하던 초창기 조지아 정교회의 수행 문화가 고스란히 남아 있다. 조지아인들은 믿음에 대한 헌신으로 충만한 이곳을 일생에 한 번은 꼭 찾아야 하는 성스러운 곳으로 여긴다. **219p 참조**

바르지아 Vardzia

몽골의 침략을 피하기 위해 12세기 타마르 여왕 시절 만든 동굴 도시다. 므츠바리강에 접한 가파른 바위벼랑에 있던 자연동굴을 파서 동굴 도시를 만들었다. 동굴 도시는 폭이 500m, 높이는 13층에 이른다. 이곳으로 접근할 수 있는 유일한 길은 므츠바리강에서 시작하는 비밀 통로로만 접근할 수 있는 은밀한 지하 도시였다고 한다. 1283년에 일어난 지진으로 동굴 도시 대부분이 파괴되었지만 복원 작업을 거쳐 현재의 모습이 되었다. 유네스코 세계문화유산 등재를 준비 중에 있다. **299p 참조**

우플리스치헤 Uplistsikhe

시간이 멈춘 듯한 느낌을 주는 조지아 최초의 도시다. 조지아의 '카파도키아'로도 불린다. 기원전 1,000년 청동기 시대부터 바위산에 동굴을 파고 사람들이 거주하기 시작했다. 수천 년 동안 시대에 따라 변모하며 조지아의 역사와 종교의 상징적인 공간이었다. 1957년부터 지금까지 발굴 작업을 하고 있으며, 이곳에서 발견된 유물은 트빌리시 국립박물관에 전시되어 있다. **211p 참조**

PLANNING 08

대략난감
조지아어 이해하기

이게 글씨야 낙서야? 처음 조지아어를 접하면 그 현란한 모양에 눈이 휘둥그레진다. 지명은 또 어떤가? 몇 번을 들어도 머릿속에 입력되지 않고, 입에도 안 붙는다. 하지만 조지아인들의 자국어 사랑은 남다르다. 숱한 외침을 겪으면서 독립을 위해 몸부림쳤던 고난의 역사에서도 그들의 언어를 지키려고 노력했다. 조지아어를 알면 조지아가 보인다.

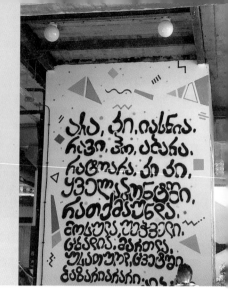

조지아어의 오랜 역사

조지아어는 1,500년의 역사를 가진 언어다. 현재 사용하는 문명어 가운데 가장 오래된 언어라는 설이 있다. 남카프카스족에 속하는 조지아어는 조지아 정교회를 통한 기독교 문화 발전과 문학의 발전에 중요한 역할을 했다. 그러나 19세기 러시아 제국과 합병된 후 러시아어가 공용어가 되면서 억압받는 소수민족의 언어가 됐다. 소비에트 연방에 속한 후에도 준공용어 취급을 받았다. 그러다가 1990년대 구소련의 몰락과 조지아가 독립되면서 조지아어가 다시 공용어로 자리 잡았다.

용도가 다른 세 가지 문자체

조지아어는 세 가지 문자체를 가지고 있다. 므르그블로바니체, 누스후리체, 므헤드룰리체가 그것이다. 이들 문자체 가운데 가장 먼저 등장한 것은 므르그블로바니체다. 그 다음으로 누스후리체, 므헤드룰리체가 차례로 생겨났다. 지금도 세 가지 문자체가 함께 쓰이는데, 세 가지 문자체가 서로 다른 사회, 문화적 기능을 담당

하고 있다. 므르그블로바니체와 누스후리체는 조지아 정교회에 쓰인다. 성경이나 찬송가에 이 문자체를 사용한다. 교회에서 사용되는 장식품에 새긴 경구에도 이 문자체를 쓴다. 가장 많이 사용되는 므헤드룰리체는 교육에 사용한다. 초등학교부터 고등학교까지 므헤드룰리체를 중심으로 공부한다. 므르그블로바니체와 누스후리체도 학교 교육에 쓰이지만 비중은 작다.

조지아어 VS 러시아어

조지아는 과거 러시아 제국과 소련의 지배를 받아 러시아어를 많이 사용한다. 그래도 독립 이후부터는 조지아어를 사용하려 노력하고 있다. 특히, 2008년 남오세티아 전쟁 이후 반러시아 감정이 격화되면서 더욱 러시아어를 사용하지 않으려 하고 있다. 현재 조지아는 러시아어 방송국 1곳을 제외한 나머지 러시아어 방송국을 폐지시켰고, 러시아어 프로그램도 많이 없앴다. 그러나 새로운 변수가 생겼다. 카자흐스탄, 아르메니아, 우크라이나, 러시아 등 구소련권 나라에서 오는 여행자들이 늘면서 다시

조지아어 알파벳	영어 알파벳	소리 🔊
ა	a	아
ე	e	에
ი	i	이
ო	o	오
უ	u	우
ბ	b	브
გ	g	그
ღ	gh	그
დ	d	드
ძ	dz	즈
პ	p	쁘

조지아어 알파벳	영어 알파벳	소리 🔊
კ	k	끄
ვ	v	브
ლ	l	르
რ	r	르
მ	m	므
ნ	n	느
პ	p	프
ზ	z	즈
ჟ	zh	즈
ჯ	j	즈
თ	t	트

조지아어 알파벳	영어 알파벳	소리 🔊
ტ	t	뜨
ს	s	스
შ	sh	쉬
ქ	k	크
ყ	q	끄흐
ხ	kh	크흐
ჩ	ch	츠
ც	ts	츠
წ	ts	쯔
ჭ	ch	쯔 (짧게)
ჰ	g	흐

러시아어 사용 빈도가 늘고 있다. 조지아 입장에서 러시아어가 다시 쓰이는 것은 반갑지 않다. 하지만 여행자가 늘어 수입이 증대되는 것을 반대할 수는 없다.

조지아어의 발음법

조지아어는 33개 문자로 이루어졌다. 이 가운데 조지아어에는 다른 언어에는 없는 요소가 많아 외국인이 발음하기 어렵다. 대표적인 것이 'KH'와 'M' 발음이다.

조지아어 문자 중 'ხ(KH)'는 목을 굵어서 내는 발음으로 'ㅋ'와 'ㅎ'의 중간소리가 난다. 한국 외래어 표기법에 따르면 'KH' 발음이 나는 러시아어 'X'는 'ㅎ'으로 표기한다. 그리고 영어 'KH'는 일반적으로 'ㅋ'로 발음한다. 이 책에서는 조지아인들이 'ㅋ'과 'ㅎ'의 중간소리를 내는 'ხ(KH)'를 'ㅎ'으로 표기했다. 여행 중 많이 듣게 되는 'ხ(KH)'가 들어간 단어는 힌칼리Khinkali, 흐반치카라Khvanchkara, 오자후리Ojakhuri, 보르조미 하라가울리 국립공원Borjomi-Kharagauli National Park, 하슈리 기차역Khashuri Railway Station 등이 있다. 만약 현지에서 발음을 해야 하는 경우 'ㅋ'과 'ㅎ'의 중간 소리를 내면 소통하기 쉽다.

조지아어에서 자음 앞에 붙은 'M'은 거의 발음하지 않거나 아주 약하게 발음한다. 여행자가 들을 때는 묵음이라서 이 책에 표기된 발음과 혼동할 수 있다. 이를 테면 므츠바디Mmtsvadi는 츠바디, 므츠헤타Mtskheta는 츠헤타로 발음한다. 이 차이를 잘 이해하고 있어야 혼선을 줄일 수 있다.

미식가의 천국,
조지아 음식 열전

힌칼리 Khinkali

조지아의 대표적인 전통 음식으로 코카서스 산간지방에서 먹던 만두다. 소고기, 돼지고기, 새우, 찐감자, 치즈 등 다양한 재료로 소를 채운다. 두터운 꼭지 부분을 잡고 뒤집어서 먹어야 육즙이 흐르지 않는다. 꼭지는 먹지 않아도 된다.

므츠바디 Mtsvadi

므츠바디는 돼지고기, 닭고기, 양고기, 소고기, 야채 등을 꼬챙이에 끼워 포도나무 장작에 구운 바비큐 요리다. 러시아의 샤슬릭, 터키의 케밥과 같다. 소금만 뿌려 구운 고기는 신선하고 담백하다. 각종 과일을 넣고 끓여 만든 트케말리Tkemali 소스와 함께 먹으면 더욱 깊은 맛을 느낄 수 있다. 한국인의 입맛에도 잘 맞는다.

시크메룰리 Shkmeruli

초벌로 한번 튀긴 닭에 다진 마늘, 물, 우유를 넣고 끓인 다음 오븐에 구운 요리이다. 전통 토기에 담겨 나오는데, 향신료가 많이 들어가지 않아 거부감 없이 먹을 수 있는 메뉴 중 하나다. 한국의 마늘 치킨 맛과 비슷하다. 마늘 향과 크림의 풍미가 잘 어울린다. 시크메룰리는 맥주와 잘 어울린다.

하르초 수프 Kharcho Soup

하르초는 소고기 육수에 쌀과 간 호두, 트케말리 전통 소스를 넣고 끓인 수프다. 매콤한 맛이 나 육개장을 떠올리게 한다. 한국인 입맛에도 잘 맞는다. 단, 고수가 들어가 호불호가 나뉘기도 한다. 많은 마늘과 허브를 넣어 깊은 맛을 내는 하르초 수프는 트레킹을 하거나 겨울, 일교차가 심할 때 없어서는 안 될 조지아의 음식이다.

러시아의 대문호 알렉산더 푸시킨은 "조지아의 음식은 하나하나가 시와 같다"고 극찬했다. 조지아의 음식은 청정한 자연에서 얻은 신선한 식재료를 사용한다. 대부분 유기농으로 재배해 건강에 이롭다. 조지아에서만 맛볼 수 있는 특별한 전통 요리들을 소개한다.

하차푸리 khachapuri

하차푸리는 조지아의 빵 요리이다. 하차푸리는 '치즈가 듬뿍 들어간 빵'이라는 뜻이다. 아자룰리, 메그룰리, 이메룰리, 굽다리 등 모양과 재료, 지역에 따라 부르는 이름이 다양하다. 공통점은 모든 하차푸리에는 치즈가 듬뿍 들어 있다는 것이다.

❶ 아자룰리 하차푸리 Adjaruli Khachapuri

조지아 서쪽 흑해에 접한 바투미에 가면 꼭 먹어봐야 하는 음식이다. 계란 노른자가 눈동자 모양으로 들어가 있는 길쭉한 하차푸리는 이 지역의 대표적인 음식이다. 배 모양을 닮은 빵 안쪽에 술구니 치즈, 버터, 토핑된 날계란으로 가득 채운다. 빵 안의 재료를 잘 섞은 다음 바깥의 빵부터 뜯어 치즈에 찍어 먹는다.

❷ 이메룰리 하차푸리 Imeruli Khachapuri

조지아에서 가장 흔한 하차푸리다. 이메레티 지역(쿠타이시)을 대표하는 하차푸리다. 밀가루 반죽 안에 치즈를 넣고 피자처럼 원형으로 납작하게 만든 다음 오븐이나 화덕에서 굽는다.

❸ 메그룰리 하차푸리 Megruli Khachapuri

사메그레로 지역에서 유래한 하차푸리다. 이메룰리 하차푸리와 모양은 비슷하지만 방식이 조금 다르다. 빵에 치즈를 채워 넣지 않고 피자처럼 치즈를 듬뿍 뿌려 굽는다. 조지아의 피자 빵이라고 불린다.

❹ 굽다리 Kubdari

조지아 서북쪽 산악지역인 스바네티에서 주로 먹는 하차푸리의 한 종류다. 하차푸리 안에 치즈 대신 다진 양고기나 돼지고기를 양파, 향신료와 섞어서 넣는다. 하차푸리 대신 굽다리라 부른다. 스바네티 지역에 가지 않더라도 조지아 대부분의 음식점에서 맛볼 수 있다.

오자후리 Ojakhuri

감자, 돼지고기, 양파를 올리브 오일과 화이트 와인에 끓여 만든 요리다. 므츠바디랑 비슷한 느낌을 주지만, 조지아 전통 항아리 그릇에 굽는 것이 다르다. 감자와 고기의 맛이 서로 잘 스며들어 한층 더 깊은 맛을 낸다. 고기 육즙이 스며든 감자는 고소하다.

쇼티푸리 Shotipuri

주식이 빵인 조지아의 식탁에서 가장 많이 볼 수 있는 음식이다. 빵은 밀가루와 이스트, 약간의 소금을 반죽하여 숙성시켜 모양을 만든다. 그 다음 토네(화덕) 안쪽에 세로로 붙여 20분간 구워낸다. 갓 구운 쇼티푸리 맛을 보면 조지아에 있는 동안 쇼티푸리만 찾을 지도 모른다.

술구니 Sulguni

조지아 전통 요리에서 자주 사용되는 치즈다. 소나 버팔로 젖으로 만들며, 아직도 조지아의 많은 시골집에서는 술구니 치즈를 직접 만든다. 술구니 치즈는 양송이버섯 위에 올려 구운 요리와 하차푸리에 가장 많이 사용된다.

추르츠헬라 Churchkhela

조지아의 길거리를 걷다보면 상점이나 길거리에서 주렁주렁 매달려 있는 견과류 꿰미를 볼 수 있다. 이게 바로 조지아 대표 국민간식 추르츠헬라다. 추르츠헬라는 호두 등의 견과류를 실에 꿰어 포도시럽에 여러 번 담갔다가 꺼내 말린다. 생소한 모양이라 처음에는 손이 안 가지만 일단 맛을 보면 달라진다. 쫄깃한 식감과, 새콤한 포도 향, 견과류의 고소한 맛이 잘 어울린다.

엘라르지 Elarji

옥수수 가루와 술구니 치즈로 만든 사메그레로 지역 대표 음식이다. 옥수수 가루를 여러 번 물에 헹군 뒤 술구니 치즈를 넣고 저으면서 끓이면 단단하게 응고된다. 이렇게 덩어리진 모양이 조금은 생소하다. 하지만 치즈를 좋아한다면 조지아에서만 맛볼 수 있는 엘라르지를 먹어보자.

조지아 음료

보르조미 광천수 Borjomi Mineral Water

전 세계로 수출되며 미식가들의 입맛을 사로잡은 보르조미 광천수를 맛보자. 보르조미까지 가지 않더라도 조지아 전역 음식점 및 상점에서 구매 할수 있다. 세상에서 가장 깨끗한 물이라 불리는 보르조미 광천수는 화산암반지대를 통과하면서 각종 미네랄과 광물성분을 함유해 몸에 이로운 물로 재탄생되었다. 미끌거리는 탄산의 느낌이 생소할 수 있으나 매력적인 맛이다.

맛조니 Matsoni

맛조니는 염소나 양, 소의 젖을 발효시켜 만든 음료다. 요구르트와 비슷한 맛조니는 조지아를 세계 4대 장수국가로 만든 음료로 평가 받는다. 코카서스 지방 사람들은 맛조니를 하루도 거르지 않고 먹는다고 한다. 맛조니는 우유에 효모 종균을 넣고 실온에 8시간 가량 두면 만들어진다.

와인 Wine

인류 최초로 와인을 만든 조지아. 작은 나라이지만 다양한 기후가 존재한다. 이 덕택에 다양한 품종의 포도를 재배할 수 있고, 포도 재배 환경 또한 아주 좋다. 조지아에 왔다면 크베브리 항아리를 이용해 전통 방식으로 빚은 와인을 맛보자. 크베브리로 만든 와인은 깊고 무겁다. 조지아 식당 어디를 가도 홈메이드 와인을 맛볼수 있다. 마트에서도 다양한 와인을 저렴하게 구입할 수 있다.

차차 Chacha

크베브리 항아리를 이용해 와인을 빚을 때 바닥에 침전된 포도 찌꺼기로 만든 조지아 전통술이다. 차차는 알코올 도수가 40~52도에 이르는 독주가 대부분이다. 프랑스 꼬냑과 비슷한 맛이다. 차차에 여러 가지 향을 첨가해 다양한 맛의 차차를 만들기도 한다. 또 차차를 이용해 만든 칵테일도 있다. 차차를 주문하면 보통 오이를 얹어 준다. 이는 차차가 시원한 오이와 잘 어울리기 때문이다. 차차를 마신 후 오이를 안주로 먹는다.

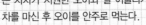

조지아 **여행지**

조지아는 작은 나라다. 하지만 여행지마다 각기 다른 여행의 재미와 색다른 매력이 있다. 트빌리시와 바투미, 쿠타이시 같은 도시를 베이스 삼아 조지아 구석구석을 돌아보자. 유적지, 수도원, 트레킹, 와이너리 투어, 온천, 스키, 휴양 등 다양한 테마로 여행할 수 있다. 나만의 여행 스타일과 체력, 일정을 고려하여 조지아 여행을 꼼꼼하게 그려보자.

트빌리시

조지아의 수도. 트빌리시는 작지만 아름다운 도시다. 도심을 가로지르는 므츠바리강, 수도를 옮길 만큼 유명한 온천지구, 트빌리시를 내려다보는 나리칼라 요새와 조지아 어머니상 등 볼거리가 많다. 한국 여행자들에게는 조지아 여행이 시작되고 끝나는 곳이다.

다비드 가레자

초기 기독교 전파 시절 수도사들의 고행과 신앙심을 느낄 수 있는 수도원. 가파른 바위 벼랑을 따라 만든 수백 개의 동굴 수도원을 볼 수 있다. 수도원에서 내려다보는 황량한 고원 풍경도 특별하다.

시그나기

'사랑의 도시'라 불리는 사랑스런 작은 마을. 조지아에 기독교를 처음 전파한 성녀 니노의 유해가 안치되어 있는 보드베 수도원, 24시간 결혼할 수 있는 결혼등록소, 코카서스산맥과 대평원을 볼 수 있는 성벽 등이 볼거리.

텔라비

카헤티 왕국의 수도이자 와인의 도시. 세계 최초로 와인을 빚은 조지아 와인의 주생산지로 많은 와이너리가 있다. 또한 조지아인들의 깊은 신앙심을 느낄 수 있는 수도원도 많다. 와이너리와 수도원 투어를 위해 많은 여행자가 찾는다.

고리&우플리스치헤

고리는 스탈린의 고향이다. 스탈린 생가에서 박물관까지 스탈린의 발자취를 따라갈 수 있다. 고리 인근에 있는 우플리스치헤는 조지아 최초의 도시다. 동굴을 파서 도시를 만든 고대 유적지를 돌아보자.

스테판츠민다

언덕에 서 있는 오래된 교회와 병풍처럼 두른 하얀 산! 조지아를 대표하는 랜드마크 중 하나다. 프로메테우스 신화가 깃든 카즈벡산을 비롯한 코카서스산맥의 절경을 볼 수 있다. 봄~가을의 트레킹도 환상적이다. 스테판츠민다로 가는 '밀리터리 하이웨이'에도 볼거리가 많다.

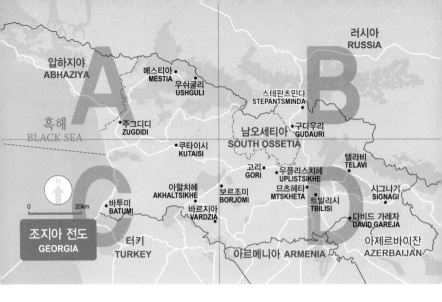

압하지야 ABHAZIYA
러시아 RUSSIA
흑해 BLACK SEA
메스티아 MESTIA
우쉬굴리 USHGULI
스테판츠민다 STEPANTSMINDA
주그디디 ZUGDIDI
남오세티아 SOUTH OSSETIA
구다우리 GUDAURI
쿠타이시 KUTAISI
텔라비 TELAVI
고리 GORI
우플리스치헤 UPLISTSIKHE
시그나기 SIGNAGI
아할치헤 AKHALTSIKHE
므츠헤타 MTSKHETA
보르조미 BORJOMI
트빌리시 TBILISI
바투미 BATUMI
바르지아 VARDZIA
다비드 가레자 DAVID GAREJA
0 20km
조지아 전도 GEORGIA
터키 TURKEY
아르메니아 ARMENIA
아제르바이잔 AZERBAIJAN

메스티아&우쉬굴리

조지아인들이 꼽는 조지아에서 가장 아름다운 마을. 코카서스산맥 깊은 품에 자리해 알프스보다 더 알프스다운 풍경을 자랑한다. 산정에 있는 호수와 빙하를 찾아 떠나는 트레킹을 위해 여행자들이 많이 찾는다. 또 외부의 침략에 대비해 집집마다 마련한 방어시설 코쉬키(스반타워)를 비롯한 시간이 멈춘 듯한 중세의 마을 풍경도 흥미롭다.

쿠타이시

기원전부터 여러 왕국의 수도였으며 문화, 역사적으로 중요한 도시. 오랜 역사를 가진 도시라 문화유적을 비롯한 볼거리가 많다. 근교에는 프로메테우스 동굴, 오카세 캐니언, 마트빌리 캐니언 등 자연이 아름다운 여행지와 온천이 있다.

보르조미

세계 3대 광천수가 나는 마을. 러시아 차르와 음악가 차이코프스키가 사랑했던 광천수를 직접 볼 수 있다. 침엽수와 활엽수가 더불어 이룬 숲의 맑은 공기를 느낄 수 있다. 코카서스의 국립공원 중에서 가장 큰 하라가울리 국립공원과 스키장도 있다.

아할치헤&바르지아

아할치헤에는 조지아의 디즈니랜드라 불리는 라바티성이 있다. 바르지아는 몽골의 침략에 대비해 바위 절벽에 13층 규모로 만든 동굴 도시다. 동굴 도시를 거닐며 조지아의 영화를 이끌던 타마르 여왕을 떠올려보자.

바투미

조지아 내 자치공화국 아자리아의 수도. 흑해에 접한 조지아 최대 휴양지로 매년 많은 여행자가 휴양을 위해 방문한다. 조지아 다른 도시와 달리 현대적인 느낌이 많이 난다. 조지아를 대표하는 음식 아자리안 하차푸리 원조 도시다.

조지아 **추천 여행코스**

트빌리시만으로도 조지아의 무궁무진한 매력을 느낄 수 있다. 하지만 조금만 시선을 돌리면 놓치기 아까운 여행지들이 넘쳐난다. 대부분의 여행자는 트빌리시를 베이스 삼아 므츠헤타, 시그나기, 텔라비, 고리, 보르조미, 아할치헤, 다비드 가레자 등은 당일치기로 다녀온다. 이 중에서 마음이 가는 곳은 1박을 하기도 한다. 이밖에 스테판츠민다와 바투미는 1박, 메스티아, 쿠타이시는 2박을 하면 충분하다.

PLAN 1 트빌리시와 주변 핵심 여행지 **4박 5일**	조지아의 수도 트빌리시와 근교의 여행지를 돌아본다. 조지아 정교의 깊은 뿌리를 알 수 있는 므츠헤타, 조지아하면 가장 먼저 떠올리는 멋진 전경의 스테판츠민다를 찾아가자. 짧지만 강렬하게 조지아의 자연과 문화를 느낄 수 있다.

스테판츠민다

므츠헤타

트빌리시
START&FINISHED

리케 공원의 평화의 다리

나리칼라 요새에서 야경보기

1일차 트빌리시 시내 투어

고르가살리 광장 ▶ 도보 5분 ▶ 리케 공원~평화의 다리 ▶ 케이블카 ▶ 나리칼라 요새+조지아 어머니상 노을 보기 ▶ 도보 20분 ▶ 고르가살리 광장에서 야경 보며 마무리

2일차 므츠헤타+트빌리시 시내 투어

트빌리시 디두베 버스터미널 ▶ 마르슈르트카 30분 ▶ 므츠헤타 ▶ 도보 5분 ▶ 스베티츠호벨리 대성당 ▶ 도보 15분+택시 20분 ▶ 즈바리 수도원 ▶ 택시 20분 ▶ 삼타브로 수도원 ▶ 마르슈르트카 30분+메트로 1 정거장 ▶ 루스타벨리 거리 걷기(내셔널 뮤지엄, 모마갤러리) ▶ 도보 15분 ▶ 드라이 브릿지 벼룩시장 ▶ 도보 10분 ▶ 아그마쉐네벨리 거리 투어 및 저녁 식사

3일차 스테판츠민다+주타(트루소) 밸리 트레킹

트빌리시 디두베 버스터미널 ▶ 쉐어 택시 3시간(밀리터리 하이웨이의 아나누리 성채, 조지아-러시아 우호 기념탑, 즈바리 패스 석회암 지대 투어) ▶ 스테판츠민다 ▶ 마르슈르트카 30~40분 ▶ 주타(트루소) 밸리 트레킹(4시간) ▶ 마르슈르트카 30~40분 ▶ 스테판츠민다

4일차 게르게티 교회 투어+트빌리시 귀환

카즈벡산과 게르게티 트리니티 교회 배경으로 일출보기 ▶ 택시 20분 ▶ 게르게티 트리니티 교회 투어(1시간 30분) ▶ 택시 20분 ▶ 스테판츠민다 ▶ 마르슈르트카 2시간 30분 ▶ 트빌리시 ▶ 트빌리시 자유 광장 투어 및 마무리

5일차 트빌리시 시내 투어

고르가살리 광장 ▶ 도보 3분 ▶ 아바노투바니 온천 지구 ▶ 도보 7분 ▶ 올드 트빌리시 도보 여행(시오니 대성당~클락 타워~자유 광장) ▶ 메트로 1 정거장+도보 15분 ▶ 성삼위일체 대성당 ▶ 도보 20분 ▶ 메테히 교회 ▶ 도보 3분 ▶ 고르가살리 광장에서 여행 마무리

고르가살리 광장

아나누리 성채

게르게티 트리니티 교회와 카즈벡산

TIP 5일 일정 중에 트빌리시를 하루 빼서 시그나기나 텔라비, 혹은 다비드 가레자 같은 곳을 당일 투어로 다녀올 수도 있다. 바투미나 메스티아처럼 먼 곳을 제외하고 조지아의 여행지는 서두르면 당일로 다녀올 수 있다. 당일 여행지에 대한 스케줄은 9박10일 코스를 참조하자.

PLAN 2

핵심 지역을 쏙쏙
조지아 속성 코스
9박 10일

조지아를 더욱 자세히 보고 싶은 여행자에게 추천한다. 트빌리시를 포함해 조지아의 대표적인 여행지를 두루 돌아볼 수 있다. 다만, 서쪽 끝에 있는 바투미와 서북쪽 먼 곳에 있는 메스티아까지 여행하기에는 시간이 촉박할 수 있다.

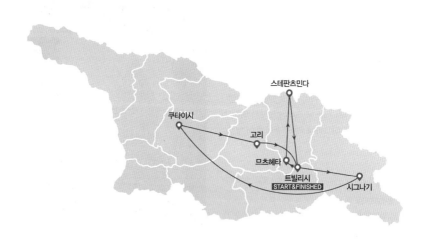

트빌리시 자유 광장

1일차 트빌리시 시내투어

2일차 므츠헤타+트빌리시 시내투어

3일차 밀리터리 하이웨이+스테판츠민다 투어

4일차 스테판츠민다+트빌리시 시내 투어
(이상 4박5일 코스와 동일)

5일차 시그나기 투어

트빌리시 삼고리 버스터미널 ▶ 마르슈르트카 2시간
▶ 시그나기 ▶ 택시 15분 ▶ 보드베 수도원(2시간)
▶ 택시 15분 ▶ 시그나기 시청사 ▶ 도보 2분 ▶ 시그
나기 박물관(1시간) ▶ 도보 10분 ▶ 시그나기 성벽
걷기(1시간) ▶ 도보 15분 ▶ 시그나기 버스터미널
(막차 18:00) ▶ 마르슈르트카 2시간 ▶ 트빌리시

6일차 쿠타이시 투어

트빌리시 디두베 버스터미널 ▶ 마르슈르트카(4시간)
▶ 쿠타이시 중앙 광장 ▶ 마르슈르트카 20분 ▶ 겔라
티 수도원(30분) ▶ 마르슈르트카 10분+도보 20분 ▶
모차메타 수도원(30분~1시간) ▶ 마르슈르트카 10
분 ▶ 쿠타이시 중앙 광장

7일차 쿠타이시 주변 여행지 투어

쿠타이시 버스터미널 ▶ 42번 마르슈르트카 15분 ▶
프로메테우스 동굴 관람(2시간 30분) ▶ 마르슈르트
카 50분 ▶ 오카세 캐니언 투어(2시간) ▶ 마르슈르트
카 1시간 ▶ 쿠타이시 중앙 광장 ▶ 도보 1분 ▶ 로얄
거리 둘러보기(1시간 30분) ▶ 도보 5분 ▶ 쿠타이시
주립 역사박물관 관람(1시간) ▶ 도보 3분 ▶ 골든
마퀴(10분) ▶ 도보 10분 ▶ 쿠타이시 중앙 광장

보드베 수도원

8일차 쿠타이시+트빌리시 투어

쿠타이시 버스터미널 ▶ 도보 20분(택시 5분) ▶ 바그
라티 대성당 관람(1시간) ▶ 쿠타이시 버스터미널
▶ 마르슈르트카 4시간 ▶ 트빌리시 고르가살리 광장
▶ 도보 3분 ▶ 아바노투바니 온천지구 ▶ 도보 7분
▶ 올드 트빌리시 도보 여행(시오니 대성당~클락
타워~자유 광장) ▶ 트빌리시 야경 보며 마무리

9일차 고리+우플리스치헤 투어

트빌리시 디두베 버스터미널 ▶ 마르슈르트카 1시간
30분 ▶ 고리 도착 ▶ 마르슈르트카 30분 ▶ 우플리
스치헤 관람(1시간) ▶ 마르슈르트카 30분 ▶ 스탈린
박물관 관람(1시간) ▶ 도보 10분 ▶ 고리 요새(30
분) ▶ 마르슈르트카 1시간 30분 ▶ 트빌리시 도착

10일차 트빌리시 시내 투어

성삼위일체 대성당 ▶ 도보 20분 ▶ 메테히 교회 ▶
도보 3분 ▶ 고르가살리 광장에서 트빌리시 여행 마
무리

시그나기

시그나기 시청사

조지아에 대해 하나도 놓치지 않고 싶은 여행자에게 추천한다. 조지아의 대표적인 도시를 다니며 자연, 종교, 역사, 문화, 음식 등을 놓치지 말고 섭렵하자. 2주 일정이면 조지아 여행지 대부분을 섭렵할 수 있다.

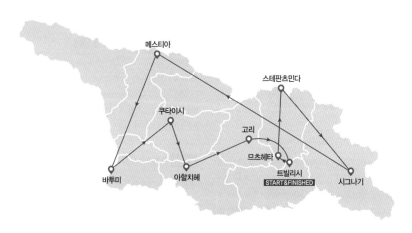

메스티아

코룰디 호수

쿠타이시 중앙 광장

라바티성 야경

1일차 트빌리시 시내투어

2일차 므츠헤타+트빌리시 시내투어

3일차 밀리터리 하이웨이+스테판츠민다 투어

4일차 스테판츠민다+트빌리시 시내 투어

5일차 시그나기 당일투어
(이상 9박10일 코스와 동일)

6일차 메스티아 투어

트빌리시 ▶ 마르슈르트카 6시간(기차 8시간 30분) ▶ 주그디디 경유 ▶ 마르슈르트카 3시간 ▶ 메스티아 도착 ▶ 메스티아 마을 산책 하며 마무리

7일차 코룰디호수 트레킹+우쉬굴리 투어

메스티아 마을 ▶ 차량 1시간 ▶ 코룰디호수(1시간) ▶ 차량 1시간 ▶ 메스티아 ▶ 차량 2시간 ▶ 우쉬굴리 ▶ 차량 1시간 ▶ 쉬카라 빙하 트레킹(2시간) ▶ 차량 1시간 ▶ 우쉬굴리 ▶ 차량 2시간 ▶ 메스티아 ▶ 전통 공연을 하는 식당에서 하르초와 므츠바디 먹으며 마무리

8일차 바투미 시내 투어

메스티아 ▶ 마르슈르트카 6시간 ▶ 바투미 도착 ▶ 6 메이 공원 돌고래쇼 예매 ▶ 도보 10분 ▶ 유럽 광장 ~메디아 동상~천문시계 돌아보기(30분) ▶ 도보 7분 ▶ 바투미 피아자(30분) ▶ 도보 25분 ▶ 돌피나 리움 공연 관람(40분) ▶ 도보 20분 ▶ 바투미 해양 공원~알파벳 타워~니노와 알리 동상~등대~차 차 타워 돌아보기(1시간) ▶ 도보 10분 ▶ 차차타임 에서 조지아의 전통 술 차차 맛보기

9일차 바투미+쿠타이시 시내 투어

아르고 케이블카 ▶ 바투미 전망대(1시간) ▶ 케이 블카 탑승장으로 돌아오기 ▶ 도보 15분 ▶ 바투미 버스터미널 ▶ 마르슈르트카 2시간 30분 ▶ 쿠타이시 도착 ▶ 쿠타이시 중앙 광장 ▶ 도보 1분 ▶ 로얄 거리~골든마퀴 돌아보기(1시간 30분)

10일차 쿠타이시 근교 여행지 투어

쿠타이시 버스터미널 ▶ 30번 마르슈르트카 25분 ▶ 온천 도시 츠할투보 투어(2시간) ▶ 42번 마르슈르트카 15분 ▶ 프로메테우스 동굴 관람(2시간 30분) ▶ 42번 마르슈르트카 15분+30번 마르슈르트카 25분 ▶ 쿠타이시 중앙 광장

11일차 보르조미+아할치헤 투어

쿠타이시 ▶ 마르슈르트카 3시간 ▶ 보르조미 도착 ▶ 도보 20분 ▶ 센트럴 파크 입구 피루자 관람(10분) ▶ 도보 2분 ▶ 센트럴 파크 ▶ 도보 3분 ▶ 보르조미 광천수 맛보기(10분) ▶ 도보 3분 ▶ 프로메테우스 동상(10분) ▶ 도보 10분 ▶ 센트럴 파크 입구 ▶ 도보 20분 ▶ 보르조미 버스터미널 ▶ 마르슈르트카 1시간 ▶ 아할치헤 도착 ▶ 라바티성 야경 보며 마무리

12일차 바르지아 동굴+아할치헤 투어

아할치헤 ▶ 차량 1시간 30분 ▶ 바르지아 동굴 수도원(2시간~2시간 30분) ▶ 차량 1시간 30분 ▶ 아할치헤 라바티성(1시간) ▶ 차량 3시간 30분 ▶ 트빌리시 도착

13일차 고리+우플리스치헤 투어
(9박10일 코스 참조)

14일차 트빌리시 시내 투어
(9박10일 코스 참조)

TIP 추천 일정은 조지아의 가장 보편적인 교통수단인 마르슈르트카를 이용하는 것으로 만들었다. 고리+우플리스치헤 등은 여행사 투어를 이용하면 스케줄이 달라진다. 또, 메스티아의 경우 트빌리시나 쿠타이시에서 경비행기 바닐라 스카이 항공을 이용하면 빠르게 갈 수 있다. 그러나 최악의 경우 운항이 되지 않을 수도 있으니 차선책을 마련해두자. 마르슈르트카는 정해진 시간에 따라 운행하기보다 손님에 따라 출발시간이 좌우된다. 따라서 항상 여유를 가지고 움직여야 한다. **082p 교통편 참조**

360일 무비자의 나라
조지아 들어가기

한국인은 360일 무비자! 사실이다. 조지아에서 한국인은 360일 동안 무비자로 머물 수 있다. 아직까지 직항이 없어 조금 멀게 느껴지지만, 일단 입국하면 원하는 만큼 여행할 수 있다. 조지아로 가는 방법은 다양하다. 또 출발지에 따라서 다양한 교통편과 루트를 짤 수 있다. 나의 여행 계획에 맞춰 조지아 입국 계획을 세워 보자.

조지아로 가는 항공

현재 조지아와 한국을 연결하는 직항 노선은 없다. 2018년부터 대한항공에서 여름철 성수기에 전세기를 운영한 적이 있지만, 패키지 여행자만 이용할 수 있다. 따라서 개별 여행자는 다른 나라를 경유해서 가야 한다. 인천공항에서 1회 경유해 조지아 트빌리시로 가는 항공사는 에미레이트항공, 카타르항공, 터키항공, 에어아스타나항공 등이 있다. 경유지는 도하, 이스탄불, 알마티, 두바이 등이며, 소요 시간은 15~20시간 정도다. 항공료는 80만~170만원 정도 한다. 4월부터 9월까지 성수기에는 가격이 오르는 편이다. 여행 계획이 확실하다면 미리 예매하는 게 좋다. 항공사 프로모션을 이용하면 저렴하게 예매할 수 있으니 관심이 있다면 항공사의 이벤트를 주시하자.

또 조지아 여행 일정에 바투미가 있다면 바투미

로 입국하는 항공편도 찾아보자. 한국이 아닌 유럽에서 조지아로 입국할 때는 바투미와 쿠타이시 국제공항을 이용하는 것도 방법이다.

타슈켄트 경유

우즈베키스탄 타슈켄트를 경유하는 노선은 시간이 가장 짧게 걸린다. 소요시간은 13시간 30분이다. 단, 타슈켄트를 경유하는 우즈벡항공은 주2회(월, 목) 운항한다. 성수기에는 출발요일이 변경되거나 증편되기도 한다. 시간이 잘 맞아야 한다.

도하 경유

카타르항공은 인천-도하 구간을 주 7회 운항한다. 도하를 경유해 트빌리시까지 14시간 정도 걸린다. 카타르항공은 경유 시간 8시간 이상이면 호텔 1박이 포함된 도하 무료 투어 프로그램을 제공한다. 시간 여유가 있다면 조지아와 더불어 도하도 함께 여행할 수 있다.

이스탄불 경유

터키 이스탄불을 경유해 트빌리시로 가는 터키항공이 주 7회 운항한다. 소요시간은 15시간이다. 이스탄불은 신공항으로 이전 후 환승 게이트가 멀어졌다. 경유 시간이 2시간 30분 이내는 가급적 피하자. 환승시간이 촉박할 수 있다.

두바이 경유

아랍에미레이트항공은 두바이를 경유해 트빌리시로 가는 노선을 주 7회 운항한다. 소요시간은 20시간으로 좀 길다. 만약 경유시간이 길다면(8시간 이상) 짧게 두바이 시내도 여행할 수 있다. 공항에서 두바이 시내까지는 이동 거리가 짧다.

알마티 경유

에어아스타나항공이 카자흐스탄 알마티를 경유해 트빌리시로 가는 항공편을 운영한다. 주

5회 운항(월·화·수·목·일)하며, 소요시간은 16시간이다.

항공권 비교 검색 사이트
스카이스캐너 www.skyscanner.co.kr
카약 www.kayak.co.kr

조지아 입국 도시 정하기

인천 출발

인천에서 출발한다면 조지아의 수도 트빌리시로 입국하는 것이 가장 보편적이다. 하지만 가끔 터키항공이 이스탄불을 경유해 바투미로 가는 항공권을 저렴하게 내놓을 때도 있다. 여행지에 바투미가 포함되어 있다면 트빌리시와 함께 바투미 노선도 체크하자.

유럽 출발

유럽 여행을 마친 후 조지아로 입국한다면 쿠타이시를 추천한다. 쿠타이시 국제공항에는 대부분의 유럽 도시를 오가는 위즈에어Wizz Air, 페가수스 에어라인Pegasus Airlines이 취항한다. 가격 또한 저렴하다.

터키 출발

터키 여행을 트라브존에서 마무리하며 조지아로 입국하려 한다면 국제버스를 이용하자. 국제 버스는 트라브존에서 시작해 아제르바이잔까지 운행하며, 트라브존-바투미-트빌리시를 거쳐 이동한다.

코카서스 3국 출발

아제르바이잔이나 아르메니아 등 코카서스 지역을 여행한 뒤 조지아로 입국하는 교통편은 다양하다. 코로나 이후 아제르바이잔은 육로입국을 제한하여 현재까지(2025.4월) 육로를 통한 입국이 불가하다. 추후 상황이 달라질 수 있으니 이동경로 계획 시 다시한번 체크하자. 아르메니아는 마르슈르트카와 기차를 이용한다.

조지아 여행 **체크 리스트**

조지아를 여행하려면 우선 여행지를 정해야 한다. 여행 시기와 여행 일수, 가고 싶은 곳에 따라 여행지가 달라진다. 특히, 조지아는 수도 트빌리시, 카즈벡산을 볼 수 있는 스테판츠민다와 메스티아가 있는 코카서스산맥의 산악지역, 흑해에 접한 휴양지 바투미 등 지역과 여행지의 특징이 분명하다. 이런 것을 고려해서 여행 시기와 방문지를 정해보자.

☀ 봄

트빌리시 봄 평균 기온은 15~20도다. 3월은 낮에도 평균 3도 정도라 추위에 대비한 옷차림이 필요하다. 추위는 4월 초까지 이어진다. 5월 중순부터는 따뜻해진다. 그래도 아침저녁과 밤은 추위를 느낄 수 있다. 추위에 대비해 스웨터나 재킷을 챙기자. 강수량은 30~40mm로 적은 편. 작은 우산을 챙기면 좋다. 조지아의 봄은 지역마다 다른 모습을 볼 수 있다. 스테판츠민다로 가는 길에는 야생화가 만발해 눈이 즐겁다. 반면 구다우리와 카즈벡산은 여전히 흰 눈을 품고 있다. 겨울과 봄의 경계에 있는 조지아의 대자연을 볼 수 있다.

⚙ 여름

6~7월 평균기온은 26도로 활동하기 좋은 시기다. 여름철 최고 온도는 32도로 한국과 비슷하다. 5~7월은 조지아에서 가장 비가 많이 내리는 기간이다. 월평균 70mm의 비가 내린다. 비옷이나 우산을 준비해야 한다. 카즈베기나 메스티아 같은 산악지대도 여행한다면 긴팔 옷과 바람막이는 필수로 챙겨야 한다. 기온 변화가 다양하기 때문이다. 특히, 산악지대는 비가 오면 더욱 추워져 반드시 재킷이 필요하다. 여름은 산악지대로 트레킹 가기 좋다. 다만, 태양이 뜨거울 것을 대비해 물과 선크림 등 준비물을 잘 챙기자. 휴양을 원한다면 흑해에 접한 바투미도 빼놓을 수 없다.

조지아의 날씨

조지아는 코카서스산맥의 영향으로 기후가 온화한 편이다. 코카서스산맥은 북쪽의 한랭기단이 조지아로 넘어오는 것을 막아준다. 또 남쪽의 고온 건조한 기단이 조지아로 오는 것도 막아준다. 조지아는 작은 국토에 비해 지역에 따라 매우 다양한 기후를 보인다. 여름에도 건조하기 때문에 그늘이나 건물 안에 있으면 서늘하다. 봄과 가을에는 아침, 저녁으로 기온차가 크다. 특히, 메스티아나 스테판츠민다 같은 코카서스산맥의 품에 있는 도시들은 산악지역의 날씨를 보인다. 반면, 흑해와 접한 바투미는 해양성 기후를 보여 비가 잦고 습하다. 따라서 여행지와 계절에 따라 맞춤하게 옷을 챙겨 가야 한다.

조지아는 4계절이 뚜렷한 편이다. 아래 계절별로 소개하는 평균 온도는 수도인 트빌리시를 기준으로 작성하였다. 트빌리시는 다른 지방보다 온도가 높은 편이다. 겨울에는 상대적으로 온도가 더 높아 눈은 거의 오지 않는다. 반면 카즈베기, 메스티아 등 산악지역은 온도가 낮고, 눈이나 비가 잦아 갑작스러운 날씨 변화에 대비해야 한다.

가을

트빌리시 가을 평균기온은 8도다. 쌀쌀해지고 추워지는 시기다. 강수량은 보통 40mm 전후다. 바람이 불거나 비가 오면 갑자기 겨울이 왔다고 생각될 정도로 춥게 느껴진다. 얇은 패딩을 준비하자. 한낮에는 여름 같은 날씨를 보이지만 밤에는 서늘해진다. 일교차를 대비해 옷을 챙기자. 선선한 바람이 불기 시작해 여행하기 좋다. 가을은 트레킹도 좋다. 또 포도를 수확하는 계절이라 와이너리에서 이벤트와 체험 행사가 많이 열린다. 수도원과 와이너리 투어를 하기 좋다.

겨울

조지아의 겨울도 춥다. 하지만 한국보다는 덜 추워 견딜만하다. 트빌리시 1월 최저기온은 영하 2.8도, 최고기온은 7.7도다. 겨울철 평균기온은 3.3도에서 영하 2.8도이다. 북서부 산악지역을 여행한다면 폭설과 추위에 대비해야 한다. 패딩점퍼, 스웨터, 발열내의, 머플러, 장갑, 모자, 핫팩 등을 챙기자. 겨울은 스키투어를 빼놓을 수 없다. 코카서스산맥에서 스키를 즐겨보자. 스키를 타지 않더라도 설경을 보는 것만으로도 즐겁다. 단, 스테판츠민다나 메스티아는 눈이 많이 내리면 도로가 통제되기도 한다. 이런 상황을 고려하며 여행계획을 세워야 한다. 호텔은 변경이 가능한 것으로 잡아두자.

여행시기와 기간 정하기

조지아 여행은 우선 조지아만 여행할 것인지 주변국을 함께 볼 것인지를 정한다. 이것만 정해도 여행 일수를 정하기 쉬워진다. 여행 일수가 정해지면 방문 도시와 이동 경로 및 수단을 정하자. 일정이 길어지고, 방문 도시가 많아진다면 이동수단에 대한 계획도 미리 치밀하게 준비해야 한다. 또 여행 시기에 따라 조지아 여행의 스타일을 다르게 결정할 수 있다.

이동 수단 정하기

조지아는 대부분 마르슈르트카라는 대중교통을 이용해 이동한다. 하지만 도시에 따라 기차나 경비행기를 이용할 수도 있다. 만약 기차와 경비행기를 이용한다면 미리 예약을 하는 준비과정이 필요하다. 트빌리시에서 바투미는 기차나 국제 버스를 이용할 수 있다. 메스티아는 경비행기로 갈 수 있다. 터키나 아제르바이잔, 아르메니아 등 주변 국가에서는 기차나 국제 버스를 이용할 수 있다. 반면, 마르슈르트카만 이용해 여행하다보면 도시별 이동 시간이 길어질 수도 있다. 이렇게 되면 여행 일수가 늘어나고 계획에 변동이 생길 수 있다. 따라서 가고 싶은 도시와 이동경로를 정했다면 교통수단에 대해서도 미리 준비해 예약하고, 차선책도 세워두자.

조지아 물가와 여행 경비

조지아는 물가가 저렴하다. 생수 한 병(500ml) 500원, 탄산음료 700원, 병맥주 1,600원~2,200원, 와인 한 병 4,000~16,000원 정도다. 따라서 여행에서 가장 큰 비용을 차지하는 항공료와 숙박비를 아낀다면 여행경비를 더욱 줄일 수 있다.

숙박료는 숙소의 등급에 따라 천차만별이다. 트빌리시 기준(1인) 게스트하우스 6,000~2만 원, 3성급 7만~10만원, 5성급 특급호텔 25만~30만원 정도 한다. 다만, 조지아의 어느 도시든 성수기에는 숙박료가 비싸질 수 있으니 참고하자. 정확해진 일정이라면 미리 예약하는 것이 보다 저렴하다.

조지아 여행에서 큰 비중을 차지하는 것 중 하나는 투어비용이다. 조지아의 대중교통은 마르슈르트카가 책임진다. 조지아의 주요 도시를 연결하는 마르슈르트카는 요금이 저렴하다. 그러나 마르슈르트카는 엄밀히 말하면 현지인들의 교통수단이다. 따라서 여행자가 원하는 목적지까지 데려다주지 않을 수 있다. 특히, 도심

에서 떨어진 여행지는 다른 방법을 찾아야 할 때가 많다. 이 때 많이 이용하는 게 택시다. 택시 대절료는 조지아 물가에 비하면 비싼 편이다. 그러나 여럿이 함께 이용하면 생각보다 저렴하게 이용할 수 있다. 혼자 여행한다면 다른 여행자와 함께 단체를 만들어 이용하는 지혜가 필요하다. 택시 대절료는 보통 1일 7만원 정도 한다(자세한 요금은 여행지별 참조).

조지아 여행 경비는 여행 취향에 따라 달라질 수 있다. 게스트 하우스에 머물며 마르슈루트카를 교통편으로 여행한다면 1일 5만~6만원 정도면 된다. 3성급 호텔에 머물며 마르슈루트카 이용이 불편한 곳을 택시로 여행한다면 1일 12만~15만원 잡으면 된다. 고급 호텔에 머물며 택시 위주로 여행한다면 1일 30만원 이상 잡아야 한다.

조지아 화폐와 환율

조지아 화폐는 '라리'라고 읽으며 표기는 GEL이다. 라리보다 작은 단위는 테트리다. 1라리는 100테트리다. 화폐는 동전과 지폐로 되어 있다. 동전은 1, 2, 5, 10, 20, 50(이상 테트리)과 1, 2(이상 라리)다. 지폐는 5, 10, 20, 50, 100(이상 라리)가 있다. 포털 사이트에 환율을 검색하거나, 애플리케이션 EX Currency를 설치해서 미리 조지아 화폐를 저장해두자. 와이파이가 없는 곳에서도 검색이 가능하여 필요할 때마다 환율을 조회할 수 있다. 1라리는 한화 약 510원(2025년 4월 기준)이다.

환전

한국에서 달러나 유로로 환전한 후 조지아에서 라리로 다시 환전해야 한다. 조지아의 주요 도시에는 곳곳에 사설 환전소가 있어 환전이 어렵지 않다. 또 공항, 시내, 터미널, 지방 등 장소에 따른 환율 차이가 거의 없다. 따라서 필요할 때마다 환전하는 것이 편리하다. 다만, 환전소에 따라 수수료를 별도로 내야 하는 경우가 있다. 간혹 수수료가 0%라고 써 있는데 막상 환전을 하면 5%에서 많게는 20%까지 수수료를 떼기도 한다. 이런 경우 환전소에 작은 글씨로 1만 달러 이상 환전할 경우 커미션 0%라는 내용이 적혀 있는 경우가 있다. 환전하기 전에 구두로 100달러에 얼마를 줄 것인지를 물어 커미션 여부를 확인하자. 만약 라리가 많이 남았다면 반드시 현지에서 달러나 유로로 환전해서 오자.

현금 인출

조지아에는 현금인출기(ATM)가 많다. 어디서든 쉽게 찾을 수 있다. 다만, 수수료가 낮아 여행자들이 많이 이용하는 시티뱅크 City Bank가 없다. 조지아 은행 ATM기를 이용해야 한다. 보통 출금 수수료가 있어 달러나 유로화를 환전해 사용하는 것이 유리하지만, 급한 경우 현금인출도 어렵지 않다.

신용카드

도심 지역의 호텔, 레스토랑, 대형 마트 등에서는 카드 사용이 수월하다. 하지만 지방, 산간지역의 레스토랑, 게스트하우스, 기념품 숍, 작은 상점은 카드 사용이 어려운 곳도 있다. 신용카드를 사용할 계획이라면 미리 사용 가능 여부를 확인하는 것이 좋다. 신용카드는 최근 들어 아멕스Amex, 유니온페이Union pay가 사용가능한 곳들이 생기고 있으나 안전하게 비자visa, 마스터master로 준비하는 것이 좋다.

와이파이

트빌리시는 여행자들에게 'I love Tbilisi'라는 와이파이를 무료로 제공한다. 하지만 많이 불편하다. 핸드폰이 잠금 상태가 되는 순간 연결이 끊기는 경우가 많다. 또 트빌리시 시내 전체가 아닌 도시 중심 일부에서만 잡힌다. 따라서 이 와이파이에만 의존하는 것은 어렵다. 단, 식당, 카페, 호텔에서 비밀번호를 받아 무료로 와이파이를 사용할 수 있다.

유심칩

조지아는 와이파이보다 통신사에서 판매하는 유심칩을 이용하는 게 편리하다. 유심칩은 기간별로 인터넷 무제한을 제공해 와이파이 없이도 인터넷 사용이 충분히 가능하다. 가격도 저렴하다. 막티에서 판매하는 7일 인터넷 무제한 상품이 12라리(한화 약 6,000원, 유

심칩 별도)다. 다만, 조지아에서는 한국과 같은 인터넷 속도를 기대하지 말자. 유심칩은 공항이나 시내에서 쉽게 구입할 수 있다. 공항에 도착하면 통신사에서 운영하는 유심칩 판매대를 볼 수 있다. 쇼타 루스타벨리 거리에도 유심칩 판매소가 있다. 유심칩은 여권만 있으면 구매가 가능하다. 조지아에는 막티Magti, 비라인 Beelined 두 곳의 통신사가 있다. 이 가운데 가성비 좋고 통신도 원활한 곳으로 막티를 추천한다. 유심칩을 구매해 바꿔 낀 후 앱을 깔고 전화번호 인증을 받으면 잔여기간 및 통화량, 테이터량 등의 정보를 확인할 수 있다. 또 데이터가 모자라면 추가로 충전해 사용할 수 있다.

기간	무제한데이터	무제한데이터+통화
30일	32라리	45라리
7일	9라리	12라리
1일	2라리	3라리

쇼타 루스타벨리 막티 판매소
지도 104p-J 주소 22 Sh. Rustaveli Ave
오픈 09:00~06:00 홈페이지 www.magticom.ge

TIP eSIM

오직 데이터만 사용하고 싶다면 막티 판매소를 찾지 않아도 기존에 사용하는 유심칩에 원하는 일수, 데이터양을 설정하여 사용할 수 있는 eSIM을 막티 어플에서 구매하여 사용할 수 있다. 단, 사용가능한 핸드폰 기종이 다양하지 않으니 사전에 확인하자.

전압

조지아의 전압은 220볼트로 한국과 같다. 따로 어댑터를 챙길 필요가 없다. 다만 조지아는 전압이 불안정하거나 약한 곳이 많다. 특히, 냉난방에 전기를 많이 쓰는 여름과 겨울 오래된 건물을 개조해 만든 호스텔에서는 필라멘트 전구가 터지는 일이 자주 일어난다. 따라서 전자제품을 충전기에 꽂은 후 장시간 방치하거나 잠자는 시간에 충전하는 것은 추천하지 않는다. 전자제품은 길게 꽂아두지 말고 필요한 만큼만 충전해서 사용하는 게 좋다.

Special Page

조지아 화폐 속 인물

5라리

조지아 학자 이바네 자바키슈빌리 Ivane javakhishvili의 초상화. 조지아의 대표적인 역사학자로 현대 역사학에 많은 영향을 끼쳤다. 트빌리시 국립 대학교의 설립자 중한 명이었으며, 총장(1918~1926)을 맡기도 했다.

10라리

조지아 시인 아카키 체레텔리 akaki tsereteli 초상화. 러시아 차르 정권에 맞서 싸운 시인이자 독립운동가. 트빌리시에 그의 이름을 딴 지하철역과 거리가 있다.

20라리

조지아 유명 정치인 일리아 찹차바제 Ilia chavchvadze. 19세기 후반 조지아인들의 국가적 이상을 깨우고 안정적인 사회를 위해 국가 운동을 주도한 작가이자 정치적 인물이다.

50라리

12세기 조지아를 통지하던 타마르 여왕 Queen Tamar. 조지아 왕국의 첫 번째 여왕이다. 어린 나이에 왕위를 물려받았지만 군부와 귀족을 장악하고 활발한 외교 정치로 조지아의 황금기를 이끌었다.

100라리

조지아 시인 쇼타 루스타벨리 Shota Rust-aveli. 12세기 조지아의 시인으로 조지아의 서사시 '표범 가죽을 두른 기사'의 저자다. 트빌리시에는 그의 이름을 딴 거리가 있다.

PLANNING 14

조지아 대중교통 완전 정복하기

조지아에서 도시 간 이동은 마르슈르트카를 빼놓을 수 없다. 조지아의 가장 대중적인 교통수단이
자 현지인들의 발이다. 기차도 있지만 일부 구간을 제외하고 마르슈르트카 만큼 편리하지는 않다.
다만 인접 국가에서 조지아로 가거나 트빌리시에서 바투미로 갈 경우 기차가 유리할 수 있다. 택시
는 기본적으로 흥정을 해야 한다. 또 택시를 한 대를 빌려 당일로 여행을 가는 쉐어택시도 있다. 이
밖에 경비행기를 이용하는 국내선과 터키와 주변국에서 트빌리시로 가는 국제 버스 등이 있다. 조
지아의 대중교통에 대해 알아보자.

마르슈르트카

낯선 조지아만큼 낯선 대중교통 수단이 마르슈르트카
다. 마르슈르트카는 조지아에서 가장 흔한 교통수단이
다. 도시 간 이동은 물론 도시에서 근교를 오가는 마
르슈르트카가 그물망처럼 연결되어 있다. 버스가 크지
않다. 15인승 승합차 규모다. 마르슈르트카는 이용료
가 저렴하다. 현지인들에게는 없어서는 안 될 교통수
단이다. 조지아에서는 길가에서 손을 흔들어 마르슈르

트카를 세우거나 승강장도 아닌 길 한 가운데에서 내리는 승객을 볼 수 있다. 그만큼 현지인들에게
는 친숙한 교통수단이다. 물론 여행자에게도 마르슈르트카는 꼭 필요하다. 거리가 먼 대도시를 오
가는 경우가 아니면 대부분 마르슈르트카를 이용해 조지아를 여행한다. 그러나 마르슈르트카 이용
시 고려할 것이 몇 가지 있다.

목적지에 따라 다른 터미널

마르슈르트카는 대도시의 경우 목적지에 따라 터미널이 다르다. 트빌리시에는 3군데의 버스터미널이 있다. 따라서 자신이 가려는 목적지를 확인 후 터미널을 찾아가야 한다. 조지아의 버스터미널은 한국 버스터미널과는 매우 다르다. 터미널에는 편의 시설이 거의 없다. 넓은 주차장에 마르슈르트카만 서 있다. 국제 버스가 오가는 트빌리시 오르타찰라 버스터미널의 경우 몇 개의 마트와 화장실, 매표소가 있다. 또 디두베, 삼고리 버스터미널은 간이매점과 유료 화장실이 있다.

터미널에서 버스 찾기

버스터미널에서는 자신이 가려는 목적지의 마르슈르트카를 직접 찾아야 한다. 보통 마르슈르트카 앞창에 목적지가 적혀 있다. 차를 찾았다면 기사에게 돈을 주고 차표를 구매한다. 어떤 곳은 기사가 안내하는 곳에 가서 비용을 지불하고 티켓을 구매하기도 한다. 때로 버스가 많아서 자신이 타야 할 마르슈르트카를 못 찾을 때도 있다. 이때는 당황하지 말고 운전기사에게 물어보자. 목적지를 말하면 친절히 알려준다.

출발 시각보다 여유 있게 도착

마르슈르트카는 출발 시각이 정해져 있지만 반드시 출발 시각을 지키지 않는다. 손님이 다 차면 출발 시각이 남았어도 출발한다. 또 손님이 안 차면 출발 시각을 넘겨서도 기다린다. 따라서 마르슈르트카를 이용할 때는 항상 시간을 넉넉하게 잡는 게 좋다. 항상 미리 표를 예매하고, 출발 시각보다 여유 있게 터미널에 도착해 순서를 기다리는 게 좋다.

마르슈르트카 티켓 예매하기

마르슈르트카는 예매 개념이 없다. 먼저 도착해 표를 구하는 사람이 우선이다. 하지만 지방 도시의 경우는 예외인 경우가 있다. 그날 막차를 타야 하거나 다음 날 첫차를 반드시 타야하는 경우 티켓을 미리 구매할 수 있다. 작은 도시나 여행지의 경우 버스터미널은 다양하다. 매표소가 있는 곳도 있고, 없는 곳도 있다. 작은 마트에서 티켓을 판매하는 곳도 있다. 일단 장기간 머무는 게 아니라면 여행지에 도착하자마자 운전기사에게 도움을 청해 미리 출발할 마르슈르트카 티켓을 예매하자.

TIP 마르슈르트카 이용 꿀팁

❶ 출발시간 정해져 있지만 손님이 찰 때까지 기다렸다가 출발한다. 따라서 출발시각보다 늦게 출발하는 경우도 있다. 때로 출발시각 전인데도 인원이 다 차면 미리 출발하기도 한다. 여행일정에 차질을 빚지 않으려면 항상 여유를 두고 마르슈르트카를 이용하자.

❷ 마르슈르트카는 지정된 좌석이 없다. 먼저 탄 순서대로 자리를 고를 수 있다. 최근 신식 차량도 속속 생겨나고 있지만, 노후한 차량은 에어컨이 작동하지 않을 수도 있다. 가급적 창가 자리를 선점하자.

❸ 큰 트렁크가 있다면 추가요금(5~10라리)을 낼 수도 있다. 모든 경우는 아니지만 인기 노선이거나 큰 짐으로 인해 사람들이 많이 타지 못할 경우 추가요금을 내기도 한다. 하지만 경우에 따라서는 추가요금을 내지 않을 수도 있다. 약간 복불복이다.

❹ 마르슈르트카를 예약했더라도 출발 시각보다 일찍 가서 기다리자. 예약 인원이 탑승 인원보다 많을 수도 있다.

버스

트빌리시를 비롯해 바투미, 쿠타이시 등 대도시에서는 시내버스를 이용할 수 있다. 트빌리시에는 세 가지 종류의 버스가 있다. 파란 버스는 간선, 노란 버스는 지선, 그리고 노란색 미니버스는 마을 버스 개념이다. 버스 앞유리 전광판에는 노선 번호와 주요 경유지가 표시된다. 쿠타이시는 시내버스와 마르슈르트카에 번호

가 매겨져 있어 번호를 보고 이용할 수 있다. 트빌리시 버스는 07:00부터 00:00까지 운행한다. 그러나 노선마다 막차 시간이 다를 수 있으니 늦은 시각에 이용할 때는 반드시 사전에 확인하자. 트빌리시 버스는 홈페이지(www.ttc.com.ge)에서 배차간격 및 노선을 확인 할 수 있다. 트빌리시와 바투미에서 교통카드를 이용해 버스 요금을 지불 할 수 있다. 교통카드를 인식기에 터치하면 영수증이 나온다. 영수증은 내릴 때까지 잘 보관하자. 교통카드가 없으면 운전기사에게 지불하거나 검표원에게 지불하고 종이 티켓을 받으면 된다. 종이 티켓을 받으면 교통카드 인식기 옆에 있는 기계에 도장을 찍어 잘 보관하도록 하자. 수시로 검표원이 검사를 한다.

> **TIP** 버스 요금을 현금으로 내려면 미리 잔돈을 준비하자. 운전기사가 거스름돈이 없으면 못 받을 수도 있다. 트빌리시 교통카드는 바투미에서도 사용할 수 있다. 하지만 바투미 교통카드는 바투미에서만 사용할 수 있으니 참고하자.

메트로

메트로는 트빌리시에만 있다. 2개의 메트로 라인이 시내의 관광 명소 대부분을 연결한다. 메트로는 교통카드로만 이용할 수 있다. 지하철역이나 케이블카 매표소에서 교통카드를 구입해 충전해서 사용한다. 교통카드 구입비는 2라리다. 지하철 1회 탑승 요금은 1라리이며, 90분 동안 환승이 가능하다. 트빌리시 메트로는

1966년에 만들어졌다. 소련 연방에 속한 15개 공화국을 통틀어 모스크바(1935년), 레닌그라드(1955년), 키이우(1960년)에 이어 네 번째로 개통했다. 트빌리시 메트로를 처음 이용하면 에스컬레이터가 아주 길고 빠르게 움직이는 것에 당황할 수 있다. 이는 메트로가 대중교통 수단 뿐 아니라 전시에는 방공호로 사용하기 위해 지하 깊숙이 만들었기 때문이다(단 디두베Didube, 고치리제 Gotsiridze 역은 지상에 있다). 따라서 빠르게 움직이는 에스컬레이터 이용 시 주의해야 한다. 메트로는 06:00~00:00까지 운행하며, 배차 간격은 3~7분이다.

> **TIP** 트빌리시 여행카드
> 트빌리시 여행카드를 이용하면 트빌리시 대중교통을 무제한으로 이용할 수 있다. 가격은 1일 3라리, 일주일 20라리, 한달 40라리, 3개월 100라리, 6개월 150라리, 1년 250라리다. 교통카드는 트빌리시 국제공항 내 카운터나 자동판매기, 트빌리시 주요 지하철역, 트빌리시 시내의 주요 관광지에서 구매할 수 있다.

국내선 기차

트빌리시 중앙역에서 고리, 쿠타이시, 바투미, 주그디디, 하슈리 등으로 가는 국내선 기차가 운행한다. 국내선은 인터넷 홈페이지(www.railway.ge) 및 앱으로 구매 가능하다. 회원 가입 후 한 개의 ID로 8매까지 구매할 수 있다. 기차표 예매는 40일 전부터 가능하다. 앱으로 구매한 경우 따로 출력할 필요 없이 앱으로 결제한 티켓을 보여주면 된다.

국내선 항공

조지아 국내 항공은 경비행기를 이용한 바닐라 스카이 항공이 있다. 바닐라 스카이 항공은 트빌리시 나닥타리 공항을 베이스로 바투미, 쿠타이시, 메스티아를 연결한다. 특히, 바닐라 스카이 항공은 트빌리시에서 북서부 산악지역에 사리한 스바네티 핵심 여행지 메스티아를 오가는 가장 빠르고 편리한 교통수단이다. 운항 횟수는 여름 성수기 기준 주 6회. 비수기에는 운항편수가 줄어드니 사전에 체크하자. 메스티아를 오는 항공편은 쿠타이시에서도 출발한다. 요금은 트빌리시~메스티아 90라리, 쿠타이시~메스티아 50라리, 트빌리시~바투미 125라리다.

TIP 바닐라 스카이 항공은 출발 60일 전부터 예약이 가능하다고 공지되어 있다. 하지만 페이스북 페이지에 스케줄이 올라 온 후에야 티켓 예약이 열린다. 정확히 언제 올라오는지 공지가 따로 없어 수시로 체크해야 한다. 바닐라 스카이는 탑승 정원이 19명에 불과한 경비행기다. 성수기의 경우 스케줄이 올라오자마자 바로 매진되기도 한다. 예약 시 정보 기입하는 시간도 3분으로 제한되어 있다. 만약 예약에 도전하려면 미리 메모장에 기본 정보를 적어두고 복사하기+붙여넣기를 사용해 입력 시간을 줄이는 게 실패를 줄이는 방법이다.

바닐라 스카이는 경비행기로 날씨의 영향을 많이 받는다. 날씨가 좋지 않으면 운항하지 않는다. 즉, 예약 성공이 끝이 아니라 날씨 운도 따라주어야 바닐라 스카이에 탑승할 수 있다. 날씨에 따른 항공 스케줄은 바닐라 스카이에서 관리하는 페이스북 페이지에서 확인할 수 있다. 그러나 사전 공지가 없었더라도 공항에 도착해서 운항 취소 소식을 들을 수도 있다. 마지막 타는 순간까지 긴장하게 만드는 게 바닐라 스카이 항공이다. 만약, 기상악화로 운항이 취소되면 30일 내에 환불된다. 수하물은 모든 짐을 합쳐 15kg 미만이다.

바닐라스카이 항공
주소 Vazha Phshavela Avenue 5, Tbilisi
오픈 월~금 10:00~18:00, 토 10:00~13:00
전화 +995 32 242 84 28
홈페이지 티켓 발권 https://ticket.vanillasky.ge
스케줄 www.facebook.com/Vanillasky.ge

택시&앱택시

조지아의 택시는 미터기가 없다. 따라서 탑승 전 요금
흥정은 필수다. 요금을 미리 정하지 않고 택시를 타면
바가지요금을 씌울 수도 있다. 따라서 택시를 타기 전
에 목적지까지의 대략적인 요금을 먼저 알아둔 뒤 승
차 전에 택시 기사와 흥정한다. 만약 택시기사들과 요
금 흥정이 어려울 것 같다면 모바일 택시 앱을 설치한
후 이용하자. 볼트Bolt, 얀덱스Yandex, 막심Maxim 같
은 앱을 이용하면 편리하면서 경제적이다. 앱 설치 시
카드 결제 정보를 입력해 놓으면 카드로 결제가 가능
하다. 현금(Cash)을 선택하면 내릴 때 정해진 금액
만 지불하면 된다. 만약 택시를 타고 이동하는 동안
앱 사용이 어렵다면, 사전에 택시 앱을 이용해 이동할
구간의 요금을 확인해두자. 앱으로 확인한 금액보다
2~3라리 정도 더한 가격으로 흥정하면 된다.

볼트   얀덱스   막심

TIP 택시를 탈 때는 반드시 가격을 흥정한 뒤 금액을 정확하게 확인하고 탑승해야 한다. 또 화폐 단
위를 '라리'라고 분명하게 말하자. 일부 택시 운전기사는 내릴 때 가격을 올려 말하거나 라리가 아닌
달러 가격이었다며 돈을 더 요구하는 경우가 있다. 이런 경우를 예방하기 위해 반드시 가격을 흥정하
고 타자.

쉐어 택시

조지아에는 쉐어 택시라는 개념의 교통 수단이 있다.
차량의 모양은 일반 택시나 마르슈르트카와 같다. 쉐
어 택시는 택시 한 대를 전세 내서 타는 개념이라 생각
하면 쉽다. 차량에 따라 4~6명의 인원을 모아 승객
요청대로 여행 일정을 짜면서 함께 다닌다. 일행이 여
럿일 경우 저렴한 비용으로 원하는 여행지를 돌아볼 수
있다. 혼자나 일행이 적은 경우 숙소나 여행자 안내소

등에서 다른 여행자와 함께 그룹을 만들어서 이용하기도 한다. 트빌리시에서 스테판츠민다로 갈 때
쉐어 택시를 이용하면 좋다. 스테판츠민다로 가는 길에 있는 뷰포인트마다 잠시 정차해 풍경을 감
상할 수 있게 해준다. 스테판츠민다 외에도 목적지까지 간 후 여행지를 돌아보기 위해 다시 택시를
섭외해야 하는 경우에도 쉐어 택시를 이용하면 편리하다. 쉐어 택시 요금은 차량이나 목적지, 대기
시간 등에 따라 가격이 다르니 각 도시 교통편을 참고하자.

조지아 숙박 총정리

조지아는 최근 해외 관광객이 크게 늘면서 숙박시설도 빠르게 변하고 있다. 트빌리시와 바투미 같은 대도시에는 최고급 호텔부터 게스트 하우스까지 다양한 숙소가 있다. 메스티아나 스테판츠민다 등 주요 여행지들도 숙박시설이 빠르게 늘고 있다. 특급 호텔을 제외하고 게스트 하우스나 호스텔은 가격이 저렴해 크게 부담이 없다. 특히, 투숙객에게 웰컴 드링크와 여행정보까지 살뜰하게 챙겨주는 친절한 호스트의 존재는 조지아 여행의 또 다른 매력이다. 예산과 여행 스타일에 맞게 숙소를 선택하자.

최고급 호텔

조지아 수도 트빌리시에는 최고급 호텔이 많다. 이름을 들으면 누구나 알 수 있을 체인형 특급호텔은 아니지만 하룻밤을 근사하게 보내기에 충분하다. 친절한 서비스는 기본이며 영어 응대도 완벽하다. 여기에 럭셔리한 인테리어, 조지아 전통 음식, 수영장, 스파, 펍, 카지노 등 다양한 부대시설도 가지고 있다. 근사한 하루를 보내고 싶다면 최고급 호텔을 찾아보자. 숙박료는 하룻밤에 25만~50만원 한다.

체인형 호텔

트빌리시와 바투미를 비롯해 지방 도시에도 체인형 호텔이 점차 생기고 있다. 체인형 호텔은 대체로 3~4성급이다. 친절한 서비스를 바탕으로 깔끔한 컨디션을 갖추고 있다. 물가가 저렴한 조지아에서는 상대적으로 저렴한 가격에 이용할 수 있다. 숙박료는 하룻밤에 15만~20만원 한다.

디자인 호텔

조지아는 도시를 개발할 때 본래 모습을 유지하는 것을 우선한다. 새로운 건물을 짓는 대신 기존 건물 내부를 개조해 감각적인 인테리어로 재탄생시킨다. 디자인 호텔은 이렇게 탄생한다. 편의시설이 완벽하게 갖춰진 대형 특급 호텔과 달리 조지아만의 특색이 느껴지는 건물에서 호텔 컨디션으로 즐길 수 있다. 숙박료는 하룻밤에 8만~15만원 한다.

아파트형 호텔

레지던스 건물의 한 층 또는 여러 층을 임대해 호텔로 사용하는 숙박시설이다. 호텔 시설을 갖추고 있지만, 조지아 신식 아파트에서 지내는 느낌과 같다. 취사와 세탁 등을 아파트에서 할 수 있어 여행 비용을 아낄 수 있다. 장기간 머무는 여행이나 가족처럼 일행이 많다면 유리하다. 다만, 아파트형 호텔이라고 해서 모든 호텔이 취사, 세탁이 가능한 것은 아니다. 취사와 세탁이 필요하다면 미리 확인하자. 숙박료는 하룻밤에 10만~15만원 한다.

게스트 하우스

조지아 가정집을 개조해 만든 숙소다. 숙박과 아침식사가 제공되는 숙박시설로 B&B라고도 부른다. 사람 만나는 것을 좋아하거나 조지아의 가정집을 경험해보고 싶은 여행자에게 추천한다. 정 많고 친절한 조지아 사람들을 만나 행복한 시간을 보낼 수 있다. 호스트로부터 여행정보는 물론 택시나 투어 예약 등의 서비스도 받을 수 있다. 저녁을 요청하면 저렴한 가격에 푸짐하게 차려주기도 한다. 보통 조지아 와인과 차 등을 웰컴 드링크로 준다. 조식도 조지아식으로 제공된다. 숙박료는 하룻밤에 8,000~2만원 정도 한다.

호스텔

여러 명이 함께 방을 쓰는 다인실 숙소다. 보통 6인, 8인, 12인, 많게는 16인실까지 있다. 숙소는 대부분 2층 침대로 구성되어 있다. 투숙객이 욕실과 주방을 공용으로 사용한다. 저렴한 숙소를 찾는 배낭 여행자들이 많이 이용해 다양한 국적의 여행자를 만날 수 있다. 낯선 환경에서 새로운 친구들을 만나는 것을 경험하고 싶은 여행자에게 추천하는 숙소이다. 다만, 화장실이나 욕실 등을 공용으로 사용하는 경우가 많으니 이용 시 편의시설이나 이용자 후기 등을 꼼꼼하게 살펴보자. 숙박료는 하룻밤에 6,000~1만 5,000원 정도 한다.

에어비앤비 Airbnb

현지인의 집을 빌리는 개념의 숙소이다. 아파트나 주택을 통째로 빌릴 수도 있고, 아파트 내의 룸만 빌릴 수도 있다. 식사를 직접 해서 먹을 수 있으며, 빨래까지도 해결할 수 있어 장기 여행자 또는 식사비를 줄이고 싶은 여행자에게 적합하다. 내 집처럼 편하게 지낼 수 있어 이러한 숙소 타입을 선호하는 여행자들이 늘고 있다. 원하는 날짜, 지역, 인원수, 가격 등의 조건을 검색해 마음에 드는 집을 예약한 후 집주인과 직접 연락한다. 메일이나 메시지로 연락하며, 찾아가는 방법, 체크인 방법에 대해 사전 협의해 이용한다. 숙박료는 하룻밤에 8만~25만원 사이로 형태와 시설에 따라 천차만별이다.

숙소의 웰컴 와인과 서비스

조지아에서 '어머니는 좋은 요리사'라고 한다. 그만큼 집에서 직접 만든 음식과 와인을 나누기를 좋아하는 문화가 있다. 모든 숙소의 경우는 아니지만 보통 인심 좋고 정 많은 현지인이 호스트로 있는 게스트 하우스에서는 특별한 환대를 받는다. 호스트는 손수 담근 홈메이드 와인과 차차(와인을 증류해 만든 술)를 아낌없이 내어준다. 또 조지아 차(Tea)와 제철 과일도 끊임없이 가져다준다. 조지아는 손님의 식탁은 바닥이 보이지 않도록 해야 한다는 말이 있을 정도로 손님에게 아낌없이 베푼다. 만약, 호스트의 정 넘치는 환대를 받는다면 맛있게 먹어주는 것으로 보답하자. 단, 차차는 40도가 넘는 독주다. 주량에 맞게 마셔 실수하지 않도록 한다.

TIP 조지아 서북쪽에 위치한 여행지는 겨울철에는 폭설 등으로 교통이 통제되는 경우가 있다. 메스티아나 스테판츠민다 같은 곳이 이에 해당한다. 따라서 겨울에 이곳을 여행하려면 항상 플랜B를 염두에 두자. 폭설이 내려 가지 못하는 상황에 대비해 무료 취소가 가능한 숙소로 예약하자.
조지아의 겨울철 난방은 한국과 다르다. 보통 라디에이터를 이용해 난방을 한다. 실내 공기를 따뜻하게 해주지만 생각보다 춥다고 느낄 수 있다. 추위를 많이 탄다면 라디에이터 이외의 난방 시설(냉난방기)이 있는지 체크하자. 또 수면 양말, 따뜻한 잠옷, 핫팩 등을 챙겨가자.

Georgia
By Area
....
조지아
지역별 가이드

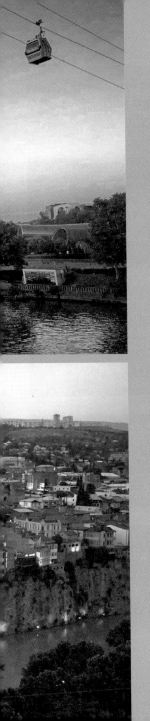

Georgia By Area

01

트빌리시
Tbilisi

조지아의 수도 트빌리시. 트빌리시
는 '따뜻한 물'을 뜻한다. 이름처럼
트빌리시에는 유명한 온천 지구가
있다. 동부 코카서스산맥에서 발원
한 므츠바리강(쿠라강)이 도심을 가
로질러 카스피해까지 흘러간다. 조
지아 여행자는 대부분 트빌리시를
통해 입국한다. 그만큼 트빌리시는
역사적으로나 지리적으로 조지아 여
행의 중심에 있다.

미 리 보 기

트빌리시는 작지만 아름다운 도시. 과거의 모습이 그대로 남아 있는 올드 트빌리시(구시가지)와 현재의 모습이 잘 어우러진다. 물가가 저렴하고, 치안도 좋은 편이다. 이런 이유로 최근에는 '한 달 살기' 도시로 급부상하고 있다.

SEE

올드 트빌리시의 고르가살리 광장을 중심으로 나리칼라 요새, 메티히 교회, 성 삼위일체 대성당을 볼 수 있다. 기독교를 전파하러 온 성녀 니노의 전설이 내려오는 시오니 대성당을 보고, 샤르데니 거리를 걸으며 트빌리시의 자유로운 분위기를 느끼는 것도 추천한다. 트빌리시의 중요한 역사를 가진 자유 광장과 루스타벨리 거리, 새로운 명소로 급부상하고 있는 아그마쉐네벨리 거리도 빼놓을 수 없다.

EAT

과거 지정학적 요충지였던 조지아는 지중해, 아랍, 페르시아, 인도에서 다양한 향신료와 요리법을 받아들였다. 이런 역사적 배경으로 조지아만의 특별한 음식이 탄생했다. 트빌리시에는 이런 음식들을 저렴하게 즐길 수 있는 레스토랑이 많다. 대표적인 조지아 전통 음식 하차푸리와 힌칼리는 종류가 많으니 다양하게 즐겨보자. 조지아 와인도 놓칠 수 없다. 식당 마다 저렴한 가격에 하우스 와인을 판매하고 있으니 조지아 음식과 함께 곁들여보자.

BUY

올드 트빌리시 곳곳에서 조지아 관련 기념품을 구입할 수 있다. 조지아 경치가 담긴 마그네틱, 전통 복장을 입은 인형, 와인 케이스까지 다양한 제품을 판매한다. 와인샵에서 와인을 테이스팅 해보고 구입하는 것도 추천한다. 빈티지한 것을 좋아한다면 므슈랄리 히디(드라이 브릿지 마켓) 벼룩시장에서 역사가 담긴 옛 물건이나 그림을 구입하는 것도 좋다. 단, 벼룩시장에서 흥정은 필수다.

SLEEP

방문객이 많은 트빌리시는 현지인들이 운영하는 호스텔과 에어비앤비가 많은 비중을 차지한다. 또 중저가 호텔부터 5성급 호텔까지 다양한 숙박 시설이 있다. 현재 급증한 여행객으로 인해 개인이 허가 없이 숙박시설을 운영하는 곳도 많고, 이를 악용하는 경우도 있다. 호스텔이나 에어비앤비를 이용할 때는 이용후기를 꼼꼼하게 확인하자.

어떻게 갈까?

항공

인천 국제공항에서 트빌리시 국제공항으로 가는 직항 노선은 없다. 2018년부터 대한항공에서 여름철 성수기에 전세기를 운영하지만 패키지여행만 이용할 수 있다. 따라서 개인 여행자는 알마티나 도하, 이스탄불, 두바이를 경유하는 항공편을 이용한다(074~075p 참조). 흑해와 접한 바투미를 먼저 둘러볼 경우 국내선을 이용해 트빌리시로 올 수 있다.

트빌리시행 주요 항공편

항공사	경유지	소요 시간 (경유 시간 포함)
에미레이트항공	두바이	20시간
카타르항공	도하	14시간
터키항공	이스탄불	15시간
에어아스타나 항공	알마티	16시간

트빌리시 국제공항(TBS)에서 시내로 가기

❶ 버스

트빌리시 국제공항에서 시내까지 가장 저렴하게 갈 수 있는 방법이다. 07:00~23:00까지 운행하는 337번 버스를 타면 시내까지 1라리에 갈 수 있다. 공항 청사 오른쪽에 있는 'Airport' 버스정류장에서 탑승한다. 배차 간격은 15~25분. 시내까지 50~60분 정도 걸린다. 버스에서 거스름돈을 주지 않으니 미리 잔돈을 준비해야 한다.

❷ 택시

공항 택시라 불리는 하얀 택시와 '택시!'를 외치며 따라오는 개인택시가 있다. 두 가지 택시 모두 미터기가 없어 흥정을 해야 한다. 목적지까지 요금을 모른다면 흥정 없이 택시에 타지 않도록 하자. 보통 공항에서 시내까지는 60라리 전후로 이용할 수 있다. 트빌리시는 공항버스가 있어 심야시간에도 택시 요금이 비싸지 않다. 택시는 공항버스가 숙소까지 가지

않을 때나 앱 택시를 이용할 수 없을 때 이용하자. 또 일행이 3~4명이면 이용할 만하다.

❸ 앱 택시

조지아에서는 스마트폰 앱을 이용해 택시를 호출하는 방법을 많이 사용한다. 앱을 이용하면 영어가 잘 통하지 않는 기사들에게 목적지를 설명하고 흥정하지 않아도 되는 장점이 있다. 사전에 앱을 설치하고 신용카드 결제 정보를 입력하면 편리하게 사용할 수 있다. 앱은 공항에서 심카드를 구입하거나 공항 무료 와이파이를 이용해 설치하면 된다. 조지아

에서 많이 쓰이는 앱은 볼트Bolt, 얀덱스Yandex, 막심Maxim이다. 이용방법은 ①앱 실행 후 출발지와 목적지를 지정한다 ②차종(Economy, Comport, Business)을 선택한다 ③요금 지불 방법(cash or card)을 선택한다. 택시요금은 책정된 금액만 지불하면 된다. 차종은 특별한 경우가 아니면 Economy를 선택하면 된다. 또 신용카드 결제 정보를 입력해 놓으면 미리 환전하지 못했을 때 유용하다. 앱 택시를 이용하면 공항에서 시내까지 35~40라리에 갈 수 있다.

국내선 열차

트빌리시 중앙역에서 고리, 쿠타이시, 바투미, 주그디디로 가는 국내선 기차가 있다. 국내선은 인터넷 홈페이지 및 앱으로 구매 가능하다. 회원 가입 후 한 개의 ID로 8장까지 구매할 수 있다. 기차표 예매는 40일 전부터 가능하다.

트빌리시 중앙역
Tbilisi Railway Station
주소 Station Square, Tbilisi
홈페이지 www.railway.ge

도착지	출발시간	도착시간	소요시간	가격
쿠타이시	09:00, 12:55	15:10, 18:52	6시간 10분, 5시간 57분	8라리
바투미	08:00, 17:10	13:35, 22:45	5시간 35분	1등석 70라리 2등석 35라리
주그디디	08:30, 16:55	15:08, 23:37	6시간 38분, 6시간 42분	1등석 23라리 2등석 11라리
보르조미	06:35, 16:30	10:47, 20:50	4시간 12분, 4시간 20분	

국제 열차

주변국인 아제르바이잔, 아르메니아에서 기차를 이용해 트빌리시로 갈 수 있다. 항공편보다 저렴하고, 야간열차는 침대칸도 있어 숙박비도 아낄 수 있다는 장점이 있다. 단점은 시간이 오래 걸린다는 것! 도착 예정 시간이 정해져 있지만 국경에서 입국 심사 때 시간이 지체되는 경우, 도착시간이 지연되는 경우도 다반사다. 기차를 타고 트빌리시로 입국하는 경우 다음 일정을 여유 있게 잡고 움직이는 게 좋다.

트빌리시 도착

출발 도시(국가)	출발시간	도착시간	소요시간	가격	비고
바쿠 (아제르바이잔)	23:15	10:35 (+1일)	11시간 20분	오픈 침대칸 24.01마나트 / 칸막이 있는 4인실 35.36마나트 / 2인실 60.14마나트(1마나트 한화 680원)	현재 임시 중단(75p 참고)
예레반 (아르메니아)	21:30	07:50 (+1일)	10시간 20분	오픈 침대칸(Reserved Seats Cars) 1만 2,185~1만 2,915드람 / 룸 4인실 침대칸(Compartment Cars) 1만 5,905~1만 8,915드람 / 룸 2인실 침대칸(Sleeping Cars) 2만 4,425드람 (100드람 한화 365원)	짝수일 출발, 2인실 와이파이 제공

트빌리시 출발

도착 도시(국가)	출발시간	도착시간	소요시간	가격	비고
바쿠 (아제르바이잔)	20:35	07:10 (+1일)	10시간 45분	오픈 침대칸 35라리 / 칸막이 있는 4인실 52라리 / 2인실 91라리	매일 출발
예레반 (아르메니아)	20:20	06:55 (+1일)	10시간 35분	오픈 침대칸(Reserved Seats Cars) 1만 2,185~1만 2,915드람 / 룸 4인실 침대칸(Compartment Cars) 1만 5,905~1만 8,915드람 / 룸 2인실 침대칸(Sleeping Cars) 2만 4,425드람 (100드람 한화 365원)	홀수날 출발, 2인실 와이파이 제공

> **TIP** 국제 열차 사전 예매
>
> 아제르바이잔과 아르메니아에서 출발하는 기차는 온라인과 앱으로 예매 가능하다. 아르메니아는 왕복 기차표 모두 온라인으로 예매할 수 있다. 출발 40일 전부터 예약할 수 있으며, 한 번에 4장까지 구입할 수 있다. 아제르바이잔은 아제르바이잔에서 출발하는 기차표만 예매할 수 있다. 출발 한 달 전부터 예약 가능하며, 한 번에 4장까지 구입할 수 있다. 조지아에서는 국제 열차 온라인 예매가 불가능하다. 기차역에서 현장 구매해야 한다. 구매 가능 시간은 08:00~20:00이며, 현지 화폐 및 카드로 결제할 수 있다.
> **아제르바이잔 철도청** www.ticket.ady.az / **아르메니아 철도청** www.ukzhd.am

국제 버스

아제르바이잔과 아르메니아, 터키에서 국제 버스를 이용해 트빌리시로 올 수 있다. 이스탄불에서 출발하는 국제 버스는 터키 주요 도시(앙카라, 삼순, 트라브존)와 바투미를 경유해 트빌리시까지 운행한다. 아제르바이잔 수도 바쿠에서는 매일 저녁 트빌리시까지 운행하는 국제 버스가 있다. 아르메니아 수도 예레반에서 트빌리시까지는 마르슈르트카가 운행한다. 주변국에서 트빌리시로 오는 버스는 오르타찰라 버스터미널에 도착한다. 또한, 트빌리시에서 주변국으로 가는 국제 버스도 모두 오르타찰라 버스터미널에서 출발한다. 오르타찰라 버스터미널에서 큰길로 나와 버스정류장에서 547번, 371번 버스를 타면 메테히 교회를 지나 자유 광장 앞 푸시킨 공원까지 갈 수 있다. 버스터미널에서 자유 광장까지 20분 정도 걸린다.

오르타찰라 버스터미널 Central Bus Station
지도 107p-L 주소 1 Dimitri Gulia St, Tbilisi

❶ 바쿠-트빌리시 (현재 임시 운행 중단 75p 참고)

바쿠에서 트빌리시까지는 45인승 대형 버스가 매일 밤 4회(21:00, 23:00, 23:50, 00:30) 운행한다. 소요시간은 7시간, 운행요금은 15마낫이다. 큰 짐이 있으면 1.5마낫을 추가로 내야 한다. 승차권은 온라인이나 현장에서 구매 가능하다. 다만, 1인이 구매할 수 있는 승차권은 4장으로 제한된다. 온라인으로 예약한 경우 출발 시간 30분 전까지 버스터미널 티켓 데스크에 도착해 여권과 승차권 예약 확인서를 제출하고 티켓을 발급 받아야 한다.

바쿠 국제 버스터미널 Baku International Bus Terminal
주소 Moskva prospekti, Bakı, Azerbaijan
전화 +994 12 499 70 38
홈페이지 www.avtovagzal.az

❷ 예레반-트빌리시

아르메니아 수도 예레반에서는 마르슈르트카가 매일 10회(01:00, 07:00, 09:00, 11:00, 12:00, 15:00, 17:00, 18:00, 19:00, 20:00)운행한다. 소요시간은 6시간, 요금은 5,000~10,000드람이다. 마르슈르트카는 좌석 간격이 좁아 불편할 수 있다. 좌석 예약이 안 되기 때문에 미리 가서 자리를 선점하는 것이 좋다. (마르슈르트카 082p 참고) 트빌리시에서 예레반으로 가는 버스는 10회(01:00, 07:00, 09:00, 11:00, 12:00, 15:00, 17:00, 18:00, 19:00, 20:00)에 있으며, 가격은 35~80라리다.

예레반 버스 터미널 Central Bus Station
주소 Budapest St, Yerevan, Armenia

❸ 트라브존-트빌리시

터키에서 조지아 국경에 가장 근접한 트라브존에서 국제 버스를 이용해 트빌리시로 갈 수 있다. 트라브존에서 승차하면 바투미를 거쳐 트빌리시로 간다. 국제 버스는 47인승 메르세데스 벤츠 버스이며, 차량에서 와이파이 사용이 가능하다. 2~3시간에 한 번씩 휴식시간을 갖는다. 트라브존에서 트빌리시까지는 약 12시간 정도 걸린다. 매일 06:30, 20:30 출발하며, 요금은 1,000리라(터키 화폐)다. 트빌리시에서 트라브존으로 가는 버스는 매일 09:00에 출발하며, 가격은 1,080리라다. 예약은 터키 버스회사 홈페이지(www.metroturizm.com.tr/en)에서 터키 화폐로 결제해야 한다. 트빌리시에서 바투미까지 구간만 이용할 수도 있다.

트라브존 울루소이 버스터미널
주소 Değirmendere, Kır Mevki Sokak, 61030 Merkez, Ortahisar, Trabzon
전화 +90 462 325 22 01

어떻게 다닐까?

트빌리시 시내는 대부분 도보로 이동 가능하다. 하지만 대중교통을 적절히 이용하면 보다 나은 여행 계획을 세울 수 있다. 지하철과 버스 이용은 교통카드Metro Money가 필요하다. 교통카드는 지하철 매표소에서 구매해 충전해서 사용할 수 있다.

메트로

트빌리시에는 2개의 메트로 라인이 있다. 시내의 관광 명소 대부분이 메트로로 연결되어 있다. 트빌리시 시내는 대부분 도보 여행이 가능하지만, 기차역이나 버스터미널 이동 시 메트로를 이용하는 것이 효율적이다. 메트로를 적절히 이용하면 체력과 시간을 아낄 수 있다. 지하철역, 케이블카 매표소에서 교통카드를 구입해 충전해서 사용한다. 교통카드 구입비는 2라리다. 지하철 1회 탑승요금은 1라리이며, 90분동안 환승이 가능하다. 교통카드는 구매 영수증이 있으면 환불이 가능하다(단, 30일 이내). 트빌리시 메트로는 1966년에 만들어졌다. 소련 연방에 속한 15개 공화국을 통틀어 모스크바(1935년), 레닌그라드(1955년), 키이우(1960년)에 이어 네 번째로 개통했다. 이것만 봐도 당시 소련 연방에서 정치, 경제, 문화적으로 트빌리시가 얼마나 높은 위상을 차지하고 있었는지 알 수 있다.

트빌리시 메트로를 처음 이용하면 에스컬레이터가 아주 길면서, 빠르게 움직이는 것에 당황할 수 있다. 이는 메트로가 대중교통 수단 뿐 아니라 전시에는 방공호로 사용하기 위해 지하 깊숙이 만들었기 때문이다. 따라서 빠른 에스컬레이터 이용 시 주의해야 한다.

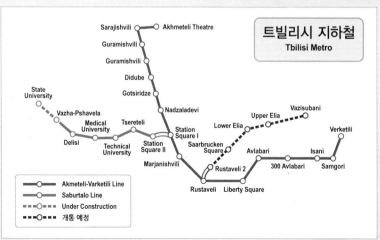

트빌리시 지하철
Tbilisi Metro

Sarajishvili
Akhmeteli Theatre
Guramishvili
Guramishvili
Didube
Gotsiridze
Nadzaladevi
State University
Vazha-Pshavela
Medical University
Tsereteli
Station Square I
Lower Elia
Upper Elia
Vazisubani
Delisi
Technical University
Station Square II
Saarbrucken Square
Avlabari
Isani
Verketili
Marjanishvili
Rustaveli 2
300 Avlabari
Samgori
Rustaveli
Liberty Square

Akmeteli-Varketili Line
Saburtalo Line
Under Construction
개통 예정

버스

트빌리시에는 파란색과 노란색 미니 버스 두 가지 시내버스가 있다. 버스 1회 운임은 1라리다. 버스 내에 있는 기계에 교통카드를 터치하면 영수증이 나온다. 영수증은 하차할 때까지 잘 보관하자. 트빌리시는 대부분 버스정류장에 노선표가 적혀 있지 않거나 주요 경유지만 표시되어 있다. 버스를 이용한다면 사전에 홈페이지(www.ttc.com.ge)에서 배차간격 및 노선을 확인하자. 노란색 미니버스는 한국의 마을버스와 같은 개념으로 보면 된다. 상대적으로 좁은 도로를 운행하며, 시내버스 보다 다양한 루트가 있다. 'Tbilisi Transport' 앱을 설치하면 트빌리시 교통에 대한 도움을 받을 수 있다.

TIP 사전에 버스 노선표를 확인했더라도 도로 상황에 따라 노선이 변경되는 경우가 많다. 탑승 전 기사에게 목적지를 물어보는 것이 좋다. 또 영어가 안 통하는 경우가 많다. 목적지를 조지아어로 물어볼 수 있도록 간단한 조지아어를 익혀가는 게 좋다.

택시

조지아의 택시는 미터기가 없다. 따라서 탑승 전 요금 흥정은 필수다. 만약 택시기사들과 요금 흥정이 어려울 것 같다면 모바일 택시 앱을 설치한 후 이용하자. 볼트Bolt, 얀덱스Yandex, 막심 Maxim과 같은 앱을 이용하면 편리하면서 경제적이다. 만약 이동 중 앱 사용이 어렵다면 사전에 택시 앱을 이용해 이동할 구간의 요금을 확인해두자. 앱으로 확인한 금액보다 2~3라리 정도 더한 가격으로 흥정하면 된다.

교통카드 충전방법

트빌리시 교통카드는 지하철 매표소에서 구입과 충전이 가능하다. 이 외에도 곳곳에 보이는 충전기계를 이용해 충전할 수 있다.

충전기 이용방법

화면 우측 상단에서 영어로 언어 변경

화면 왼쪽 상단에 있는 'Transport Card Top Up' 선택

화면 아래 부분에 있는 와이파이 모양에 교통카드를 대고 잔액 확인

원하는 금액만큼 돈 투입 후 'Pay' 선택

화면 아래 부분에 있는 와이파이 모양에 교통카드를 대고 화면에서 'Finish' 버튼을 누른다. 반드시 'Finish'를 눌러야 충전이 완료된다.

마르슈르트카

트빌리시에서 근교, 혹은 지방으로 이동하는 경우 가장 많이 이용하게 될 교통편이다. 마르슈르트카는 목적지에 따라 버스터미널이 다르다. 또한, 버스터미널이라고는 하지만 한국의 버스터미널과는 거리가 멀다. 편의시설 전혀 없다. 그냥 미니버스들이 모여 있는 곳이라고 생각하면 된다. 터미널에 도착하면 원하는 목적지에 맞는 버스를 직접 찾아야 한다. 마르슈르트카 앞 유리창에는 목적지가 적혀 있다. 조지아어로만 적혀 있는 경우도 있는데, 목적지를 물어보면 친절히 알려준다. 버스를 찾았다면 기사에게 직접 비용을 지불하거나, 안내를 받아 매표소에서 티켓을 구입한다. 큰 트렁크가 있는 경우 5~10라리를 추가로 내기도 한다. 일반적으로 출발시간이 정해져 있지만 보통 인원이 다 찰 때까지 기다렸다 출발하는 경우가 많다. 반대로 인원이 다 차 있는 경우 예정 시각보다 일찍 출발해 다음 버스를 기다려야 할 수도 있다. 출발 시간보다 일찍 또는 늦게 출발하는 경우가 많으니 시간을 여유 있게 잡고 움직이는 것이 좋다.

디두베 버스터미널 Didube Bus Station
지도 104p-B
가는 법 메트로 루스타벨리역에서 5 정거장, 15분 소요
주소 Transporti Street 4, Tbilisi
전화 +995 32 234 49 24
목적지(소요시간, 요금) 므츠헤타(20분, 5라리),
고리(1시간, 8라리),
보르조미(2시간, 12라리),
쿠타이시(5시간 30분, 30라리),
바투미(6시간 30분, 40라리),
카즈베기(3시간, 15라리), 메스티아(9시간, 30라리)

삼고리 버스터미널 Samgori Bus Station
(Navtlugi intercity Bus Terminal)
지도 107p-L
가는 법 삼고리역에서 Moscow Ave를 따라 200m

주소 Tbilisi(Samgori) Railway Station, Ketevan
Tsamebuli Ave, Tbilisi
전화 +995 599 39 35 35
목적지(소요시간, 요금) 시그나기(1시간 30분, 10라리),
메스티아(9시간, 50라리)

오르타찰라 버스터미널 CENTRAL BUS STATION
지도 107p-L
가는 법 올드 트빌리시 시오니 대성당 버스정류장에서
50번, 55번, 71번 버스. 15분 소요
주소 MRFP+X3 Tbilisi, Georgia(구글 플러스 코드)
전화 +995 32 275 34 33
목적지(소요시간, 요금) 텔라비(2시간, 10라리),
아르메니아 예레반(6시간, 35~80라리), 아제르바이잔
바쿠(7시간, 현재 운행 중단), 터키 트라브존(11시간,
1,080터키리라)

마르슈르트카 내부

트빌리시 투어버스

트빌리시 주요 관광지를 돌아보는 빨간색 2층 투어버스다. 고르가살리 광장에서 출발해 모두 9개의 정류장을 지난다. 첫차는 매일 10:00에 출발하며, 30분 마다 출발한다. 티켓 가격은 23달러. 티켓을 구매하면 24시간 내에 원하는 곳에서 내렸다가 다시 탈 수 있다.

트빌리시 시내 투어 뿐 아니라 주변의 유명한 여행지를 오가는 투어버스도 있다. 대표적인 투어버스 목적지는 아나우리-카즈베기(31달러), 므츠헤타(19달러), 카헤티-와인 지역(28달러), 고리-우플리스치헤-보르조미(32달러) 등이다. 자세한 것은 홈페이지(www.wst.ge.com) 참조.

TIP 트빌리시에 있는 많은 여행사에서 투어 상품을 판매한다. 여행사를 찾아다니지 않아도 고르가살리 광장이나 올드 트빌리시 주변을 걷다보면 투어 프로그램을 나눠주는 사람들을 쉽게 만날 수 있다. 가격과 프로그램은 여행사마다 상이하다. 투어 프로그램, 가격과 출발시간, 머무는 시간, 돌아오는 일정 등을 종합적으로 비교해 선택하면 된다.

트빌리시 지하차도

트빌리시 ⓘ
Information

긴급전화번호

경찰 126 / 구급차 112 / 화재 신고 111

한국대사관

주소 Nugzar Sajia Str. 8, Tbilisi 0179

대표번호(근무시간) +995 322-970-318

긴급 연락처(사건사고 등 긴급 상황 발생 시 24시간) +995 599-094-746

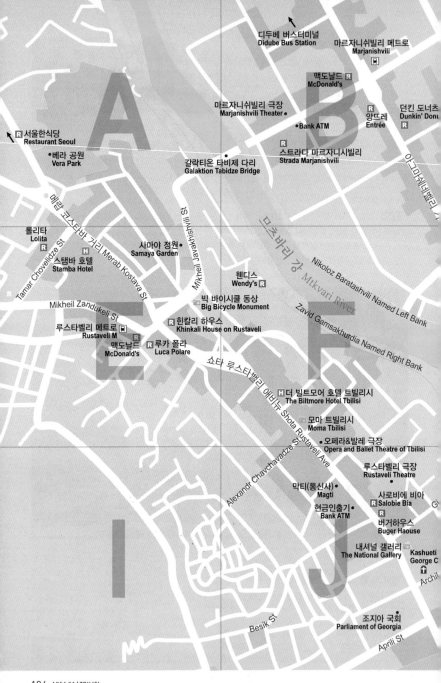

디두베 버스터미널
Didube Bus Station

마르자니쉬빌리 메트로
Marjanishvili

맥도날드
McDonald's

마르자니쉬빌리 극장
Marjanishvili Theater •

•Bank ATM

던킨 도너츠
Dunkin' Donu

앙뜨레
Entrée

스트라다 마르자니시빌리
Strada Marjanishvili

서울한식당
Restaurant Seoul

•베라 공원
Vera Park

갈락티온 타비제 다리
Galaktion Tabidze Bridge

롤리타
Lolita

사마야 정원•
Samaya Garden

스탬바 호텔
Stamba Hotel

Nikoloz Baratashvili Named Left Bank

Mtkvari River

Zavid Gamsakhurdia Named Right Bank

웬디스
Wendy's

빅 바이시클 동상
Big Bicycle Monument

힌칼리 하우스
Khinkali House on Rustaveli

루스타벨리 메트로
Rustaveli M

맥도날드
McDonald's

루카 폴라
Luca Polare

Tamar Chovelidze St

Mikheil Zandukeli St

Mikheil Javakhishvili St

메랍 코스타바 거리 Merab Kostava St

쇼타 루스타벨리 에비뉴 Shota Rustaveli Ave

더 빌트모어 호텔 트빌리시
The Biltmore Hotel Tbilisi

모마 트빌리시
Moma Tbilisi

•오페라&발레 극장
Opera and Ballet Theatre of Tbilisi

루스타벨리 극장
Rustaveli Theatre

막티(통신사)•
Magti

사로비에 비아
Salobie Bia

현금인출기•
Bank ATM

버거하우스
Buger Haouse

내셔널 갤러리
The National Gallery

Kashueti
George C

Alexandr Chavchavadze St

Besik St

Archil

조지아 국회
Parliament of Georgia

Aprili St

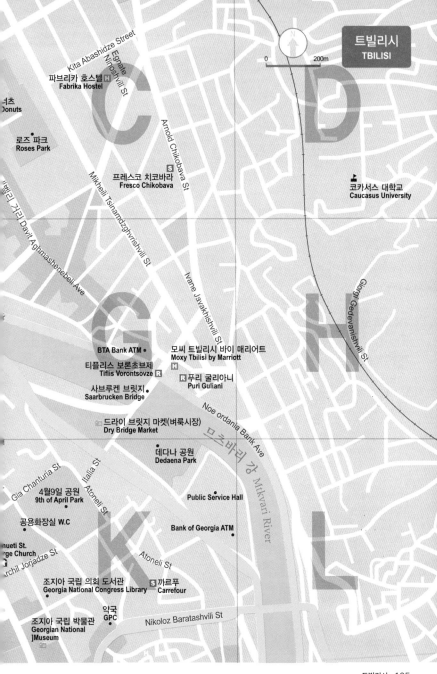

0   200m

Kita Abashidze Street

파브리카 호스텔 H
Fabrika Hostel

Egnate Ninoshvili St

너츠
Donuts

로즈 파크
Roses Park

Mikheil Tsinandzghvristvili St

Davit Aghmashenebeli Ave

프레스코 치코바라 S
Fresco Chikobava

Arnold Chikobava St

코카서스 대학교
Caucasus University

Ivane Javakhishvili St

Giorgi Gedevanishvili St

BTA Bank ATM

티플리스 보론초브제 R
Tiflis Vorontsovze

사브루켄 브릿지
Saarbrucken Bridge

모씨 트빌리시 바이 매리어트
Moxy Tbilisi by Marriott
H

R 푸리 굴리아니
Puri Guliani

드라이 브릿지 마켓(벼룩시장)
Dry Bridge Market

Noe ordania Bank Ave

므즈바리 강 Mtkvari River

데다나 공원
Dedaena Park

Gia Chanturia St

4월9일 공원
9th of April Park

Italia St

Atoneli St

공용화장실 W.C

Public Service Hall

Bank of Georgia ATM

nueti St.
rge Church

archil Jorjadze St

Atoneli St

조지아 국립 의회 도서관
Georgia National Congress Library

S 까르푸
Carrefour

약국
GPC

조지아 국립 박물관
Georgian National
]Museum

Nikoloz Baratashvili St

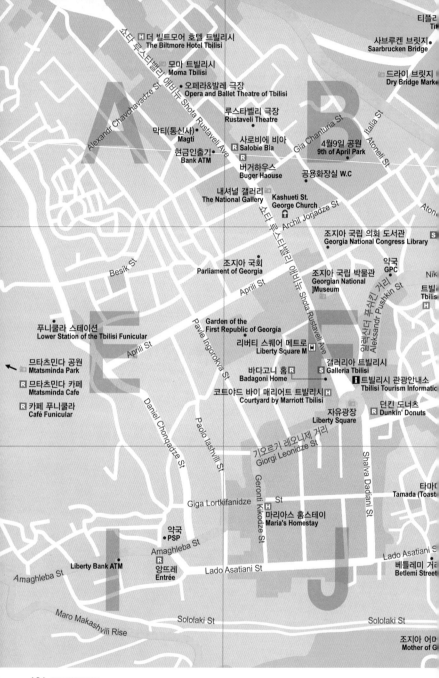

티플리
Ti

더 빌트모어 호텔 트빌리시
H The Biltmore Hotel Tbilisi

사브루켄 브릿지
Saarbrucken Bridge

모마 트빌리시
Moma Tbilisi

드라이 브릿지
Dry Bridge Marke

오페라&발레 극장
Opera and Ballet Theatre of Tbilisi

Alexandr Chavchavadze St.

루스타벨리 극장
Rustaveli Theatre

막티(통신사)
Magti

사로비에 비아
R Salobie Bia

Gia Chanturia St.

4월9일 공원
9th of April Park

Italia St

Atoneli St.

현금인출기
Bank ATM

버거하우스
R Buger Haouse

공용화장실 W.C

내셔널 갤러리
The National Gallery

Kashueti St.
George Church

Aton

Shota Rustaveli Ave.

Archil Jorjadze St.

조지아 국립 의회 도서관
Georgia National Congress Library

S

조지아 국회
Parliament of Georgia

Besik St.

약국
GPC

Nik

조지아 국립 박물관
Georgian National
]Museum

Aprili St.

트빌
Tbilis

H

Aleksandr Pushkin St.

Garden of the
First Republic of Georgia

푸니쿨라 스테이션
Lower Station of the Tbilisi Funicular

Aprili St.

리버티 스퀘어 메트로
Liberty Square M

Pavle Ingorokva St.

갤러리아 트빌리시
S Galleria Tbilisi

므타츠민다 공원
Mtatsminda Park

바다고니 홈
Badagoni Home R

트빌리시 관광안내소
i Tbilisi Tourism Informatic

므타츠민다 카페
R Mtatsminda Cafe

코트야드 바이 매리어트 트빌리시
Courtyard by Marriott Tbilisi H

던킨 도너츠
R Dunkin' Donuts

카페 푸니쿨라
R Café Funicular

Daniel Chonqadze St.

자유광장
Liberty Square

기오르기 레오니제 거리
Giorgi Leonidze St.

Paolo Iashvili St.

Shalva Dadiani St.

타마디
Tamada (Toast

Giga Lortkifanidze

Geronti Kikodze St

마리아스 홈스테이
H Maria's Homestay

약국
PSP

Amaghleba St.

Lado Asatiani St

베틀레미 거리
Betlemi Street

Liberty Bank ATM

앙뜨레
Entrée

Lado Asatiani St

Amaghleba St.

Maro Makashvili Rise

Sololaki St

Sololaki St

조지아 어머
Mother of G

H

R 푸리 굴리아니
Puri Guliani

넷(벼룩시장)

므즈바리 강
Noe ordania Bank Ave
Mtkvari River

다나 공원
daena Park

Public Service Hall

Bank of Georgia ATM

St

르푸
arrefour

oz Baratashvili St

시 아트 게이트 호스텔
art Gate Hostel

시계탑 인형 극장
The Clock Tower
(Rezo Gabriadze
Marionette Theater)

Ioane
Shavteli St

Zaviд Gamsakhurdia Named Right Bank

Noe ordania Bank Ave

트빌리시
TBILISI

0   200m

Giorgi Gedevanishvili St

Gumbri St

트빌리시 성 삼위일체 대성당
Holy Trinity Cathedral of Tbilisi

Samreklo St

호텔 21 트빌리시
Hotel 21 Tbilisi
H

대통령 궁
Presidential Palace

Konstantine Eristavi St

리케 콘서트 홀 주차장
Rike Concert Hall Parking

Vakhtang VI St

리케 콘서트 홀
Rike Concert Hall

힌칼리 하우스
Khinkali House on Tbilisi

R

S 스파
SPAR

Lado Meskhishvili St

약국
PSP

Center

코테 아프하지 거리
Kote Afkhazi St

평화의 다리
The Bridge of Peace

Nikoloz Baratashvili Rise

화장실
WC

케이블카 스테이션
Aerial Tramway

아브라바리 메트로
Avlabari M
Bank of
Georgia ATM

Nikifore Irbakhi St

Ketevan Dedofali Ave

시오니 대성당
Sioni Cathedral

동상
aster)

시오니 거리
Sioni St

와인 타워 S
Wine Tower

오가니크 조셉바
Organique
Josper Grill Bar
R

메이단 바자르
Meidan Bazar

샤르데니 거리
an Sharde
ni St

앙뜨레
Entrée

(바흐탕)고르가살리 광장
Vakhtang Gorgasali Square

메테히 브릿지
Metekhi Bridge

메테히 교회
Metekhi Church

바흐탕 고르가살리 동상
Statue of King Vakhtang Gorgasali

Noe ordania Bank Ave

계단
Stairs

베틀레미 거리 Bettemi St

오르벨리아니 배스
Orbeliani Baths
H

엔보이 호스텔
Envoy Hostel

R 베란다
Veranda

Vakhtang gorgasali St

Apano St

Ioseb Gnshashvill St

Firdousi St

삼고리 버스터미널 방향
Samgori Bus Station

조지아 트빌리시 국제공항 방향
Tbilisi International Airport

오르타찰라 버스터미널 방향
Central Bus Station

트빌리시 케이블카
Tbilisi Cable Car

나리칼라 요새
Narikala Fortress

니 상
orgia

마라니 레스토랑 앤 바
R Marani Restaurant & Bar

트빌리시
♀ 2일 추천 코스 ♀

1일차 트빌리시의 볼거리는 고르가살리 광장을 중심으로 한 올드 트빌리시와 자유 광장이 있는 신시가지로 나뉜다. 트빌리시의 주요 여행지는 이틀이면 충분히 돌아볼 수 있다. 트빌리시 야경은 나리칼라 요새와 고르가살리 광장에서 보자. 두 포인트가 다른 매력의 야경을 보여준다.

올드 트빌리시의 중심 고르가살리 광장에서 여행 시작하기

→ 도보 3분

푸시킨이 사랑했던 아바노투바니 온천 지구 둘러보기
🕙 30분

→ 도보 7분

타마다 동상을 중심으로 샤르데니 거리, 시오니 거리 탐방하기
🕙 30분

↓ 도보 3분

성녀 니노의 전설이 있는 시오니 대성당 방문하기
🕙 30분

← 도보 10분

정오에 열리는 작은 인형극을 볼 수 있는 클락 타워 관람하기
🕙 30분

← 도보 7분

조지아 혁명의 중심지 자유 광장 둘러보기
🕙 20분

↓ 지하철 1정거장+도보 15분

조지아에서 가장 큰 성 삼위일체 대성당 관람하기
🕙 30분

→ 도보 20분

므츠바리강 절벽 위에 지어진 메테히 교회 관람하기
🕙 30분

→ 도보 3분

다양한 볼거리가 있는 리케 공원 둘러보기
🕙 30분

→

트빌리시 워킹 투어 Tbilisi Free Walking Tour

트빌리시 주요 여행지를 돌아보는 무료 워킹 투어가 있다. 이 투어는 영어로 진행되지만 영어가 모국어가 아닌 이들도 이해하기 쉽게 설명해준다. 투어 코스는 자유 광장을 출발해 성 조지 기념비~트빌리시 올드타운~시계탑&마리오네트 극장~평화의 다리~리케 공원~고르가살리 광장~폭포~온천지구~바흐탕 고르가살리왕 기념비~나리칼라 요새~조지아 어머니 상을 돌아본다. 현재 12:00 1일 1회 , 예약제로 운영중이다. 소요 시간은 2시간 30분~3시간이다. 자유 광장에 있는 관광 안내소 앞 푸시킨 파크Pushkin Park에서 'Tbilisi Free Walking Tours' 사인을 찾으면 된다.

주소 Pushkin Park, Lado Gudiashvili St, Tbilisi 0105 오픈 12:00~15:30, 17:00~20:00
전화 +995 558 13 14 15 홈페이지 http://tbilisifreewalkingtours.com

보 1분 →

므츠바리강을 가로지르는
평화의 다리 둘러보기
🕐 30분

도보 3분 →

케이블카 타고
나리칼라 요새로 올라가기
🕐 1시간

도보 10분 →

트빌리시를 지키는 어머니 상과
함께 트빌리시 야경 보기
🕐 30분

도보 20분 ↓

고르가살리 광장에서
야경 보기
🕐 30분

2일차 트빌리시 2일차에는 근교 여행을 갔다 오거나 트빌리시 시내를 더 깊이 여행하는 방식으로 나눌 수 있다. 므츠헤타는 트빌리시에서 차로 약 20분 거리라 시간적인 여유가 있다면 다녀오자. 저녁에는 트빌리시 밤 문화를 느껴보자. 아그마쉐네벨리 거리를 중심으로 마르자니쉬빌리역까지 다양한 펍과 바가 있다.

디두베 버스터미널로 이동

→ 마르슈르트카 30분

과거의 수도 므츠헤타 둘러보기
🕐 30분

→ 도보 15분

예수의 성의가 묻힌 스베티츠 호벨리 대성당 방문하기
🕐 30분

↓ 도보 15분 + 택시 20분

조지아의 역사와 예술을 알 수 있는 내셔널 뮤지엄 & 모마 갤러리 둘러보기
🕐 1시간 30분

← 마르슈르트카 + 메트로 1시간

삼타브로 수도원 방문하기
🕐 30분

← 택시 20분

언덕 위의 교회 즈바리 수도원 방문하기
🕐 40분

↓ 도보 15분

물건으로 과거를 볼 수 있는 드라이 브릿지 벼룩시장 탐방하기
🕐 30분

→ 도보 10분

젊은이들의 거리 아그마쉐네벨리 거리 걷기
🕐 30분

SEE

트빌리시가 한눈에 보이는
나리칼라 요새 Narikala Fortress

므타츠민다산 위에 있는 나리칼라 요새는 4세기경 페르시아가 건설했다. 처음에는 '위압감을 주는 요새'라는 뜻의 슈리스치케라고 불렸지만, 지금은 '접근 불가능한 요새'라는 뜻의 나리칼라 요새라 부른다. 이 요새는 5세기 조지아의 옛 왕국 이베리아 수도를 지켜주는 방어 시설이었다. 1827년 대지진으로 대부분의 성벽이 무너진 것을 1935년 복원해 현재에 이른다. 나리칼라 요새에는 성 니콜라우스 교회가 있다. 또 보타닉 가든과 이를 가로지르는 짚라인이 있다. 약 1.5km에 이르는 나리칼라 요새 성벽을 따라 가면 므츠바리강과 트빌리시 전경을 한눈에 볼 수 있다. 또 나리칼라 요새부터 조지아 어머니 상까지 기념품과 음식을 파는 다양한 상점들을 구경하며 걷는 재미도 있다. 나리칼라 요새에서 내려다보는 트빌리시의 전경은 낮과 밤이 다른 매력을 가지고 있다. 시간적인 여유가 있다면 낮과 밤 모두 즐겨 보자.

Data 지도 107p-K 가는 법 고르가살리 광장에서 요새 입구까지 도보 10분, 리케 공원에서 케이블카 이용 주소 Narikhala, Tbilisi 입장료 무료

TIP 도보로 나리칼라 요새를 가는 방법은 두 가지다. 고르가살리 광장에서 나리칼라 요새 왼쪽 끝을 바라보며 오르비리 거리Orbiri St를 따라 요새 입구로 간다. 다른 하나는 자유 광장쪽에서 조지아 어머니 상을 바라보며 베틀레미 거리 계단Betlemi St stairs을 따라 올라가는 것이다. 이 계단은 1850년 건축가 티모테 벨로이Timote Beloi가 설계했다. 계단을 따라 올라가면 바로 어머니 상을 볼 수 있다. 고르가살리 광장에서 요새까지는 멀지 않다. 하지만 많은 계단과 가파른 언덕이 있어 힘들다고 느낄 수 있다. 올라갈 때는 케이블카를 이용하고 내려올 때는 걸어 내려오는 것을 추천한다.

와인 잔과 검을 들고 있는
조지아 어머니 상 Mother of Georgia

나리칼라 요새에 있는 특별한 동상이다. 카틀리스데다 기념비라고도 불리는 조지아 어머니 상은 1958년 트빌리시 1500주년을 기념해 조지아 조각가 엘구자 아마시켈리Elguja Amashukeli가 만들었다. 회색빛 알루미늄으로 만들어진 이 동상은 높이가 20m가 넘는다. 조지아 전통 의상을 입은 어머니 상은 한 손에는 와인 잔, 다른 손에는 칼을 쥐고 있다. 와인 잔은 손님을 대접하고, 칼은 적으로부터 가족을 지키겠다는 의미다. 어머니 상은 트빌리시 시내 어디서나 보인다. 하지만, 가까이 가면 전체 모습을 볼 수 없다. 따라서 요새를 올라가면서 어머니 상의 정면을 보는 게 좋다.

Data 지도 106p-J 가는 법 나리칼라 요새 입구에서 도보 10분
주소 MRQ3+7R Tbilisi (구글 플러스 코드)

나리칼라 요새로 편하게 데려다주는
케이블카 Aerial Tramway

리케 공원에서 케이블카를 타면 나리칼라 요새까지 편하게 갈 수 있다. 케이블카를 타고 가는 동안 다양한 각도에서 트빌리시 전경을 조망할 수 있다. 케이블카는 므츠바리강과 고르가살리 광장 위로 지나 어머니 상과 나리칼라 요새 중간 지점에 하차한다. 케이블카에서 내리면 왼쪽에 나리칼라 요새, 오른쪽에 어머니 상, 정면에 짚라인 타는 곳이 있다. 케이블카는 한 번에 8명까지 탑승할 수 있다. 탑승은 교통카드로만 가능하다. 케이블카 탑승장에서 교통카드 구입이 가능하다(2라리).

Data 지도 107p-K
가는 법 리케 공원에서 탑승
주소 MRR6+Q7 Tbilisi
(구글 플러스 코드)
운영시간 10:00~22:00
요금 2.5라리

TIP 쿠라강 또는 므츠바리강?

트빌리시를 가로지르는 므츠바리강(터키어로 쿠라강)을 많은 여행자들이 쿠라강이라 부른다. 구글 지도나 검색 사이트에서도 쿠라강이라 표기되어 있다. 하지만 공식적인 조지아어 표기는 므츠바리강이다. 이것 말고도 같은 곳에 대한 이름이 달라서 혼란스런 곳이 여럿 있다. 특히, 조지아는 최근 구소련에서 독립하면서 과거에 사용했던 지명이나 조지아의 정체성이 담긴 이름을 공식 지명으로 지정해 지명 변화가 심하다. 대표적인 곳이 스테판츠민다(카즈베기)다. 여행자 입장에서는 조금 혼란스러울 수 있지만, 조지아를 여행한다면 가급적 현지의 표현과 언어를 존중하는 게 좋다. 그래야 현지인들로부터 사랑(?)받는다.

올드 트빌리시의 중심
고르가살리 광장 Gorgasali Square

이베리아 왕국의 왕이자 트빌리시 도시를 건설한 바흐탕 고르가살리의 이름을 딴 광장이다. 과거 이곳은 유럽과 아시아가 만나는 곳이자 러시아와 중동 상인들이 만나는 시장이었다. 낙타 대상들은 향료, 직물, 실크, 카펫을 가져왔다. 조지아 사람들은 펠트와 모직물, 양털 모자, 은 세공품, 무기 및 와인을 판매했다.

고르가살리 광장은 제방 건설과 메테히 다리 확장 이후 광장의 특성이 바뀌었다. 현재는 'I ♥ TBILISI' 간판이 눈에 띈다. 이 간판 덕분에 트빌리시에서 유명한 포토존이 되었다. 광장 위로 지나가는 케이블카를 구경하는 사람들, 음식점과 카페의 여행자들, 여행상품을 파는 여행사 직원 등 다양한 부류의 사람들을 볼 수 있다. 특히, 고르가살리 광장은 므츠바리강, 아바노투바니 온천지역, 리케 광장, 시오니 대성당을 연결해주는 올드 트빌리시의 중심이다. 이런 이유로 고르가살리 광장은 트빌리시 여행이 시작되는 곳이자 휴식처다. 트빌리시 투어버스도 이곳에서 출발한다.

Data 지도 107p-K
가는 법 Metekhi Bridge에서 메테히 성당 반대편으로 도보 1분
주소 MRQ5+WG9, Tbilisi (구글 플러스 코드)

고르가살리 광장 아래의 지하시장
메이단 바자르 Meidan Bazar

고르가살리 광장의 옛이름 메이단을 딴 시장이다. 고르가살리 광장 아래 30m 길이의 시장이다. 'I ♥ TBILISI' 간판 쪽에서 반대편으로 무단횡단을 하지 않고 건너가는 지하도라 생각하면 된다. 시장에는 조지아의 각종 기념품과 와인 등을 판매한다. 다른 곳에 비해 품질이 좋지만 가격은 비싼 편. 고르가살리 광장에 간다면 한 번쯤 구경삼아 들려보자.

Data 지도 107p-K
가는 법 고르가살리 광장 'I ♥ TBILISI' 간판 오른쪽 골목으로 40m
주소 MRQ5+WMC, Tbilisi (구글 플러스코드)

 시인 푸시킨이 사랑한 온천
아바노투바니 온천지구 Abanotubani Hot Spring

나리칼리 요새 근처에 있는 아바노투바니는 예부터 온천 휴양지로 유명했다. 지금도 온천에서는 손님을 받고 있다. 아바노투바니 온천 지구 중심에는 매가 꿩을 밟고 있는 동상이 있다. 이 동상은 바흐탕 고르가살리왕이 사냥한 꿩에 관한 전설을 담고 있다. 고르가살리왕이 매사냥을 나섰다가 꿩을 잡았다. 왕이 꿩이 떨어진 곳에 가보니 꿩은 이미 온천수에 다 익어 있었다고 한다. 고르가살리왕은 이것을 보고 수도를 므츠헤타에서 온천이 있는 트빌리시로 천도했다고 한다. '아바노'는 온천, '투바니'는 장소를 뜻한다.

아바노투바니 온천은 미네랄과 유황이 많아 피부에 좋다고 알려졌다. 또 피로회복과 피부염, 관절염에 치유 효과가 있다고 한다. 아바노투바니 온천은 대부분 돔 형식의 건물을 하고 있다. 이 가운데 이슬람 양식의 모스크처럼 보이는 파란 외관을 하고 있는 오르벨리아니 배스Orbeliani Baths는 러시아 시인 푸시킨이 최고의 온천이라고 극찬한 곳이다. 이외에도 넘버파이브No.5, 설퍼 배스 하우스Sulphur Bath House, 로얄 배스Royal baths, 츠렐리 아바노Chreli Abano 등의 온천이 있다.

Data 지도 107p-K 가는 법 고르가살리 광장에서 도보 6분 주소 Abano St 31, Tbilisi

> **TIP** 온천 이용 요령 및 요금
>
> 아바노투바니 온천은 보통 인원수에 따라 온천탕 크기를 정한다. 여기에 냉탕의 유무, 마사지, 세신을 선택할 수 있다. 가족탕 뿐 아니라 대중탕을 운영하는 곳도 있다. 대중탕은 현지인들의 목욕 문화를 경험할 수 있다. 하지만 여탕의 경우 대중탕에 샤워 시설만 있다. 유황온천을 제대로 즐기려면 가족탕을 추천한다.
>
> 온천 지구로 들어서면 유황 냄새가 코를 찌른다. 신경이 예민한 사람은 유황 냄새와 온천탕 내부의 열기로 답답함과 어지러움을 느낄 수도 있다. 예민하다면 냉탕이 함께 있는 곳을 추천한다. 헤어드라이어를 제외한 비품은 모두 유료다. 수건 등은 사전에 챙겨 간다. 또 귀금속은 변색이 될 수 있으니 온천탕에 들어가기 전에 미리 빼놓는다. 가장 인기가 많은 오르벨리아니 배스는 반드시 예약을 해야 한다. 다른 온천도 여름철을 제외하고는 예약을 하는 것이 좋다. 온천 요금은 대중탕 10라리(마사지 추가 20라리), 가족탕 1시간 기준 200라리(냉탕이 없으면 150라리)다. 가족탕은 보통 6명까지 이용이 가능하나, 최대 12명까지 (500~600라리) 이용할 수 있는 탕도 있다.

므츠바리강 절벽 위에 세워진
메테히 교회 Metekhi Church

고르가살리 광장에서 바라보면 므츠바리강 건너 절벽 위에 있는 교회다. 메테히 교회는 5세기 경 왕궁을 보호하기 위해 나리칼라 요새를 만들 때 함께 지었다. 메테히는 '왕궁 주위에 있는 지역'을 뜻한다. 메테히 교회는 근대에 들어 많은 수난을 겪었다. 제정 러시아 통치 때는 감옥으로 사용되었다. 조지아 태생의 소련 통치자 스탈린이 이 감옥에 투옥되기도 했다. 1940~60년대에는 국립 미술관 소장품 보관소 역할을 했다. 1974년부터 극장으로 사용되다가 1988년에야 교회로 돌아왔다. 매테히 교회 앞에는 바흐탕 고르가살리왕의 기마상이 있다. 기마상 옆에 서면 므츠바리강 위에 걸린 평화의 다리와 나리칼라 요새에 있는 어머니 상이 한눈에 든다. 이곳에서 보는 나리칼라 요새로 향하는 케이블카도 멋지다.

Data 지도 107p-K
가는 법 고르가살리 광장에서 도보 4분
주소 MRR6+3FM, Metekhi St, Tbilisi (구글 플러스 코드)

성녀 니노의 십자가로 유명한
시오니 대성당 Sioni Cathedral

구시가지 안에 있는 시오니 대성당은 조지아의 정신적 지주 역할을 하는 곳이다. 이 성당에 조지아에 기독교를 처음 전파한 성녀 니노의 포도나무 십자가가 봉안되어 있다. 시오니 대성당은 639년 완공됐다. 그 후 13세기부터 19세기까지 외세의 침략으로 여러 번에 걸쳐 부서지고 재건되기를 거듭했다.

시오니 대성당 내부에는 정성을 다해 기도하는 현지인들을 많이 볼 수 있다. 조지아 사람들은 아이가 태어나면 이곳에서 세례 받기를 원한다. 성당 내부에는 한국의 성당과 달리 의자가 없다. 예배가 시작되면 2~3시간씩 서서 예배를 드린다. 시오니 대성당의 제단 왼쪽에는 성녀 니노의 포도나무 십자가가 보관되어 있다. 이 십자가는 성녀 니노의 축일인 1월 27일과 6월 1일에만 공개하는데, 이때는 수십만의 인파가 몰린다고 한다.

Data 지도 107p-K 가는 법 고르가살리 광장에서 도보 4분 주소 Sioni St 3, Tbilisi 오픈 08:00~23:00

성녀 니노 St. Nino

성녀 니노(296~338년, 또는 340년)는 조지아 정교에서 가장 중요한 인물이다. 니노는 터키 카파도키아 출신 수녀로 성모 마리아의 계시를 받고 조지아로 왔다. 니노는 조지아에 오면서 두 개의 포도나무 가지에 자신의 머리카락을 묶어 십자가를 만들었다. 그 후 므츠헤타에서 포도나무 십자가와 함께 기독교를 전파했다. 니노는 인내와 헌신적 사랑, 그리고 기적을 보여 사람들의 존경을 받았다. 이러한 니노의 노력으로 미리안 3세는 325년 국교를 기독교로 개종했다. 그후 니노는 조지아에 교회 설립을 돕고 여생을 기도하는데 바쳤다. 그녀는 사후 시그나기에 있는 보드베 성당에 묻혔다. 니노는 현재도 조지아에서 무수히 많은 소설과 전설의 소재가 되고 있다.

연회를 주도하는
타마다 동상 Tamada Toastmaster

시오니 대성당에서 고르가살리 광장 쪽으로 가다보면 타마다 동상이 있다. 끝이 뾰족한 와인잔을 들고 있는 이 작은 동상은 '연회를 주도하는 사람'(타마다)을 형상화 한 것이다. 이 동상의 머리를 만지며 소원을 빌면 그 소원이 이루어진다는 전설이 있다. 이 전설 탓에 타마다와 함께 사진 찍는 여행자들이 많다. 타마다는 조지아 연회에서 아주 중요한 역할을 한다. 건배사를 제안하고, 노래를 하거나 춤을 추며 술자리의 분위기를 이끈다. 때로는 타마다에 의해 술을 마시는 방법과 시간 등이 결정되기도 한다.

Data 지도 107p-K
가는 법 시오니 대성당에서 도보 1분
주소 Jan Shardeni St 1, Tbilisi

정오에 열리는 작은 인형극
시계탑 인형 극장

The clock tower & Rezo Gabriadze Marionette Theater

조지아 대표 예술가이자 인형극 연출가인 가브리아제가 2010년에 만든 작품이다. 시계탑은 4층으로 이루어져 있으며, 왼쪽에 인형 극장이 있다. 이 시계탑 인형 극장에서는 매일 정오와 저녁 7시에 작은 인형극이 열린다. 시계탑 꼭대기에서 천사 인형이 나와 정각을 알린 다음 인형극이 시작된다. 인형극은 짧다. 하지만 그 안에서 남녀의 일대기를 보여준다. 이 인형극을 보려고 많은 여행객이 모인다. 인형극이 열리는 시간을 제외한 매시 정각에도 천사 인형이 나온다. 시계탑의 시간은 전자기기의 시간과 맞지 않을 수 있다. 보통 2~3분 빠른 경우가 많다. 인형극을 보거나 매시 정시 알람을 보려면 조금 미리 가서 준비하자. 인형극 외에 시계탑을 구석구석 살펴보는 재미도 있다. 운이 좋으면 인형극을 연출한 가브리아제를 만날 수도 있다.

Data 지도 107p-G 가는 법 시오니 대성당에서 도보 10분
주소 Ioane Shavteli St 13, Tbilisi 전화 +995 322 98 65 90
홈페이지 www.gabriadze.com

젊은이의 거리로 인기 있는
아그마쉐네벨리 거리
Aghmashenebeli Ave

트빌리시의 중심
쇼타 루스타벨리 거리
Shota Rustaveli Ave

최근 트빌리시에서 가장 핫한 장소로 떠오르는 거리다. 이 거리는 마르자니쉬빌리역부터 드라이 브릿지Dry Bridge까지 이어지는 1km 구간이다. 아그마쉐네벨리 거리는 차량 통제 여부에 따라 두 구간으로 나누어진다. 차량 진입이 가능한 곳은 새로 지어진 호텔, 로드숍이 있다. 차량을 통제하는 보행자 도로에는 레스토랑, 카페, 바가 많다. 이곳을 대표하는 장소는 소련 시절 봉제공장이었던 곳을 개조한 '파브리카'다. 2018년 개장한 이곳은 카페, 바, 스튜디오, 호스텔 등으로 이루어진 복합 문화공간이다. 이곳이 있어 많은 여행자와 젊은이들이 찾는 거리가 되었다. 올드 트빌리시의 거리와는 다른 느낌을 주는 아그마쉐네벨리 거리는 밤에도 많은 사람들이 찾는다. 라이브 공연을 비롯해 자유로운 트빌리시의 밤 문화를 즐길 수 있다.

Data 지도 104p-B
가는 법 Dry Bridge에서 도보 10분
주소 Davit Aghmashenebeli Ave

타마르 여왕 시절 대문호였던 쇼타 루스타벨리(1172~1216)의 이름을 딴 거리다. 자유 광장에서 루스타벨리 광장까지 1.5km에 이르는 이 거리를 따라 걷다 보면 19세기에 지어진 건축물들을 볼 수 있다. 유럽, 러시아 양식의 100년도 넘은 건물들은 오페라 극장, 발레 극장, 내셔널 갤러리, 의회, 관공서, 조지아 국립 박물관 등이다. 이 거리를 따라 공원, 레스토랑, 카페, 백화점 등이 있다. 쇼타 루스타벨리 거리에서는 거리의 예술가들도 많이 만날 수 있다. 그림, 기념품, 골동품, 오래된 서적들을 구경하는 재미도 있다. 마음에 드는 것이 있으면 흥정하고 구입해보자. 쇼타 루스타벨리 거리가 끝나는 메트로 루스타벨리역 건너편에는 빅 바이시클 조형물이 있다. 이곳은 많은 여행자들이 기념사진을 남기는 곳이다. 코카서스산맥의 산악마을 메스티아로 가는 비행기(바닐라 스카이)를 타러 가는 사람들이 모이는 장소이기도 하다.

Data 지도 104p-EFJ
가는 법 자유 광장에서 도보 9분
주소 Shota Rustaveli Ave

 트빌리시 어디서나 보이는 황금 지붕
성 삼위일체 대성당 Holy Trinity Cathedral of Tbilisi

현지인들은 사메바 대성당이라 부르는 조지아 정교회 성당이다. 조지아 정교회 독립 1,500년 및 예수 탄생 2,000년을 기념해 1995년부터 2004년까지 약 10년에 걸쳐 지었다. 대성당은 조지아 건축 양식을 유지하면서 건물을 높게 지어 웅장한 모습을 강조했다. 높이가 101m나 된다. 조지아 에서 제일 높은 성당이다. 주변에 높은 건물이 없어 더욱 높게 느껴진다. 대성당은 빛나는 금으로 만들어진 돔과 각 층의 조명으로 인해 어두운 밤에도 쉽게 찾을 수 있다. 대성당이 있어 트빌리시 의 야경이 더욱 빛난다. 그러나 가깝게 보여도 주변으로 연결되는 교통편이 많지 않아 방문 시 어려 움을 느낄 수 있다. 가장 가까운 메트로 아브라바리역에서 도보로 15분 거리다. 규모가 큰 만큼 입 구도 여러 개가 있다.

Data 지도 107p-D 가는 법 메트로 Avlabari역에서 도보 15분
주소 MRX8+3H8, Tbilisi, Georgia(구글 플러스코드) 오픈 07:00~21:00

조지아 역사가 있는
자유 광장 Liberty Square

올드 트빌리시(구시가지)와 신시가지를 연결하는 교통의 요충지다. 이 광장에서 6개의 길이 만난다. 이 때문에 숙소를 자유 광장 주변에 잡고 여행하는 여행자가 많다. 트빌리시 관광 안내소도 이곳에 있다. 자유 광장 중심에는 조지아 건국 신화에 나오는 성 조지가 용을 물리치는 모습을 형상화한 황금빛 기마상이 있다.

자유 광장은 1870년 러시아가 아르메니아 수도 예레반 정복을 기리기 위해 만들었다. 구 소련 시절에는 레닌 광장으로 불리다 조지아가 독립한 뒤 자유 광장으로 바뀌었다. 이곳은 조지아의 독립, 장미혁명 등의 대중 시위의 장소로 유명하다. 조지아 국민들은 대통령의 장기집권, 선거부정에 대한 항의 표시로 장미를 들고 대규모 평화 시위를 벌였다. 그래서 붙여진 이름이 '장미혁명'이다. 장미혁명이 유명한 이유는 조지아 내 민주화는 물론 주변국에도 큰 영향을 주었기 때문이다. 장미혁명은 2004년 우크라이나의 오렌지혁명, 2005년 키르기스스탄의 튤립(레몬)혁명으로 이어졌다.

Data 지도 106p-F
주소 Freedom Square, Tbilisi
가는 법 메트로 리버티
스퀘어Liberty Square역에서
도보 2분, 쇼타 루스타벨리
거리에서 도보 9분

조지아의 슬픈 역사가 남아 있는
조지아 국립 박물관 Georgian National Museum

쇼타 루스타벨리 거리에 있는 국립 박물관이다. 석기시대부터 현대에 이르기까지 조지아의 역사와 문화를 알 수 있는 전시물을 볼 수 있다. 1층은 조지아의 금세공 기술, 기독교 관련 작품, 전통 복식과 식생활에 대한 유물을 전시했다. 특히, 금, 은 장신구와 각종 장식품이 눈길을 끈다. 그러나 조지아 국립 박물관의 진정한 볼거리는 3층에 있다. 소비에트 강점기 박물관Museum of the Soviet Occupation이라 불리는 이곳은 조지아가 구소련 치하에서 겪은 탄압과 치열한 독립운동을 고스란히 느낄 수 있다. 독립을 위해 싸우다 숨진 사람들의 명단을 비롯해 소련이 자행한 만행을 알 수 있는 전시물로 채워졌다. 박물관 규모가 크지 않지만, 조지아의 역사에 대해 아는 데는 충분하다.

Data 지도 106p-F
가는 법 자유 광장에서 도보 3분
주소 Shota Rustaveli Ave 3/10,
Tbilisi 0105
오픈 10:00~18:00(월요일 및
조지아 휴일 휴무)
입장료 성인 30라리, 학생 15라리

천재화가 피로스마니 그림이 있는
내셔널 갤러리 The National Gallery

쇼타 루스타벨리 거리에 있는 미술관이다. 미술관은 2층이며, 미술관 앞에 조각공원이 있다. 내셔널 갤러리에는 시그나기에서 태어난 니코 피로스마니Nico Plosmmanashvily의 작품을 볼 수 있다. 피로스마니는 예술의 불모지였던 조지아에서 태어난 천재화가다. 그는 피카소 등 후대의 많은 예술가들에게 영향을 끼쳤다고 한다. 하지만 살아생전에는 인정받지 못한 비운의 천재 예술가였다. 피로스마니는 러시아 노래 '백만 송이 장미'의 주인공으로도 유명하다. 가난한 화가였던 그는 한 여성을 사랑하게 되자 그림과 집 등 자신의 재산 전부를 팔아 꽃을 선물했다. 이 사연은 그의 사후 '백만 송이 장미'라는 노래로 만들어졌다. 피로스마니의 작품은 2층에서 볼 수 있다. 작은 규모의 미술관이고, 피로스마니 작품이 대부분이라 최악의 평점을 남기는 여행자들도 종종 있다. 하지만 슬픈 사연을 가진 조지아 화가가 궁금하다면 추천한다.

Data 지도 106p-B
가는 법 자유 광장에서 도보 6분
주소 Shota Rustaveli Ave 11, Tbilisi
오픈 10:00~18:00(17:30까지 입장 가능, 월요일 휴무)
입장료 성인 25라리, 학생 10라리

주라브 체레텔리 헌정 공간
모마 트빌리시 Moma Tbilisi

모마 트빌리시는 조지아 출신의 세계적인 조각가 주라브 체레텔리Zurab Tsereteli를 위한 헌정공간이자 그의 작품을 전시한 미술관이다. 다만, 전시물은 체레텔리가 만든 조각품보다 그림이 더 많다. 그가 남긴 많은 조각품을 보기 원한다면 실망할 수도 있다. 하지만 강렬한 컬러감을 사용한 그의 그림은 이곳에서만 볼 수 있다. 1~2층에서는 시기별로 다른 전시회가 열린다.

Data 지도 106p-A 가는 법 메트로 리버티 스퀘어역이나 루스타벨리역에서 도보 5분 주소 Shota Rustaveli Ave 27, Tbilisi 오픈 11:00~18:00(화요일 휴무) 입장료 성인 20라리, 학생 5라리 홈페이지 www.tbilisimoma.ge

트빌리시의 놀이공원
므타츠민다 공원 Mtatsminda Park

므타츠민다산에 만들어진 놀이공원이다. 공원으로 올라가면 나
리칼라 요새와는 또 다른 전망을 볼 수 있다. 이곳은 과거 소련
시절 가장 규모 있고 큰 놀이공원으로 유명했다. 현재는 놀이기
구와 넓은 공원, 푸니쿨라 콤플렉스Funicular Complex가 있다.
현지인들의 휴식공간이자 데이트 장소로 유명하다. 공원으로 올
라가는 방법은 다양하지만 푸니쿨라를 타고 올라가는 걸 추천한
다. 그 외에 택시나 버스를 이용하여 공원에 올라갈 수 있다.

Data 지도 106p-E
가는 법 메트로 루스타벨리역에서
124번 버스로 30분. 택시나
푸니쿨라 이용 가능
주소 Mtatsminda Park, Tbilisi

므타츠민다산으로 데려다주는
푸니쿨라 Tbilisi Funicular

므타츠민다산에 있는 산악열차(푸니쿨라)다. 1905년 처음 개장
했을 때는 푸니쿨라가 생소하고 두려워 아무도 타지 않으려 했다
고 한다. 하지만 지금은 줄을 서서 타야 될 정도로 인기가 많다.
푸니쿨라는 상행, 하행 모두 중간에 한 번 정차한다. 중간 정차
한 곳에 내리면 므타츠민다 판테온이 있다. 이 안에는 19세기 만
들어진 성 다비드 교회가 있다. 교회 이름은 6세기경 조지아에
기독교를 전파했던 성 다비드의 이름을 따서 지었다. 교회 자리
의 작은 동굴에서 성 다비드가 복음을 전파했다고 한다. 현재 동
굴은 소실되어 볼 수 없다. 교회 옆은 조지아 위인들이 안치된
묘지가 있다. 판테온에서 바라보는 전경도 멋지지만 이왕이면 끝
까지 올라가보자. 푸니쿨라는 므타츠민다 공원 카드를 사서 충
전하여 사용한다. 카드는 일행과 함께 사용할 수 있다. 남은 금
액은 환불이 되지 않으니 적당히 충전하여 사용하자.

Data 지도 106p-E 가는 법 자유 광장에서 도보 20분
주소 Daniel Chonqadze St 22, Tbilisi
오픈 09:45~22:30 전화 +995 32 298 00 00
요금 므타츠민다 공원 카드 2라리, 푸니쿨라 편도 10라리

므츠바리강을 건널 수 있는
평화의 다리 The Bridge of Peace

올드 트빌리시에서 므츠바리강을 건너 리케 공원으로 이어지는
보행자 다리다. 2010년 5월 완공된 이 다리는 조지아 대통령 궁
과 내무부 건물을 설계한 이탈리아 건축가 미켈레 데 루치가 설
계했다. 조명은 프랑스 조명 디자이너 필립 마티노가 맡았다. 평
화의 다리는 낮보다 밤이 더 아름답다. 조명이 켜지는 저녁에 이
다리를 방문해보자.

Data 지도 107p-G
가는 법 고르가살리 광장에서
도보 5분
주소 The Bridge of Peace,
Tbilisi

휴식과 다양한 즐거움을 주는
리케 공원 Rike Park

리케 공원은 올드 트빌리시에서 평화의 다리를 건너면 있다. 트
빌리시 시민들이 축제를 여는 곳이자 분수, 인공암벽, 어린이 미
로, 체스보드 등 다양한 조형물과 놀이시설이 있다. 주말이면 버
스킹 공연도 즐길 수 있다. 공원 한켠에는 독일에서 기증한 베를
린 장벽 일부가 설치되어 있다. 이곳에서 케이블카를 이용해 나
리칼라 요새에 올라갈 수 있다.

Data 지도 107p-G
가는 법 고르가살리 광장에서
도보 10분
주소 Rike Park, Tbilisi

중세 이베리아 왕국의 수도였던
므츠헤타 Mtskheta

므츠헤타는 므츠바리강과 아라그비강이 합류하는 지점에 있는 도시다. 트빌리시에서 북서쪽으로 약 20km 떨어져 있다. 므츠헤타는 5세기 트빌리시로 수도를 옮기기 전까지 이베리아 왕국의 수도였다. 지금은 도시 전체가 유네스코 문화유산으로 지정되어 있다. 마을 중심에 위치한 스베티츠호벨리 대성당과 강 건너 언덕 위에 있는 즈바리 수도원 등을 방문하기 위해 항상 많은 관광객들이 찾는다.

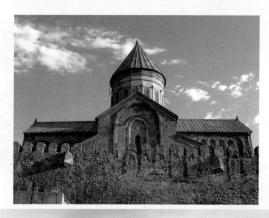

가는 법

• 마르슈르트카
트빌리시 디두베 버스터미널에서 마르슈르트카를 타고 갈 수 있다. 디두베 터미널에서 08:00부터 20:00까지 20~30분 간격으로 운행하며, 소요 시간은 40분이다. 요금은 5라리.

• 쉐어택시
트빌리시 디두베 버스터미널에서 일반 승용차나 마르슈르트카와 같은 차량을 이용한다. 스베티츠호벨리 대성당과 즈바리 수도원 등 주요 여행지를 거쳐 트빌리시로 돌아온다. 마르슈르트카와 다른 점은 소수의 인원을 모아서 간다는 것과 므츠헤타에서 즈바리 수도원으로 가는 차량을 따로 섭외하지 않아도 된다는 것이다. 대신 요금이 일반 마르슈르트카에 비해 비싸다. 왕복 65라리.

• 여행사 투어버스
트빌리시에서 여행사를 통해 투어를 할 수 있다. 보통 10명 내외로 미니밴을 타고 이동한다. 영어 가능한 가이드가 함께 움직인다. 가격과 포함 내용은 여행사 마다 상이하나 보통 100라리(3~4시간 소요) 정도 한다.

돌아보기

트빌리시에서 출발한 마르슈르트카는 오른쪽으로 스베티츠호벨리 대성당이 보이는 곳에 정차한다. 이곳에서 6분 정도 걸으면 성당에 도착한다. 성당 외벽을 따라 성당으로 가는 길에 볼거리, 음식점, 카페가 많다. 스베티츠호벨리 대성당을 보고 대성당 입구 주차장 혹은 마르슈르트카 정거장 근처에서 택시를 잡아 즈바리 수도원으로 가자. 돌아올 때는 삼타브로 수도원에 내려 수도원을 둘러본 뒤 마르슈르트카 정거장(도보 4분)으로 가서 트빌리시로 돌아가면 된다.

숙박&레스토랑

마르슈르트카 정거장부터 스베티츠호벨리 대성당으로 가는 길에 음식점과 카페들이 많다. 식사가 필요하다면 스베티츠호벨리 내성당 주변의 식당을 추천한다. 또 므츠헤타를 여유롭게 보기 위해 이곳에서 숙박할 예정이라면 스베티츠호벨리 대성당 주변에서 찾자. 즈바리 수도원에는 식당과 숙박 시설은 찾을 수 없다.

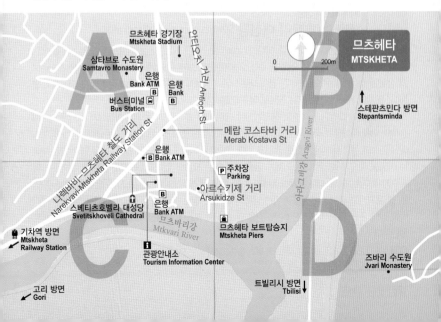

조지아 최초의 성당
스베티츠호벨리 대성당 Svetitskhoveli Cathedral

므츠헤타를 대표하는 유적 가운데 하나다. 스베티는 '둥근 기둥', 츠호벨리는 '생명을 주는'을 의미한다. 즉, 이 성당의 이름은 '생명을 주는 기둥'이라는 뜻이다. 스베티츠호벨리 대성당은 조지아에서 삼위일체 성당 다음으로 크다. 왕의 대관식이나 장례식 같은 국가의 중대한 행사가 이곳에서 열린다. 조지아 왕국의 역대 왕과 주교도 이곳에 묻혀 있다.

스베티츠호벨리 대성당은 예수의 성의가 묻혀 있는 전설로 유명하다. 예루살렘에서 가져온 예수의 성의와 이를 끌어안고 죽은 여인, 그리고 이 여인이 묻힌 곳에 성녀 니노가 세운 성당과 그 후에 일어난 기적이 성당 내부에 벽화로 그려져 있다. 이 벽화 외에도 볼거리가 많다. 성당 입구 왼쪽 벽에는 성당을 지은 건축가 아르수키제가 끌을 쥐고 있는 모습이 있다. 그의 오른 팔에는 '신의 종, 아르수키제의 손, 그의 죄를 용서하소서'라고 쓴 작은 글귀가 있는데, 현재 조지아인들도 읽을 수 없는 옛 문자라고 한다. 성당 입구 뒤편 남쪽 문에 있는 황소 두 마리는 성당의 권위를 상징한다. 이밖에 성당 건립 일화가 새겨진 비문, 검을 든 용사의 모습이 새겨진 바흐탕 고르가살리 무덤 등도 볼만하다.

Data 지도 125p-C 가는 법 마르슈르트카 버스 정류장에서 도보 5분
주소 RPRC+V8 Mtskheta(구글 플러스 코드)

스베티츠호벨리 대성당에 묻힌 예수 성의 전설

예수가 예루살렘에서 십자가에 못 박혀 처형당할 때 한 조지아인이 사형집행관에게 예수의 성의를 사서 돌아왔다. 이 성의를 본 조지아인의 누이(시도니야)는 예수의 죽음을 한탄하며 비탄에 잠겼다. 그리고 오라비가 가져온 예수의 성의를 끌어안고 울다가 그대로 죽었다. 여인은 예수의 성의를 아주 단단히 쥔 채로 죽어 할 수 없이 옷과 그녀를 함께 묻었다고 한다. 그 후 그녀의 무덤에서 삼나무가 자라났다. 미리안 3세는 성녀 니노에게 그 삼나무로 7개의 기둥을 만들어 시도니야가 묻힌 곳에 성당을 건립하도록 했다.

성녀 니노가 성당을 짓던 중 일곱 번째 기둥이 하늘로 솟구쳐 내려오지 않았다고 한다. 이에 성녀 니노가 밤새 기도를 드리자 아침에 천사가 나타나 나무기둥을 하늘로 들어 올렸다가 정확히 예수의 성의가 묻힌 곳에 세웠다고 한다. 이때 그 기둥에서 액체가 흘렀는데, 이 액체가 모든 질병을 치료하는 기적을 행했다고 한다. 이 전설은 19세기 러시아 화가가 성당 내부에 그린 성화에 잘 묘사되어 있다.

아쉽게도 성녀 니노가 목조로 세운 성당과 천사가 세웠다는 나무기둥은 현존하지 않는다. 현재의 성당은 11세기에 건축가 아르수키제가 십자형 돔 양식으로 재건축했다.

 미리안 3세의 무덤이 있는
삼타브로 수도원 Samtavro Monastery

스베티츠호벨리 대성당을 지은 미리안 3세에 의해 4세기에 지어진 수도원이다. 미리안 3세는 자신처럼 죄가 많은 사람은 스베티츠호벨리 대성당에 다닐 수 없다며 작은 성당을 새로 짓게 했다. 그 성당이 바로 '왕의 무덤'으로 알려진 삼타브로 수도원이다.

당시에는 가시덤불 지역에 세워진 삼타브로 수도원을 '윗 성당'이라고 불렀다고 한다. 성녀 니노도 이곳에 살았다. 미리안 3세는 죽기 전 스베티츠호밸리 대성당이 아닌 삼타브로 수도원에 묻어달라는 유언을 남겼다. 스베티츠호벨리 대성당과는 비교할 수 없이 작은 삼타브로 성당에는 미리안 3세와 왕비 나나의 석관이 있다. 석관 뒤에는 미리안 3세와 왕비 나나의 모습이 새겨져 있다.

Data 지도 125p-A 가는 법 마르슈르트카 버스 정류장에서 도보 5분 입장료 무료

TIP 마르슈르트카 버스정류장에서 대성당으로 가는 구시가지 길도 재밌다. 다양한 상점과 레스토랑, 카페, 와인숍이 이곳에 있다. 와인 아이스크림을 먹으며 골목을 거니는 재미가 쏠쏠하다. 스베티츠호벨리 대성당은 결혼식과 세례식을 하기 위해 많은 현지인들이 찾는다. 단, 남녀 구분 없이 반바지나 슬리퍼 차림으로는 입장할 수 없다.

므츠헤타 마을을 조망할 수 있는
즈바리 수도원 Jvari Monastery

므츠헤타에서 아라그비강 건너 동쪽에 있다. '즈바리'는 '십자가'라는 뜻이다. 이 수도원은 '즈바리의 작은 교회'라는 이름으로 545년경 세워졌다. 그 후 이베리아 왕국 미리안 3세가 국교를 기독교로 개종하고 이를 기념해 성녀 니노와 함께 이곳에 십자가를 세웠다. 그 후 에리스므타바리 스테마노스 1세가 586년부터 605년에 걸쳐 십자가가 있는 자리에 즈바리 수도원을 지었다.

즈바리 수도원 내부에는 커다란 나무 십자가가 세워져 있다. 이는 성녀 니노와 미리안 3세가 함께 세운 십자가를 의미한다. 중세 말에는 성벽과 입구를 돌로 쌓아 요새로 활용하기도 했다. 이 시기에 지어진 건물 일부가 현재도 보존되어 있다. 수도원 사방에 반원형 돌출부가 있는데, 이런 스타일은 조지아 정교회 건축 양식에 큰 영향을 끼쳤다. 즈바리 수도원은 남 카프카스에 있는 교회의 모델이 되었다. 즈바리 수도원은 유서 깊은 건물도 흥미롭지만, 수도원에서 보는 탁월한 조망으로도 유명하다. 수도원 앞 성벽에서 므츠바리강과 아그라비강이 합류하는 모습을 한눈에 담을 수 있다. 언제나 아름답지만, 노을 지는 모습은 평생 잊지 못할 장관을 선사한다.

Data 지도 125p-D
가는 법
므츠헤타 시내에서 도보로 접근이 어렵다. 트빌리시에서 타고 온 마르슈르트카 정류장에서 택시를 이용한다. 혼자라면 다른 여행자와 함께 택시를 이용한다. 택시 요금은 수도원에서 30분 대기하는 시간 포함해 30라리 정도 한다. 대기 시간(30분)이 촉박할 수 있으니 비용을 조금 더 지불하더라도 1시간 대기로 협상하는 것도 좋다.

\IOI EAT /

트빌리시의 가장 핫한 카페
푸리 굴리아니 Puri Guliani

굴리아니는 조지아어로 페스츄리를 의미한다. 베이커리로 유명하지만 조지아 전통음식인 하차푸리 메뉴도 있다. 트빌리시에서 현재 2군데 영업 중이다. 한 곳은 푸니쿨라 콤플렉스Funicular Complex 1층, 다른 한 곳은 드라이 브릿지로 므츠바리강을 건너가면 바로 찾을 수 있는 사르부르켄 광장Saarbrucken Square 옆에 있다. 푸니쿨라 콤플렉스 지점은 넓은 테라스에서 트빌리시 전경을 감상할 수 있다. 반면 사르부르켄 광장 지점은 멋진 인테리어와 주변 거리 및 므츠바리강 풍경을 감상할 수 있는 장점이 있다.

푸리 굴리아니에서는 디저트 메뉴 외에 아침, 점심, 주말 브런치 메뉴도 있어 저렴한 가격에 식사를 할 수 있다. 아침 메뉴는 그날 구운 크루아상, 시나몬롤 커피가 나온다. 점심 메뉴를 먹으면 하차푸리, 음료와 샐러드, 폰치키까지 먹을 수 있다. 주말 브런치 세트는 가격이 높은 편이지만, 두 가지 음료와 버거, 샐러드, 케이크와 커피까지 즐길 수 있다.

Data 지도 105p-G
가는 법 드라이 브리지 마켓에서 도보 10분(사르부르켄 광장점)
주소 Saarbrucken Square, Tbilisi 0102
전화 +995 577 00 00 83
오픈 09:00~23:00
가격 브런치 평일 35라리, 주말 45라리
홈페이지 www.facebook.com/purigulianibakery

 조지아의 유기농 스테이크 하우스
오가니크 조셉 바 Organique Josper Bar

현지인뿐만 아니라 여행자 사이에도 입소문이 난 스테이크 레스토랑이다. 올드 트빌리시에 있으며, 감각적인 인테리어가 눈에 띈다. 친절하면서 영어가 뛰어난 레스토랑 셰프와 직원들이 있다. 추천 메뉴는 당연히 스테이크다. 양고기에 대한 거부감이 없다면 양갈비Lamb chop도 추천한다. 조지아 물가에 비하면 조금 비싼 한 끼 식사가 될 수도 있다. 그러나 오직 조지아에서 나는 재료 중에서 유기농을 고집해 사용한다는 것을 주목하자. 고기 또한 조지아에서 방목해 키운 자연 그대로라는 자부심을 가진 레스토랑이다. 최근에는 아침 메뉴도 선보였다. 올드 트빌리시에서 유기농의 건강한 식사를 원한다면 방문해볼 만하다.

Data 지도 107p-K
가는 법 시오디 대성당에서 도보 2분
주소 Bambis Rigi St 12, Tbilisi
전화 +995 555 25 56 63
오픈 12:00~23:00
가격 버거 31~37라리,
립아이스테이크 75라리,
샐러드 14~37라리,
맥주 8~10라리, 와인 9~30라리
홈페이지 www.restorganique.com

멋진 경치와 함께 즐기는 조지안 레스토랑
므타츠민다 카페 Mtatsminda Café

푸니쿨라 콤플렉스Funicular Complex 1층에 있는 전통적인 조
지안 레스토랑이다. 므타츠민다 공원으로 가기 위해 푸니쿨라를
타면 내리자마자 오른쪽에 있다. 레스토랑이 있는 건물은 여러
편의 조지아 컬트영화에 등장할 만큼 아름답다. 특히, 테라스에
서 트빌리시의 멋진 전망을 즐기며 식사하는 즐거움이 있다.
주 메뉴는 조지아 현지식이다. 같은 메뉴라도 가격이 다른 레스
토랑 보다 2배가 비싼 것도 있다. 가격적인 면에서 거창한 식사
가 부담스럽다면 조지아 전통 음식 하차푸리를 시켜보자. 이곳
에는 두 가지 종류의 하차푸리가 있다. 메그룰리 하차푸리는 조
지아에서만 먹을 수 있는 술구니 치즈가 얹어져 나온다. 또 홈메
이드 치즈가 곁들어진 빵 조지안 쇼티 브레드, 조지아식 만두 힌
칼리도 부담스럽지 않게 먹을 수 있는 메뉴다.

Data 지도 106p-E
가는 법 므타츠민다 공원에서 도보
4분, 푸니쿨라 승하차장 건물
주소 Mtatsminda Plateau, 0114,
Tbilisi
전화 +995 32 298 00 00
오픈 13:00~00:00
가격 조지안 쇼티브레드 7라리,
그릴 앤 바비큐 12~18라리,
와인 19~22라리

트빌리시 전망을 볼 수 있는 베이커리
카페 푸니쿨라 Café Funicular

푸니쿨라 콤플렉스 1층 첼라 레스토랑 맞은편에 있다. 사르부르
켄 광장 옆 푸리 굴리아니 카페와 같은 곳이다. 식사 시간이 아
니면 디저트를 추천한다. 다양한 음료가 있고, 조지아에서만 맛
볼 수 있는 폰치키Ponchiki도 있다. 폰치키는 찹쌀 도넛 같은 빵
안에 크림이 들어 있다. 양도 많아 여럿이 나눠 먹어도 좋다. 넓
은 테라스에서 트빌리시 전경을 감상할 수 있다.

Data 지도 106p-E 가는 법 므타츠민다 공원에서 도보 4분,
푸니쿨라에서 내려 바로 주소 Mtatsminda Plateau, 0114, Tbilisi
전화 +995 577 74 44 00 오픈 12:00~00:00
가격 디저트 8~12라리, 커피 5~12라리, 폰치키 6~18라리
홈페이지 www.funicular.ge

트빌리시 전경이 펼쳐지는
베란다 Verand

아바노투바니 온천 지구에 있는 티프리스 팔래스Tiflis Palace 호텔 R층의 레스토랑이다. 레스토랑에서 나리칼라 요새와 케이블카, 므츠바리강, 메티히 교회 등 올드 트빌리시의 조망을 즐기며 식사를 할 수 있다. 조지아 음식 이외에 피자, 파스타 등도 있다. 식사를 주문하지 않아도 칵테일, 와인, 조지아의 전통술 차차, 맥주만도 즐길 수 있다. 메뉴가 빨리 나오는 편이 아니라서 여유 있게 식사시간을 잡는 것이 좋다.

Data 지도 107p-K 가는 법 고르가살리 광장에서 도보 4분 주소 3 Gorgasali Street, Tbilisi (구글 플러스 코드) 전화 +995 32 200 02 45 오픈 10:00~02:00 가격 샐러드 20~36라리, 오자후리 22라리, 샤슬릭 30라리, 시크메룰리 24라리, 피자 30~36라리, 파스타 22~39라리 맥주 10~16라리, 차차 13~16라리
홈페이지 http://tiflispalace.ge/english/home

외국인 셰프가 요리하는 한국 음식이 궁금하면
스트라다 마르자니시빌리 Strada Marjanishvili

뉴욕, 런던, 모스크바 출신 셰프가 팀을 이뤄 오픈한 레스토랑이다. 그래서인지 다양한 메뉴가 있다. 스트라다는 트빌리시에 3개의 매장이 있다. 이 중 여행하며 쉽게 찾을 수 있는 지점은 마르자니시빌리 지점이다. 이곳은 공식적으로는 아메리칸 레스토랑이지만 최근 한식 메뉴도 생겼다. 한국 여행가가 자주 찾다보니 메뉴를 개발했다고 한다. 메뉴판에 있는 태극기를 보면 반가운 마음부터 든다. 한식 메뉴는 현지인 입맛에 절충된 맛이라 한국에서 먹던 한식을 생각하면 아쉬울 수도 있다. 하지만 비빔밥만큼은 한국의 맛과 비슷하다. 해외에서 외국인이 요리하는 한식이라 생각하면 가성비 좋은 한 끼가 될 수 있다. 또 양이 많기로도 유명하다.

Data 지도 104p-B
가는 법 메트로 마르자나시빌리역에서 도보 4분
주소 Kote Marjanishvili St 5, Tbilisi 0102 전화 +995 595 99 22 88
오픈 12:00~00:00(주방 12:00~23:00) 가격 버거 31~32라리, 피자 28라리, 갈비찜 32라리, 비빔밥 34라리, 불고기 42라리, 해물탕 30라리, 브런치 메뉴 19~20라리
홈페이지 http://stradacafe.ge

낮에는 카페, 밤에는 바로 변하는
롤리타 Lolita

룸스 호텔에서 운영하는 레스토랑이다. 19세기 건물을 개조해 3개 층에 3개의 공간을 만들었다. 각 층마다 레스토랑, 칵테일바, 그리고 나이트클럽이 있다. 트렌디한 인테리어부터 기분 좋게 해주며, 넓은 테라스도 훌륭하다. 오전에는 브런치를 먹기 위해 찾는 사람들이 많다. 낮에는 카페, 밤에는 트빌리시의 밤을 길게 보내기 위해 찾는 여행객들이 많다. 채식주의자를 위한 요리, 글루텐프리 메뉴가 있다. 다양한 칵테일도 있다. 여행 중 맛있는 음식과 분위기, 그리고 좋은 음악과 함께 쉬어가기를 원한다면 추천한다.

Data 지도 104p-E 가는 법 메트로 루스타벨리역에서 5분
주소 Tamar Chovelidze St 7, Tbilisi 전화 +995 32 202 02 99 오픈 11:00~01:00
가격 커피 5~11라리, 파스타 20~30라리, 버거 25~30라리, 샐러드 25~30라리, 와인 9~19라리, 맥주 3~15라리, 디저트 11~13라리(VAT 18% 별도) 홈페이지 https://roomshotels.com/lolita

한국인이 운영하는 한식당
서울 Restaurant Seoul

한국인이 직접 운영하는 레스토랑으로 2017년 5월 오픈했다. 현재는 한국인 여행자 뿐 아니라 조지아 현지인들 사이에서도 유명해졌다. 이곳은 여행 중 제대로 된 한식을 먹기 위해 찾는 한국인들이 많다. 한국말이 들리는 식당에서 맛있는 한국 음식을 먹고 있으면 음식점 이름처럼 서울에 있는 듯한 느낌을 받는다. 김치찌개, 된장찌개, 돌솥비빔밥, 소불고기 등 기본적인 한식에 사골 설렁탕 같은 보양식 메뉴도 있다. 두 번째부터는 추가 비용이 있지만 기본으로 나오는 반찬도 정갈하고 맛있다. 사이드 메뉴인 김치전, 파전, 도토리묵 샐러드도 훌륭하다. 소주와 직접 담근 막걸리도 있다. 다만 시내에서는 조금 떨어진 곳에 있는 것이 아쉽다.

Data 지도 104p-A
가는 법 메트로 루스타벨리역에서 6, 87, 150번 버스로 20~25분. 메트로 2호선 메디컬 유니버시티역에서 도보 7분 주소 Vake-Saburtalo Apt.49a, N7, Budapeshti St, Tbilisi 전화 +995 551 78 00 00
오픈 12:00~22:00 가격 돌솥비빔밥 27라리, 닭볶음탕 38라리, 족발 59라리, 라면 15라리, 김치찌개 28라리 (봉사료 10% 별도) 홈페이지 www.facebook.com/seoul.ge

트빌리시 대표 베이커리
앙트레 Entrée

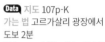 지도 107p-K
가는 법 고르가살리 광장에서
도보 2분
주소 Kote Afkhazi St 47, Tbilisi
0105
전화 +995 599 09 56 70
오픈 08:00~22:00
가격 매일 아침 메뉴 5~15라리,
커피 5~11라리, 샐러드 5~10라리,
그루아상 2.5라리,
샌드위치 5~10라리
홈페이지 www.entree.ge

트빌리시에만 15개의 체인이 있는 조지아 대표적인 베이커리 카페다. 프랑스 베이커리에서 전수 받은 제빵 기술로 빵을 만든다. 매일 아침 갓 구운 빵과 커피를 즐길 수 있다. 이곳을 아침에 지나간다면 그냥 지나치기 어렵다. 먼 곳부터 나는 빵 냄새가 식욕을 자극하기 때문. 08:00~11:00은 아침 메뉴를 저렴한 가격에 푸짐하게 즐길 수 있다. 한화 4,000원이면 샌드위치, 크루아상, 커피, 주스를 맛볼 수 있다. 또 아이스크림 같은 디저트 메뉴도 있다.

조지아 현지인들의 맛집!
사로비에 비아 Salobie Bia

 지도 106p-B
가는 법 자유 광장에서 도보 6분
주소 MQXW+RX Tbilisi
(구글 플러스 코드)
전화 +995 551 92 77 22
오픈 12:00~23:00
가격 오자후리 41라리,
시크메룰리 27라리,
하차푸리 21~24라리
홈페이지 www.facebook.com/
salobiebia

맛과 분위기, 착한 가격까지 갖춘 곳이다. 이곳은 현지인들의 맛집이었으나 최근 여행자 사이에도 입소문이 났다. 조지아 전통 음식이 주 메뉴다. 이곳에서는 꼭 오자후리를 먹어보자. 트빌리시에서 오자후리를 가장 맛있게 하는 집이다. 돼지고기가 부드럽고, 기름기가 적어 감자와 먹으면 최고의 맛이다. 기본으로 고수를 뿌려서 내는데, 싫다면 주문 시 고수를 빼달라고 한다. 바쁜 식사시간에는 자리가 없을 수 있다. 또 운 좋게 착석해도 한참 기다려야 할 수도 있다. 시간을 여유 있게 갖고 가는 게 좋다.

조지아의 수제 아이스크림 체인점
루카 폴라 Luca Polare

2008년에 오픈한 이탈리아식 아이스크림 체인점이다. 트빌리시 시내에서 긴 줄이 서 있고, 그 틈에서 아이스크림을 들고 있다면 그곳이 바로 루카 폴라 매장이다. 현재 트빌리시 10곳을 비롯해 바투미, 코불레티 등에 15개의 매장이 있다. 루카 폴라는 매장에서 직접 아이스크림을 만든다. 아이스크림 종류는 60가지이지만, 시기와 상황에 따라 메뉴가 바뀔 수 있다. 보통 20~25개 정도의 메뉴를 맛볼 수 있다. 아이스크림은 인공 첨가제를 포함하지 않고, 천연 재료를 사용해 이탈리아 기법으로 만든다. 글루텐 프리와 당도 제한 메뉴도 있다. 매장은 작은 편이다. 큰 매장은 커피와 프라페, 케이크, 샌드위치 등도 함께 판매한다.

Data 지도 104p-E
가는 법 루스타밸리역에서 도보 1분
주소 Kote Afkhazi St 34, Tbilisi
전화 +995 32 238 08 02
오픈 08:00~24:00
가격 아이스크림 1스쿱 4~5라리
홈페이지 www.lucapolare.com

아바노투바니 온천 지구가 한눈에 들어오는
마라니 레스토랑 Marani Restaurant & Bar

아바노투바니 온천 지구에 있는 레스토랑이다. 나리칼라 요새와 아바노투바니가 한눈에 들어온다. 음식은 유럽식과 현지식을 주로 하고 있다. 고급식당으로 분류되어 현지인보다는 관광객이 많이 이용한다. 주말저녁에는 파티가 열린다. 이때는 복장에 조금 신경을 쓰고 방문해야 한다.

Data 지도 107p-L 가는 법 고르가살리 광장에서 도보 5분
주소 11 I.grishashvili St, Tbilisi 전화 +995 322 228 877 오픈 12:00-00:00
가격 돼지고기 바비큐 30라리,하차푸리 18라리, 샐러드30~35라리,와인 10라리
홈페이지 www.marani-rest.ru

트빌리시의 밤은 와인과 함께
바다고니 홈 자유광장 Badagoni Home Liberty Square

바다고니 와인회사에서 운영하는 식당이다. 와인병이 가득한 식당은 위치나 분위기가 좋다. 가격에 비해 양이 많은 편은 아니지만 퀄리티가 굉장히 높다. 직원들이 와인에 대한 이해도가 높아 메뉴와 함께 어울리는 와인을 가격대 별로 추천 받아 마실 수 있다.

Data 지도 107p-G 가는법 자유광장에서 도보 1분 주소 4. Liberty Square, Tbilisi 전화 +995 598 158 800 오픈 12:00-23:00 가격 샐러드 15~28라리 메인 28~40라리, 와인 한 잔 11~14라리
홈페이지 www.badagonihome.com

24시간 힌칼리를 맛볼 수 있는
힌칼리 하우스 온 루스타벨리 Khinkali House on Rustaveli

조지아를 대표하는 오래된 힌칼리 전문점이다. 연중무휴 24시간 운영하기 때문에 여행자들이 언제든 가볍게 찾을 수 있다. 힌칼리를 비롯해 바비큐, 샐러드 등의 메뉴가 있다. 음악과 춤을 좋아하는 조지아인들은 라이브 공연과 파티를 즐긴다. 이곳에서는 20:00~02:00까지 라이브 공연을 한다. 조지아의 전통 음악과 춤을 볼 수 있다.

Data 지도 107p-H 가는 법 메트로 루스타벨리역에서 도보 2분 주소 Shota Rustaveli Ave 37, Tbilisi 0150 전화 +995 557 42 42 59 오픈 10:00~02:00 가격 힌칼리 2~3라리, 샐러드11~20라리
홈페이지 www.facebook.com/khinkalihouseofficial

수제버거 맛집
버거 하우스 Burger House

조지아 음식이 맛있고 가성비가 좋다 해도 연속해서 먹으면 다른 음식이 생각날 때가 있다. 버거 하우스는 그런 여행자들이 찾아가면 좋은 곳이다. 테이블은 5개 정도로 매장이 작다. 식사시간 때 방문하면 기다려야할 수도 있다. 하지만 메뉴가 금방 나오고 회전이 빠르다. 작은 가게지만 아기자 기한 소품들로 꾸며놓아 구경하는 재미도 있다. 사이드 메뉴가 따로 있지만 보통 버거를 주문하면 감자튀김이랑 약간의 샐러드가 포함되어 나온다. 가장 인기 있는 메뉴는 치즈 버거와 에그 베이컨 버거다.

Data 지도 106p-B
가는 법 자유 광장에서 도보 4분
주소 MQXX+Q2 Tbilisi (구글
플러스 코드)
전화 +995 555 46 74 44
오픈 12:00~22:30
가격 버거 세트 28~39라리,
탄산 음료 4라리
홈페이지 www.facebook.com/
burgerhousetbilisi

힌칼리 맛집
티플리스 보론초브제 Tiflisi Vorontsovze

자유로운 분위기의 레스토랑이다. 24시간 동안 조지아 전통음식을 저렴한 가격에 맛볼 수 있다. 이곳에선 힌칼리를 접시에 산처럼 쌓아두고 먹는 사람들을 흔하게 본다. 밤에는 힌칼리나 버섯 치즈 같은 메뉴를 안주 삼아 간단히 술 한잔하기 좋다.

Data 지도 105p-G 가는 법 드라이 브리지 마켓에서 도보 10분
주소 2/7 Zaarbriuken Square, Tbilisi 전화 +995 597 40 20 02 오픈 11:00~01:00 주말 11:00~02:00
가격 힌칼리 1.7라리, 오자후리16라리, 버섯치즈12라리, 하차푸리 16라리, 치킨 샐러드 9라리(봉사료 15% 별도)

SLEEP

트빌리시에서 가장 핫한 5성급 호텔
스탬바 호텔 Stamba Hotel

가장 최근에 생긴 5성급 호텔이다. 이름만으로는 생소한 호텔일 수 있지만 현재 트빌리시에서 최고의 호텔로 꼽힌다. 다른 호텔에 비해 객실이 크고, 독특한 인테리어가 눈길을 끈다. 또 호텔 내수영장, 피트니스 등 부대시설도 부족함 없이 갖췄다. 호텔에 있는 카페는 숙박을 하지 않는 사람들도 찾아갈 정도로 인기다. 메드로 루스타벨리역에서 도보 3분 거리라 신시가지로의 접근성이 좋다. 다만, 트빌리시 물가 치고는 숙박료가 비싸다. 또 올드 트빌리시로 이동할 경우 교통수단을 이용해야 하는 게 단점이다.

Data 지도 104p-E 주소 Merab Kostava St 14, Tbilisi 0108 전화 +995 32 202 11 99
가격 더블룸 기준 635라리~ 홈페이지 https://stambahotel.com

독특한 외관의
더 빌트모어 호텔 트빌리시 The Biltmore Hotel Tbilisi

트빌리시 중심부에 위치한 5성급 럭셔리 호텔. 호텔은 건물 전체가 유리로 되어 있다. 트빌리시 시내를 걷다 보면 어디서든 눈에 띈다. 코카서스 지역에서 가장 높은 호텔이기도 하다. 호텔은 럭셔리한 컨셉이다. 룸 타입은 디럭스룸부터 시작되며, 최고급 어메니티부터 다양한 부대시설을 갖췄다. 자유 광장까지는 1km 거리. 올드 트빌리시까지 걸어가기는 조금 부담스러운 거리이다. 하지만 모든 방에서 트빌리시의 전망을 즐길 수 있는 큰 장점이 있다.

Data 지도 106p-A 주소 Shota Rustaveli Ave 29, Tbilisi 0108 전화 +995 32 272 72 72
가격 디럭스룸 기준 520라리~ 홈페이지 www.millenniumhotels.com/en/tbilisi

교통 요지에 위치한
코트야드 바이 매리어트 트빌리시 Courtyard by Marriott Tbilisi

트빌리시의 중심, 자유 광장에 위치한 4성급 호텔이다. 4성급이지만, 이름만 들어도 알 수 있는 세계적인 호텔 체인이다. 직원 대부분이 영어를 구사해 의사소통에 불편함이 없다. 객실 수는 118개. 객실은 수페리어 퀸룸, 퀸룸, 수페리어룸, 디럭스룸으로 구성되어 있다. 부대시설은 실내수영장, 사우나, 피트니스 센터, 레스토랑이 있다. 단점은 호텔이 오래 되었다는 것. 호텔 내부는 현대식 느낌이 아니다. 그래도 신시가지와 올드 트빌리시 모두 도보로 갈 수 있어 교통이 편리하다. 호텔에서 시오니 대성당이 있는 올드 시티까지 도보로 13분 걸린다. 1층 로비에서는 여행사에서 다양한 프로그램의 여행상품을 판매해 근교 여행 시 활용하기 좋다.

Data 지도 106p-F
주소 Freedom Square 4, Tbilisi 0105
전화 +995 32 277 91 00
가격 더블룸 기준 535라리~
홈페이지 www.marriott.com/hotels/travel/tbscy-courtyard-tbilisi

편한 서비스 받으며 쉬고 싶다면
모씨 트빌리시 Moxy Tbilisi

메리어트 호텔 계열의 부티크 호텔이다. 5성급 호텔은 부담스럽지만, 편한 호텔 서비스를 받으며 쉬고 싶은 여행객들에게 추천한다. 주변에 음식점, 카페, 바 등이 많다. 호텔을 베이스로 언제든지 즐길 수 있다. 아그마쉐네벨리 거리가 바로 연결된다. 하지만 올드 트빌리시와 신시가지까지는 도보로 30분 정도 걸린다.

Data 지도 105p-G 주소 Saarbrucken Square, Tbilisi 0102 전화 +995 32 277 92 77 가격 222라리~
홈페이지 www.marriott.com/hotels/travel/tbsox-moxy-tbilisi

트빌리시 야경이 한 눈에 들어오는
호텔 21 트빌리시 Hotel 21 Tbilisi

사메바 대성당에서 가까이 있는 부티크 호텔이다. 이 호텔의 가장 큰 장점은 옥상 테라스 카페에서 트빌리시의 전경을 볼 수 있다는 점이다. 카페를 이용해야만 하는 단점이 있기도 하지만 이곳에서 보는 트빌리시의 전경은 또다른 모습이라 한번쯤 볼만하다.

Data 지도 107p-H
가는 법 사메바 대성당에서 도보 5분
주소 Konstantine Eristavi Street 21
전화 +995 511 213 321
가격 170라리~

복합 문화 공간을 연상케 하는
파브리카 호스텔 Fabrika Hostel

재봉공장을 리모델링해 만든 호스텔이다. 외관부터 독특한 디자인과 건축양식으로 눈길을 끈다. 숙소의 개념이 아니라 복합 문화 공간으로 느껴질 만큼 다양한 즐길거리가 있다. 호스텔 안뜰에는 카페 겸 바, 아트 스튜디오, 워크숍, 컨셉 스토어, 크리에이티브 스쿨 등이 있다. 이곳에서 다양한 이벤트가 열리기도 한다. 다른 호스텔에 비해 가격을 조금 더 지불해야 하지만, 이런 매력이 있어 일부러 찾아오는 여행자도 있다. 자유 광장까지는 2.2km 거리로, 주요 관광지와는 거리가 있다. 그래도 건축물에 관심이 많은 여행자라면 강력 추천한다. 객실은 전용 욕실이 있는 더블룸과 트윈룸, 공용 욕실을 사용하는 3베드, 4베드, 6베드, 10베드가 있다.

Data 지도 105p-C
주소 Egnate Ninoshvili St 8, Tbilisi
전화 +995 32 202 03 99
가격 25라리~
홈페이지 https://fabrikatbilisi.com

 나리칼라 요새로 산책 가기 좋은
엔보이 호스텔 Envoy Hostel

I ♥ Tbilisi 사인 뒤 언덕 중턱에 자리 잡은 호스텔. 가격이 저렴하고, 스텝이 친절하기로 유명하다. 단, 고르가살리 광장에서 숙소까지 약간의 오르막길을 올라야 한다. 트렁크가 있으면 조금 힘들게 느껴질 수 있다. 하지만 숙소 내 테라스에서 보는 경치가 매우 훌륭하다. 또 나리칼라 요새로 산책 가기 좋은 곳에 위치했다. 숙소에서 여행사를 함께 운영한다. 트빌리시 시내, 근교 투어 뿐 아니라 현지 가정식 투어 등 이색적인 투어도 진행한다. 객실은 더블룸, 트윈룸, 4베드, 6베드, 8베드가 있다.

Data 지도 107p-K
주소 Betlemi St 45, Tbilisi
전화 +995 32 292 01 11
가격 조식 포함 37라리~
홈페이지
www.envoyhostel.com/tbilisi

메일 아침 다른 조식이 나오는
마리아스 홈스테이 Maria's Homestay

자유 광장에서 500m 떨어진 곳에 있는 가정집을 개조한 호스텔이다. 시설이 모두 신식이다. 공용 욕실과 주방, 침구 모두 깨끗하다. 매일 아침 날마다 다른 메뉴의 조식이 제공된다. 신시가지와 올드 트빌리시 모두 걸어갈 수 있다. 깨끗하고 저렴한 숙소를 찾는다면 추천한다. 주택가에 위치해 있어 밤에 조용히 휴식을 취할 수 있다. 객실은 혼성 4베드 한 종류다.

Data 지도 106p-J
주소 MQRX+34 Tbilisi
(구글 플러스 코드)
가격 50라리

한국 여행자들에게도 널리 알려진
트빌리시 아트 게이트 호스텔 Tbilisi Art Gate Hostel

자유 광장에서 450m 떨어진 곳에 있는 호스텔이다. 공항에서 출발하는 337번을 타고 오면 쉽게 찾을 수 있어 배낭여행자들에게 인기가 많다. 이미 한국의 많은 배낭여행자로부터 호스트가 친절하다고 높은 평가를 받고 있다. 도미토리 형식의 룸이지만 개인 침대에 커튼을 칠 수 있어 프라이빗한 공간을 제공한다. 빨래도 무료로 할 수 있어 장기체류 여행자에게 좋다. 객실은 혼성 6인실 한 종류다.

Data 지도 106p-F 주소 MRW3+9G Tbilisi (구글 플러스 코드) 전화 +995 593 17 84 90
가격 40라리 홈페이지 www.facebook.com/artgatehostel

02

조지아 동부
East of Georgia

**스테판츠민다·시그나기·텔라비·
고리&우플리스치헤·다비드 가레자**

조지아 동부에는 조지아의 핵심 여
행지들이 대부분 있다. 트빌리시도
동부에 있다. 와인과 수도원에 관심
있다면 텔라비와 시그나기로 간다.
코카서스산맥의 대자연이 궁금하면
스테판츠민다로 가면 된다. 어디든
2시간 30분 거리라 트빌리시를 기
점으로 당일로 다녀와도 된다.

스테판츠민다
Stepantsminda

트빌리시에서 북쪽으로 160km 거리에 있는 작은 마을 스테판츠민다! 코카서스산맥 품에 안긴 이 마을은 스위스 알프스가 부럽지 않다. 만년설을 이고 있는 카즈벡산과 고원에 펼쳐진 초원, 그리고 평화로운 마을이 그림처럼 어울렸다. 오래 된 수도원 너머로 펼쳐진 눈 덮인 하얀 산은 조지아를 상징하는 풍경이 되었다. 이 풍경 속을 거닐기 위해 수많은 여행자들이 스테판츠민다를 찾는다.

미리보기

스테판츠민다는 조지아의 간판 여행지라 해도 부족함이 없다. 특히, 코카서스산맥의 산악 풍경과 조지아인의 깊은 신앙심을 느낄 수 있는 게르게티 트리니티 교회가 어울린 풍경이 바로 조지아의 자연과 문화, 역사를 압축적으로 보여준다. 스테판츠민다는 조지아를 여행한다면 반드시 가봐야 할 곳 1순위다.

SEE

스테판츠민다에서 게르게티 트리니티 교회와 함께 카즈벡산을 바라보면 긴 여행의 피로가 싹 풀린다. 스테판츠민다를 꼼꼼하게 보고 싶다면 비용을 더 들여 트빌리시에서 쉐어 택시나 개인택시를 이용해 가자. 트빌리시에서 스테판츠민다로 가는 밀리터리 하이웨이에도 그림 같은 풍경이 기다리고 있다.

EAT

룸스 호텔에서 카즈벡산을 보며 질 좋은 소고기 스테이크를 먹어보자. 이 곳 말고도 여러 레스토랑이 있다. 대부분의 레스토랑이 코카서스산맥 풍경을 보며 식사할 수 있다. 멋진 풍경과 함께 식사를 한다면 어느 음식이든 맛있게 느껴질 것이다.

BUY

스테판츠민다에는 살만한 기념품이나 특산품이 없다. 살 수만 있다면 이곳의 멋진 풍경과 맑은 공기를 담아오고 싶다. 기념품은 멋진 사진으로 대체하자.

SLEEP

최근 관광객이 증가하면서 숙박시설이 많이 생겼다. 가장 대표적인 곳이 룸스 호텔이다. 금액이 부담스럽다면 주변의 다른 숙박시설을 이용하자. 최근에 오픈한 숙박시설은 대부분 호텔이지만, 가격이 부담스럽지는 않다. 성수기와 비수기에는 숙박비 차이가 많이 난다.

어떻게 갈까?

마르슈르트카

트빌리시 디두베 버스터미널에서 스테판츠민다로 가는 마르슈르트카를 탈 수 있다. 08:00부터 19:00까지 1시간 간격으로 운행한다. 소요시간은 3시간, 요금은 15라리다. 트빌리시 출발은 09:00~18:00에 있다. 마르슈르트카는 출발시간을 잘 지키지 않아 여유 있게 시간을 잡는 것이 좋다. 스테판츠민다까지는 한 번만 휴식하고 곧장 간다. 따라서 밀리터리 하이웨이에 있는 주요 볼거리를 그냥 지나친다. 트빌리시로 돌아갈 때도 마르슈르트카를 이용할 계획이면 스테판츠민다 도착하자마자 예약을 하자. 성수기에는 자리가 없어 한참을 기다리거나 하루 더 묵어야 하는 경우도 있다.

쉐어 택시

미니밴 또는 세단을 이용하는 장거리 택시. 마르슈르트카와 마찬가지로 디두베 버스터미널에서 출발한다. 쉐어 택시는 마르슈르트카와 달리 스테판츠민다로 가는 길에 있는 아나누리 성채, 조지아—러시아 우호 기념탑, 즈바리 패스 뷰포인트에서 잠시 머물 수 있는 시간을 준다. 쉐어 택시는 차량에 따라 4~6명 탑승 가능하다. 인원이 적은 경우 운전기사가 일행을 구해 오기도 한다. 단점은 인원이 모아져야 출발한다는 것이다. 스테판츠민다까지는 몇 곳의 뷰포인트 정차 포함 약 4시간 걸린다. 요금은 1인 기준 25라리, 차량 1대당 120라리 내외다. 택시에 탑승 전에 어떤 뷰포인트에 정차할 것인지 기사와 미리 이야기 하자.

어떻게 다닐까?

스테판츠민다는 작은 마을이라 도보여행이 가능하다. 게르게티 트리니티 교회도 트레킹 코스가 있어 충분히 걸어갈 수 있다. 걷는 게 싫다면 택시를 이용해도 된다. 하지만 머무는 시간을 협상해야 하고, 또 시간에 쫓길 수도 있다. 여유롭게 보고 싶다면 오가는 길에 1회만 택시를 이용하고, 한 번은 트레킹을 하자. 마을에서 교회까지 트레킹 시간은 편도 2시간이다.

스테판츠민다 버스 터미널

스테판츠민다
♀ 2일 추천 코스 ♀

스테판츠민다에서 트레킹을 하지 않을 계획이라면 첫째 날 룸스 호텔의 레스토랑을 가보자. 시간적인 여유를 갖고 맛있는 음식과 대자연이 연출하는 아름다운 풍경을 마음껏 감상해보자. 둘째 날은 게르게티 트리니티 교회에 올라가 코카서스산맥 품에 안긴 스테판츠민다를 여유롭게 감상하자.

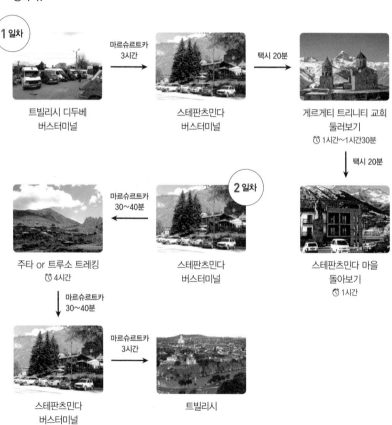

1 일차

트빌리시 디두베
버스터미널

→ 마르슈르트카 3시간 →

스테판츠민다
버스터미널

→ 택시 20분 →

게르게티 트리니티 교회
둘러보기
⏱ 1시간~1시간30분

↓ 택시 20분

주타 or 트루소 트레킹
⏱ 4시간

← 마르슈르트카 30~40분 ←

2 일차

스테판츠민다
버스터미널

스테판츠민다 마을
돌아보기
⏱ 1시간

↓ 마르슈르트카 30~40분

스테판츠민다
버스터미널

→ 마르슈르트카 3시간 →

트빌리시

조지아의 랜드마크가 있는
스테판츠민다
Stepantsminda

스테판츠민다는 조지아의 북동부 해발 1,740m에 위치한 작은 마을이다. 조지아에서 코카서스산맥을 넘어 러시아로 가는 관문이기도 하다. 스테판츠민다에서 러시아 국경까지는 10km 거리다. 스테판츠민다는 알프스를 연상케 하는 산악 풍경으로 이름났다. 특히, 코카서스산맥을 배경으로 서 있는 게르게티 트리니티 교회의 환상적인 모습은 조지아의 랜드마크로 손색이 없다. 대부분의 여행자들은 이 풍경에 매혹되어 스테판츠민다를 찾아 온다. 이 풍경에 반해 러시아의 대문호 푸시킨도 이 마을에서 3년간 머물렀다.

스테판츠민다는 한두 시간이면 마을을 다 돌아볼 수 있다. 마을 왼쪽으로는 카즈벡산에서 발원하는 테르기Thergi 계곡이 흐른다. 계곡 건너편에 게르게티 마을이 있고, 마을의 작은 광장에는 알렉산더 카즈베기의 동상이 있다. 마을에서 가장 높은 곳에는 독특한 스타일의 룸스 호텔이 있다. 그러나 이것을 제외하고 스테판츠민다에서 특별히 볼만한 것은 없다. 하지만 스테판츠민다는 마을을 베이스 삼아 트레킹을 하는 등 코카서스산맥의 아름다운 풍광을 즐기는 것만으로 충분히 행복하다.

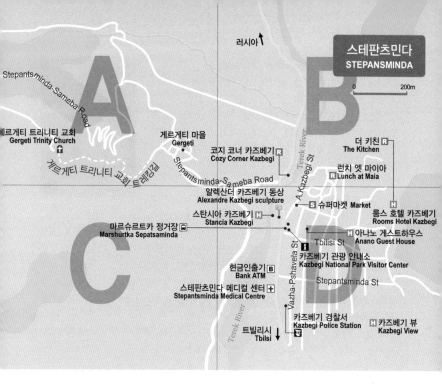

스테판츠민다
STEPANSMINDA

0 ───── 200m

러시아 ↑

게르게티 트리니티 교회
Gergeti Trinity Church

게르게티 마을
Gergeti

Stepantsminda-Sameba Road

게르게티 트리니티 교회 트레킹길

Stepantsminda-Sameba Road

코지 코너 카즈베기
Cozy Corner Kazbegi

더 키친
The Kitchen

런치 엣 마이아
Lunch at Maia

알렉산더 카즈베기 동상
Alexandre Kazbegi sculpture

슈퍼마켓 Market

룸스 호텔 카즈베기
Rooms Hotel Kazbegi

스탄시아 카즈베기
Stancia Kazbegi

마르슈르트카 정거장
Marshurtka Sepatsaminda

아나노 게스트하우스
Anano Guest House

Tbilisi St

카즈베기 관광 안내소
Kazbegi National Park Visitor Center

현금인출기
Bank ATM

Stepantsminda St

스테판츠민다 메디컬 센터
Stepantsminda Medical Centre

A. Kazbegi St

Terek River

Vazha-Pshavela St

트빌리시
Tbilsi

카즈베기 경찰서
Kazbegi Police Station

카즈베기 뷰
Kazbegi View

Terek River

스테판츠민다 or 카즈베기?

스테판츠민다는 '성 스테판'이라는 뜻으로 조지아 정교 수도사의 이름에서 따왔다. 하지만 스테판츠민다는 현재에도 카즈베기라는 이름으로 많이 불리고 있다. 카즈베기는 이 고장 출신의 조지아 대문호 알렉산더 카즈베기의 집안의 성이다. 카즈베기 집안은 대대로 러시아 제국을 위해 일했다. 구소련은 이 집안을 기려 1925년 스테판츠민다를 카즈베기로 개명했다. 이 마을이 다시 스테판츠민다라는 이름을 되찾은 것은 2006년부터다. 그러나 아직까지도 현지인을 비롯한 구글 지도에는 카즈베기라는 지명을 사용하고 있다.

알렉산더 카즈베기 Alexander Kazbegi

스테판츠민다 작은 광장에는 사각형 기단 위에 망토를 걸친 사내가 우뚝 선 동상이 있다. 이 동상의 주인공은 시인 알렉산더 카즈베기(1846~1893)다. 스테판츠민다에서 태어난 알렉산더는 본래 성(姓)이 초피카슈빌리였다. 그러나 19세기 초 러시아가 스테판츠민다를 점령할 때 러시아군에 협력한 공로로 조부가 이 지역의 영주권을 부여받고 성을 카즈베기로 바꾸면서 그 역시 조부의 성을 따랐다.

알렉산더는 러시아에서 공부한 뒤 트빌리시로 돌아와 신문기자로 일하면서 틈틈이 소설을 쓰고, 외국 문학작품을 조지아어로 번역도 했다. 1881년에는 코카서스 산악 민족의 삶과 문화, 그리고 제정 러시아 전제군주에 대한 저항을 소재로 한 소설 〈엘구자Elgudja〉를 발표했다. 그는 이 소설로 성공한 작가가 될 뻔했지만 러시아 당국에 의해 책이 판매금지 되는 수난을 겪었다. 그 후로도 알렉산더는 억압받는 조지아 산악 민족의 삶과 문화에 대한 소설을 많이 썼다. 특히, 그의 소설 〈부친 살해The Patricide〉는 소년 시절의 스탈린에게 큰 영향을 주었다고 한다. 스탈린은 이 소설 속에 등장하는 주인공 코바에 매료되어 지하활동을 할 때는 물론 평생 코바를 애칭으로 사용했다고 한다.

스테판츠민다에는 그의 삶과 문학세계를 알 수 있는 박물관이 있었지만 몇 년 전에 폐관되었다. 박물관이 있던 곳에는 그의 얼굴이 새겨진 부조 동상이 서 있다.

TIP 스페판츠민다는 해발 1,740m에 있다. 지대가 높다보니 겨울에는 눈이 많이 내린다. 눈이 많이 내릴 경우 도로가 통제되는 일이 잦다. 따라서 겨울에 방문할 때는 기상상황을 확인하고, 예비일도 충분히 갖고 가자. 또한, 여름에도 날씨가 궂으면 쌀쌀하다. 덧껴입을 수 있는 재킷을 준비하자. 트레킹을 할 계획이라면 등산화나 고글, 자외선 차단제, 물병과 작은 배낭, 간식 등도 챙겨가자.

 코카서스산맥을 병풍처럼 두른
게르게티 트리니티 교회 Gergeti Trinity Church

게르게티 마을 언덕 위 해발 2,170m에 있는 게르게티 트리니티 교회는 스테판츠민다는 물론 조지아를 대표하는 풍경이다. 여행자들이 트빌리시에서 3시간씩 험한 길을 달려 이곳을 찾는 것은 오직 이 교회를 보기 위해서라고 해도 과언이 아니다. 그 만큼 코카서스산맥을 병풍처럼 두르고 고고한 자태로 서 있는 교회의 모습은 환상적이다. 종교가 가진 고고한 이상을 웅변적으로 보여준다.

게르게티 트리니티 교회는 14세기에 세워졌다. 이 교회는 게르게티 츠민다 사메바, 게르게티 사메바, 츠민다 사메바 등 여러 이름으로 불리는데, 정식 이름은 게르게티 트리니티(구글에서는 게르게티 츠민다 사메바로 표기)다. 게르게티 트리니티 교회는 여행자는 물론 조지아 사람들이 '정신적 고향'이라고 불릴 정도로 신성시 하는 곳이다. 이 교회는 18세기 안전상의 이유로 므츠헤타에 있던 성 니노의 십자가를 이곳으로 옮기면서 조지아를 대표하는 성당이 되었다. 이 뿐 아니라 이 교회는 국가에 위기가 찾아올 때마다 귀중한 성물들을 보관하던 장소로도 사용되었다.

게르게티 트리니티 교회는 코카서스산맥을 배경으로 서 있는 모습이 가장 아름답다. 또 교회에 올라 험준한 산들이 감싼 아늑한 곳에 자리한 스테판츠민다를 보는 것도 매혹적이다.

TIP 게르게티 트리니티 교회는 도보로 갈 수도 있고, 택시를 이용할 수도 있다. 시간적 여유가 있고 트레킹을 좋아한다면 도보로 왕복해도 된다. 다만, 체력안배를 위해 택시를 이용하기도 한다. 올라갈 때 택시를 타고, 내려올 때는 풍경을 감상하면서 도보로 오는 게 좋다.

Data 지도 151p-A
가는 법 스테판츠민다 마을에서 도보 1시간30분
주소 MJ6C+V4J, Kazbegi, Oni

그리스 신화에 등장하는

카즈벡산 Mt. Kazbek

카즈벡산은 스테판츠민다의 얼굴이다. 정상부가 독수리 머리처럼 동그랗게 솟은 이 산은 높이가 5,047m나 된다. 코카서스산맥에서 일곱 번째로 높다. 여름에도 정상부는 눈이 녹지 않는 만년설이 있다. 카즈벡은 '얼음이 있는 곳'이라는 뜻이다. 이 산은 또 그리스 신화에서 프로메테우스가 신에게서 불을 훔쳐 인류에 준 죄로 형벌을 받았던 산으로도 잘 알려져 있다. 여행자들은 산자락을 따라 가볍게 트레킹 하는 정도지만, 전문 트레커들은 정상을 등반하기도 한다. 스테판츠민다에서 게르게티 트리니티 교회와 함께 있는 카즈벡산을 보는 일은 언제나 감동적이다.

프로메테우스와 카즈벡산

그리스 신화에 등장하는 프로메테우스는 제우스에게 억압받지만 인류에게 도움을 준 인물이다. 프로메테우스는 '앞서 생각하는 지혜로운 자'라는 뜻이며, 프롤로그(prologue)의 어원이기도하다.

프로메테우스는 제우스로부터 인간을 창조하라는 명을 받았다. 그가 흙으로 사람의 형상을 빚고, 그 형상에 아테나가 숨을 불어 넣어 인간을 창조했다. 한편, 제우스는 인간이 불을 소유하면 재앙이 닥칠 것을 우려해 이를 엄격히 금했다. 그러나 프로메테우스는 달랐다. 그는 배고픔과 추위에 떨고 있는 인간에게 신에게만 허락된 불을 훔쳐 전해줬다. 이 사실을 안 제우스는 진노해서 프로메테우스를 카즈벡산 정상의 바위에 쇠사슬로 묶어 두고 독수리를 보내 간을 뜯어 먹게 했다. 독수리에게 뜯어 먹힌 간은 밤에 회복되어 다음날 독수리가 다시 뜯어 먹을 수 있게 했다. 이 형벌은 헤라클라스가 프로메테우스를 구해주기 전까지 3,000년 동안 계속됐다.

자신이 만든 인간을 사랑해 불을 건네주고 형벌을 받은 프로메테우스. 뉴욕의 자유의 여신상이 들고 있는 횃불과 올림픽 성화는 인간에게 불을 준 프로메테우스를 기리기 위해 생겨났다고 한다.

카즈베기 관광 안내소 Kazbegi National Park Visitor Center

스테판츠민다 버스정류장 바로 앞에 있다. 이곳에서 스테판츠민다 여행정보와 주타, 트루소 트레킹을 예약할 수 있다. 성수기에는 트레커들이 많이 몰려 스테판츠민다에 머무는 내내 트레킹 예약이 꽉 차 있을 수 있다. 트레킹 계획이 있다면 도착하자마자 예약부터 하자. 이곳에서 예약하지 못하면 택시를 섭외해서 트레킹에 나설 수 있다.

Data 지도 151p-D
가는 법 마르슈르트카 버스정류장
바로 앞
주소 MJ4R+XF Stepantsminda
(구글 플러스 코드)
전화 +995 591 96 33 35
오픈 주말 09:00~17:00
홈페이지 http://apa.gov.ge/en

스테판츠민다로 가는 길의 명소들

트빌리시에서 스테판츠민다로 가는 길은 조지아와 러시아를 잇는 군사도로(Military Highway)다. 트빌리시에서 러시아 국경까지 약 210km에 이르는 이 도로는 제정 러시아 시절 병력 이동을 위한 군사도로로 만들어졌다. 현재는 관광은 물론 러시아 교역을 위한 중요한 역할도 한다. 이 길을 따라 들려볼만한 명소가 많다. 트빌리시에서 스테판츠민다까지 택시를 이용하면 잠깐씩 쉬며 감상할 수 있다.

아나누리 성채 Ananuri Fortress Complex

진발리 호반에 자리한 13세기에 지어진 성채다. 이 지역을 통치했던 아라그비Aragvi 백작 시절에 만들어졌으며 수많은 전쟁이 벌어졌던 곳이기도 하다. 돌로 쌓아 만든 성에는 2개의 교회가 있다. 아나누리 성채는 구소련 시절 수력발전을 위해 댐을 만들면서 형성된 인공저수지의 에메랄드색 물빛과 어울려 아름다운 풍경을 자아낸다.

파사나우리 Pasanauri

물색이 서로 다른 두 개의 물줄기가 한 곳에서 만나는 곳(Aragvi River of Two Colors Viewpoint)으로 아나누리 요새에서 23km 거리에 있다. 빙하 녹은 투명한 강물과 진흙과 부산물이 섞인 회색빛 강물이 한 장소에서 만나는데, 두 강물은 섞이지 않고 계속 흘러간다. 강물이 섞이지 않고 흘러가는 모습이 아주 이색적이다. 주차공간도 있으니 잠시 차를 세우고 신비한 광경을 꼭 보고 가자.

구다우리 Gudauri

구다우리는 조지아에서 손꼽는 스키장이다. 매년 겨울이면 이곳에서 스키를 타려고 세계의 스키어들이 몰려든다. 구다우리는 스키어를 위한 숙박시설이 많다. 이곳에 숙박하면서 당일투어로 스테판츠민다에 다녀오는 여행객도 많다. 스키장은 12월 중순부터 4월초까지 운영한다.

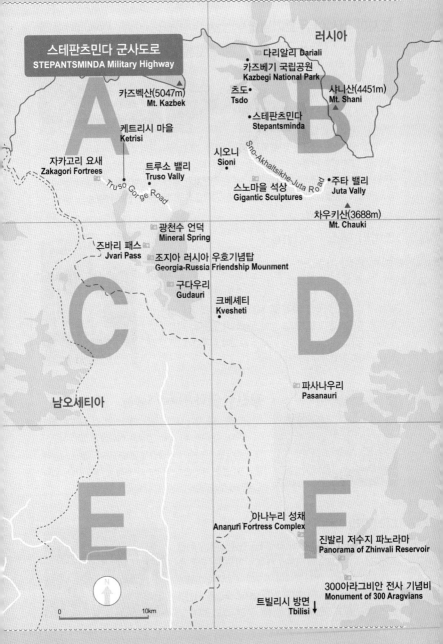

스테판츠민다 군사도로
STEPANTSMINDA Military Highway

러시아

다리알리 Dariali

카즈베기 국립공원
Kazbegi National Park

카즈벡산(5047m)
Mt. Kazbek

츠도
Tsdo

샤니산(4451m)
Mt. Shani

케트리시 마을
Ketrisi

스테판츠민다
Stepantsminda

자카고리 요새
Zakagori Fortrees

시오니
Sioni

트루소 밸리
Truso Vally

Truso Gorge Road

Sno-Akhaltsikhe-Juta Road

스노마을 석상
Gigantic Sculptures

주타 밸리
Juta Vally

차우키산(3688m)
Mt. Chauki

광천수 언덕
Mineral Spring

즈바리 패스
Jvari Pass

조지아 러시아 우호기념탑
Georgia-Russia Friendship Mounment

구다우리
Gudauri

크베셰티
Kvesheti

남오세티아

파사나우리
Pasanauri

아나누리 성채
Ananuri Fortress Complex

진발리 저수지 파노라마
Panorama of Zhinvali Reservoir

N

0   10km

3000아라그비안 전사 기념비
Monument of 300 Aragvians

트빌리시 방면 ↓
Tbilisi

조지아 러시아 우호기념탑 Georgia-Russia Friendship Monument

구다우리 스키장에서 멀지 않은 곳에 있다. 1783년 러시아와 조지아 사이에 체결된 게오르기예프스크 조약 200주년을 기념해 만들었다. 이곳에서 보는 전망이 멋져 '모자이크 전망대', 또는 '구다우리 전망대'라고도 부른다. 기념탑에는 모자이크 타일화가 그려져 있는데, 러시아와 조지아 모습을 반반씩 그려놓았다. 이곳에서는 체험 페러글라이딩을 하기도 한다. 전문가와 함께 탠덤 비행을 하며 페러글라이딩을 경험할 수도 있고, 페러글라이딩을 즐기는 사람들과 함께 인생 사진을 남길 수도 있다.

즈바리 패스 Jvari Pass

조지아 러시아 우호기념탑에서 가까운 곳에 있다. 스테판츠민다로 가는 길에서 가장 높은 고개다. 고개 높이는 2,395m. 러시아 예카테리나 여제는 러시아-조지아 군사도로 개통을 기념해 도로에서 가장 높은 이곳에 십자가를 세웠다. 즈바리는 '십자가'라는 뜻이다. 이곳에는 '2395'라고 적힌 돌비석이 있는데, 비석이 크지 않아 쉽게 지나칠 수 있다. 이 비석 주변에 십자가가 있다. 정확한 위치를 알고가야 놓치지 않는다.

광천수 언덕 Mineral Spring

즈바리 패스를 지나 내리막길을 가다보면 길 왼쪽에 황토색 언덕이 나온다. 이 황토 언덕은 석회질과 철분 성분이 많이 함유된 온천수가 나오면서 만들어졌다. 많은 관광객들이 이 온천수에 손을 담가보기 위해 들렸다 간다. 언덕 오른편에 주차공간이 있어 잠시 들려볼 수 있다.

다리알리 Dariali

군사도로가 끝나는 조지아와 러시아 국경에 있다. 스테판츠민다에서 북쪽으로 약 10km 거리다. 이곳에는 지금 수도원을 짓고 있다. 현재 조지아 주교의 고향이라 이곳에 수도원을 짓는 것이라고 한다. 신앙심으로 국경을 지키려는 조지아인들의 강한 종교적 신념을 담았다고도 한다.

조지아를 대표하는
구다우리 스키장 Gudauri Ski resort

구다우리는 알프스의 메머드급 스키장과 견줘도 뒤지지 않을 만큼 규모가 큰 스키장이다. 트빌리시에서 2시간이면 갈 수 있어 접근성도 아주 좋다. 구다리우는 베이스(2196m)부터 정상(3276m)까지 단 한 그루의 나무도 볼 수 없는 수목한계선 위에 있다. 슬로프 총 길이는 80km. 4개의 곤돌라가 산의 남쪽과 북쪽을 잇고, 11개의 리프트가 스키어를 실어 나른다. 특히, 눈이 많을 때는 드넓은 스키장 전체가 프리라이드 구역이 된다.

구다우리는 특이하게 남향에 위치한 스키장이다. 온종일 햇살이 들어 따뜻하다. 스키장 전체가 대사면으로 이뤄져 있는데도 바람이 거의 없다. 이 때문에 반팔을 입고 스키를 타는 스키어를 흔하게 볼 수 있다. 구다우리 스키장에서 가장 높은 사드젤레(Sadzele, 3276m) 정상에 서면 북쪽으로 카즈벡산(5047m)을 볼 수 있다. 구다우리는 또 패러글라이딩의 명소다. 리프트를 타고 쿠데비(Kudebi, 3007m) 정상으로 올라가 하늘로 날아오른다. 하늘에서 구다우리 스키장을 즐기는 것이다.

Data 지도 157p-C 가는 법 밀리터리 하이웨이를 따라 즈바리 패스 가기 전 주소 FF9R+33 Gudauri (구글 플러스코드) 전화 +995 599 48 11 04 운영시간 10:00~16:00 시즌 12월 초~4월 초 요금 리프트 1회권 20라리, 1일 70라리, 5일권 300라리(시즌에 따라 가격 차이가 있음) 홈페이지 https://gudauri.travel/en

대자연 속으로 떠나는 트레킹

스테판츠민다는 트레킹을 하기 위해 많은 여행객이 찾는다. 스테판츠민다의 대표적인 트레킹 코스는 주타 밸리와 트루소 밸리다. 두 곳 모두 길이 험하지 않아 초보자들도 트레킹이 가능하다. 트레킹은 보통 6월부터 10월까지 한다. 그러나 7~8월은 날씨가 더워 트레킹이 힘들 수 있다. 준비를 철저하게 해서 시즌에 맞는 트레킹을 준비하는 것이 좋다.

주타 밸리 트레킹 Juta Valley Trekking

주타 밸리는 스테판츠민다에서 자동차로 약 30분 정도 떨어진 곳에 있다. 대중교통은 따로 없다. 쉐어 버스나 택시로 가야 한다. 스테판츠민다에서 주타 밸리 초입까지 17km 거리라 도보로는 4시간 정도 걸린다.

스테판츠민다에서 트리빌시 방면으로 군사 도로를 따라 내려오면 아크호티Achkhoti마을이 나온다. 삼거리에서 주타 표지판을 확인하고 좌회전하면 곧 스노Sno마을이다. 이곳에는 얼굴을 조각한 여러 개의 석상을 볼 수 있다. 이 석상은 조지아 위인들의 얼굴이다. 스노마을을 끝부터 비포장 길을 따라 가면 주타 밸리 트레킹 입구에 닿는다. 택시를 이용했을 경우 하차 시 운전기사가 스테판츠민다로 출발하는 시간을 얘기해 준다. 이 시간에 맞춰 하차 지점으로 돌아오면 된다. 보통 트레킹 시간은 4시간을 준다. 그러나 함께 한 일행과 시간을 조율하면 6시간까지도 협상이 가능하다.

입구에서 주스티스츠칼리Justistskali강을 건너 조금 올라가다보면 우측으로 집들이 나온다. 집들 사이 샛길로 올라가면 트레킹이 시작된다. 정면으로는 만년설을 이고 있는 차우키산(3842m)이 보인다. 이 산을 바라보며 길은 이어진다. 제타 캠핑ZETA CAMPING 9000이라는 표지판을 따라가 피프스 시즌Fifth Season 호텔 및 카페가 나오면 맞게 가는 길이다. 주타 밸리는 초반 20여분은 꽤 가파른 오르막길이다. 대부분 여행자들은 이 오르막을 오르다 트레킹 온 것을 후회한다. 하지만 힘든 것은 잠시다. 피프스 시즌 호텔을 지나면 그림 같은 풍경의 초원이 펼쳐진다. 대부분의 여행객들은 이 트레킹 코스를 따라 작은 호수 아부디라우리 화이트 호수Abudelauri White Lake까지 다녀온다. 호수까지만 다녀온다면 왕복 약 10km, 4시간 정도 걸린다.

시간과 체력이 있다면 조금 더 가도 좋다. 주타Juta마을의 높이가 2,200m, 트레킹 코스에서 가장 높은 곳이 2,700m 정도라 험난한 코스는 아니다. 이 코스는 스테판츠민다에서 광활한 자연을 느끼고 싶은 여행자에게 추천한다. 아부디라우리 화이트 호수까지 가지 않더라도 피프스 시즌 호텔(약 1km)까지만 가더라도 주타 밸리의 절경을 즐길 수 있다.

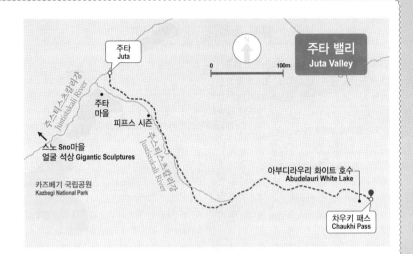

스노마을 얼굴 석상

TIP 주타 밸리 전문 트레킹 코스

트레킹 마니아라면 주타 밸리 깊숙이 갈 수도 있다. 주타 마을에서 차우키 패스(3345m)를 넘어 로쉬카Roshka마을(1993m)까지 갔다 올 수 있다. 이 코스는 편도 13km로 텐트를 이용한 야영은 필수다. 보통 1박2일, 느긋하게 잡으면 2박3일 걸린다. 차우키 패스는 눈이 쌓이는 10월부터 이 듬해 5월까지 트레킹이 어렵다. 로쉬카 마을에서 스테판츠민다까지 다시 돌아오는 차량은 따로 없다. 왔던 길을 되돌아오거나 아예 트빌리시로 나가야 한다. 로쉬카 마을에서 군사도로가 지나는 아나누리 요새를 거쳐 트빌리시까지는 120km거리다. 트빌리시에서 로쉬카로 가서 반대 방향으로 주타 밸리 트레킹을 하는 것도 방법이다.

트루소 밸리 트레킹 Truso Valley Trekking

트루소 밸리는 카즈벡산 남쪽에 있는 계곡이다. 테레크강을 따라 좌우로 드넓게 펼쳐진 고원 사이로 난 트레킹 코스는 자카고리 요새까지 10km에 이른다. 트레킹 코스는 오르막과 내리막이 거의 없어 조금 지루하게 느낄 수 있다. 하지만 트레킹 코스를 따라 유황 온천수가 흘러내리면서 만든 독특한 풍경이 곳곳에 자리해 지루할 틈을 주지 않는다. 또 폐허처럼 보이는 수도원 마을과 계곡을 감싼 코카서스산맥의 아름다운 풍경이 연이어져 걷는 재미가 좋다.

트루소 밸리 트레킹 시작점은 트루소 조지 Truso Gorge다. 스테판츠민다에서 군사도로를 따라 트빌리시 방면으로 30분쯤 내려와 우카티Ukhati에서 우회전 후 테레크강을 따라 가면 트레킹 코스 초입이 나온다. 트루소 조지에서 케트리시Ketrisi 마을까지 가는 길에 유황온천으로 형성된 독특한 풍경이 많다. 강 건너에 자리한 유황 호수 아바노 호수Abano Lake는 잔잔한 수면에 파란 하늘이 담겨 신비롭다. 케트리시 마을에서 10분 거리에는 산비탈에서 광천수가 콸콸 솟아나는 곳(Ketris Mineral Vaucluse)도 있다.

케트리시 마을에서 두 개의 수도원을 지나 3.5km를 더 가면 트레킹 종점인 자카고리 요새Zakagori Fortrees에 닿는다. 사방이 탁 트인 언덕에 자리한 자카고리 요새에서 주변 풍경을 조망할 수 있다. 단, 자카고리 요새 북쪽은 남오세티아와 영토분쟁을 하는 곳이라 더 갈 수 없다. 자카고리 요새 곁에 군인 초소가 있다.

트루소 밸리 트레킹은 왕복 22km 거리로, 6시간쯤 걸린다. 미니버스가 아닌 택시를 대절했다면 케트리시 마을까지 갈 수 있어 걷는 시간을 줄일 수도 있다.

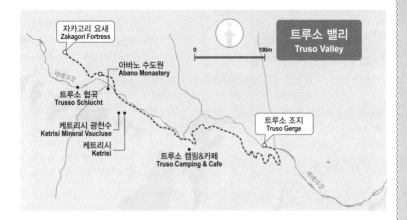

트레킹 예약과 준비물 체크!

주타와 트루소 밸리 트레킹을 하러 가는 방법은 두 가지다. 하나는 카즈베기 관광 안내소에서 예약해 미니버스를 타고 간다. 다른 하나는 택시를 대절한다. 만약 카즈베기 관광 안내소에서 트레킹을 예약했다면 출발 전 날 버스 시간을 한 번 더 확인하자. 카즈베기 관광 안내소에서 출발하는 버스는 트루소행과 주타행 각 09:15, 11:15에 있다. 픽업시간은 트루소 16:30, 18:30, 주타 17:30, 19:30이다. 미니버스는 7인승이며, 요금은 1인 50라리다. 5월 1일부터 10월 31일까지만 운행한다. 택시는 인원에 상관없이 한 대당 150~180라리다. 가격은 협상하기 나름이다. 트레킹을 하는 동안 대기하는 시간 또한 협상해야 한다. 인원이 많다면 택시를 대절해 가는 것이 저렴할 수 있다.

트레킹을 하려면 간단하게 먹을 수 있는 간식거리와 물을 준비하자. 또 여름철에 트레킹을 한다면 선크림을 충분히 발라주고, 피부를 최대한 덜 노출할 수 있는 옷과 모자를 준비한다. 또한, 걷기 편한 트레킹화와 갑작스런 일기변화에 대비해 덧껴입을 가벼운 점퍼도 준비한다.

TIP 코카서스 7대 고봉

산이름	높이	국가	산이름	높이	국가
엘부르즈Elbrus	5642m	러시아	푸시킨Pushkin	5100m	조지아
디치타우Dych-tau	5205m	러시아	양기타우Jangi-tau	5052m	러시아
쉬카라Shkhara	5193m	조지아	카즈벡Kazbek	5047m	조지아
코쉬탄타우Koshtan-tau	5152m	러시아			

카즈벡산과 게르게티 마을을 볼 수 있는
더 키친 The Kitchen

스테판츠민다 마을 가장 높은 곳에 있는 호텔이다. 이 호텔 1층에 있는 레스토랑은 카즈벡산을 비롯한 코카서스 연봉의 아름다운 풍광을 보며 식사를 할 수 있다. 날씨가 좋다면 테라스에서 식사를 해보자. 카즈벡산을 바라보며 먹는 음식은 무엇이든 맛있겠지만, 그 중에서도 스테이크가 맛있기로 유명하다. 하차푸리와 조지아식 바비큐 요리 므츠바디 같은 조지아 전통 음식도 있다. 간단하게 즐길 수 있는 클럽 샌드위치, 홈메이드 포테이토 등의 메뉴도 있다. 음식이 부담스럽다면 커피나 와인을 주문해도 된다.

Data 지도 151p-D
가는 법 카즈베기 관광 안내소에서 도보 13분 **주소** 1 V.gorgasali St, Stepantsminda 4700
전화 +995 32 240 00 99
오픈 08:00~00:00
가격 보르쉬 수프 11라리, 조지안 샐러드 17라리, 립아이 스테이크 67라리, 하차푸리 23라리, 클럽 샌드위치 31라리, 룸스 하우스 와인 9라리~(VAT 18% 별도) **홈페이지** https://roomshotels.com/kazbegi

가정집에 초대받은 느낌을 주는
런치 엣 마이아 Lunch at Maia

일반 가정집을 개조하여 만든 식당이다. 자리에 앉으면 종이와 펜을 주고 직접 써서 주문을 하면 된다. 대부분의 음식이 다 맛있지만, 소고기수프 하르쵸를 추천한다. 살짝 매콤한 소고기국이라고 생각하면 되는데, 한국인 입맛에도 잘 맞는다.

Data 지도 151p-D 가는 법 스테판츠민다 버스터미널에서 도보 8분
주소 MJ6V+9W Stepantsminda (구글 플러스 코드) 전화 +995 599 94 75 84 오픈 13:00~22:00
가격 하르쵸 16라리, 샐러드 8~10라리, 힌칼리 2~4라리, 하차푸리 15~25라리

숲속 산장에 방문한 느낌을 주는
코지 코너 카즈베기 Cozy Corner Kazbegi

산장에 온 듯한 느낌을 주는 조지아 현지 식당이다. 허름한 외관과 다르게 메뉴는 QR코드로 확인이 가능하다. 구글에서도 평점이 좋을 정도로 맛과 분위기 다 잡은 식당이다. 이 레스토랑은 날씨 영향을 많이 받는다. 날씨가 좋은 날 방문하는 것을 추천한다.

Data 지도 151p-D 가는 법 스테판츠민다 버스터미널에서 도보 5분
주소 MJ6R+9F Stepantsminda (구글 플러스 코드) 전화 +995 593 78 77 45 오픈 10:00~22:00
가격 샐러드 13~16라리, 메인 15~36라리 홈페이지 www.cozy.ge

SLEEP

카즈베기 최초 호텔
룸스 호텔 카즈베기 Rooms Hotel Kazbegi

스테판츠민다 마을 가장 높은 곳에 있다. 호텔 자체만으로도 스테판츠민다의 관광지라 할 수 있을 정도로 유명하다. 공용 공간인 1층 로비와 테라스에서 보이는 게르게티 트리니티 교회와 카즈벡산의 절경이 하나의 그림 같다. 특히, 목재로 인테리어를 한 호텔은 스테판츠민다의 자연경관과 잘 어우러지며 편안한 느낌을 준다. 호텔 레스토랑의 모든 메뉴가 룸서비스 가능하다. 또 마시고 싶은 와인이 있다면 코르크 차지 20라리를 내고 레스토랑 메뉴와 함께 즐길 수도 있다. 호텔에서 파는 술은 비싼 편이라 코르크 차지를 내고 마시는 것도 좋은 방법이다. 조식은 다양한 빵과 조지아 꿀, 과일 등을 포함해 화려하게 제공되니 놓치지 말자. 숙박료는 다른 호텔에 비해 비싼 편이다. 성수기에는 더 올라간다. 카즈베기 여행 목적이 휴식인 여행자에게 추천한다.

Data 지도 151p-D 주소 1 V.gorgasali St, Stepantsminda 4700 전화 +995 32 271 00 99 가격 더블룸 기준 숲 전망 600라리, 산 전망 650라리 홈페이지 https://roomshotels.com/kazbegi

카즈베기 최고의 위치
스탄시아 카즈베기 Stancia Kazbegi

카즈베기 버스 정류장에서 도보 1분 거리에 위치한 호텔. 교통만 생각하면 최고의 위치다. 객실은 카즈벡산을 바라보는 뷰와 도시를 바라보는 뷰, 두 가지 타입이 있다. 전체적인 분위기는 룸스 호텔을 모티브로 했다는 느낌이 들 정도로 비슷하다. 조식 또한 훌륭하다. 룸스 호텔 보다 카즈벡산이 훨씬 더 가까이서 보인다.

Data 지도 151p-D
주소 Alexandr Kazbegi square 23a, Stepantsminda 4700
전화 +995 551 94 88 00
가격 도시 조망 180라리, 산 전망 200라리
홈페이지 www.facebook.com/stanciakazbegi

 넓은 정원을 마음껏 즐기는
카즈베기 뷰 Kazbegi View

카즈베기 관광 안내소에서 도보 14분 거리에 위치한 호텔. 2019년 4월 말 오픈했다. 호텔은 오두막집처럼 생겼다. 건물 한 채가 1개의 룸이다. 모든 룸은 카즈벡산을 바라보고 있다. 룸 앞의 넓은 정원도 마음껏 즐길 수 있다. 룸스 호텔에서 바라보는 전망과 거의 같지만 숙박료는 절반 정도다. 룸스 호텔 가격이 부담스러운 여행자가 많이 찾는다. 룸이 많지 않아 투숙객도 적다. 조용한 숙소를 원한다면 추천한다.

Data 지도 151p-D
주소 MJ2X+PM Stepantsminda(구글플러스코드)
전화 +995 555 62 22 32
가격 산 전망 2인 270라리 홈페이지 https://ko.airbnb.com/rooms/34730858

 저렴한 가격의 개인 룸
아나노 게스트하우스
Anano Guest House

부부가 운영하는 게스트하우스다. 한국 여행자 사이에서도 깨끗하고 친절한 호스트가 있는 곳으로 이름났다. 게스트하우스 홈페이지에서는 한국어로 된 친절한 설명도 볼 수 있다. 공용 욕실을 사용하는 4인실과 전용 욕실을 사용하는 더블룸 가격 차이가 단돈 20라리다. 혼자 편안한 숙박을 하고 싶다면 더블룸을 추천한다.

Data 지도 151p-D
주소 MJ5V+25 Stepantsminda(구글 플러스 코드)
가격 4인실 60라리, 더블룸 130라리
홈페이지 https://guesthouse-anano-ge.book.direct/ko-kr

 주타 밸리 트레킹 코스에 있는
피프스 시즌 5th Season

주타 밸리 트레킹 코스에 있는 숙소다. 여유로운 트레킹을 즐기고 싶다면 추천한다. 이곳에서 묵으면 밤하늘의 별을 가까이 볼 수 있다. 날씨만 맑으면 쏟아지는 별을 밤새도록 볼 수 있다. 단, 이 호텔은 트레킹 시즌인 5월부터 10월까지만 이용할 수 있다. 이 시기를 제외하면 눈이 많아 갈 수 없다.

Data 지도 161p 주소 HQG3+49 Juta (구글 플러스코드)
전화 +995 55 501 15 15
가격 더블룸 기준 600라리
홈페이지 https://m.facebook.com/fifth.season.juta

시그나기
Signagi

시그나기는 해발 800m 절벽에 있는 작은 마을이다. 이 마을은 18세기에 지어진 요새와 타워, 조지아 정교 교회, 성녀 니노가 묻힌 보드베 수도원이 있어 1975년에 역사지구로 지정됐다. 특히, 시그나기는 24시간 문을 여는 결혼등록소가 있어 '사랑의 도시'로 불린다. 트빌리시에 가까워 당일 혹은 1박2일 여정으로 찾을 수 있다.

미리보기

사랑의 도시The City of Love라 불리는 시그나기는 조지아 국민화가 니코 피로스마니의 고향
이다. 자신이 가진 전부를 백만 송이 장미와 바꿔 사랑하는 여인에게 주려 했지만, 뜻을 이루
지 못하고 죽은 이 화가의 슬픈 사랑 이야기는 '백만 송이 장미'라는 노래로 만들어져 지금껏
사랑받고 있다. 시그나기는 작은 마을이다. 하지만 어느 한 구석 빼놓을 수 없는 사랑스러운
마을이다.

SEE

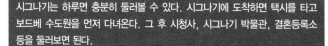

시그나기는 하루면 충분히 둘러볼 수 있다. 시그나기에 도착하면 택시를 타고
보드베 수도원을 먼저 다녀온다. 그 후 시청사, 시그나기 박물관, 결혼등록소
등을 둘러보면 된다.

EAT

시그나기는 와인과 므츠바디Mtsvadi가 유명한 마을이다. 므츠바디는 꼬치구이
요리로 러시아 샤슬릭, 터키 케밥과 같다. 어느 나라가 '꼬치구이'의 원조냐에
대한 의견은 분분하다. 그래도 조지아가 이 조리법의 원조라는 설이 유력하다
고 한다. 시그나기가 있는 카헤티주의 경제를 므츠바디가 책임지고 있다고 하
니 한 번쯤 먹어 보자.

BUY

시그나기는 와인과 전통 방식의 카펫이 유명하다. 한여름에도 카펫과 스카프를
펼쳐 놓고 파는 상점을 볼 수 있다. 카펫은 무거워 기념품으로 사기에 무리가
있다. 그래도 짐의 여유가 있다면 흥정해보는 것도 좋다. 또 테이스팅이 가능한
와인 상점이 많으니 기호에 맞는 와인이 있다면 구매하자.

SLEEP

시그나기는 많은 여행자들이 트빌리시에서 당일로 방문한다. 하지만 여유가 된
다면 1박을 하면서 멋진 저녁노을을 즐겨보자. 시그나기에는 5성급 호텔부터
친절한 조지아인과 함께 하루 밤을 보낼 수 있는 게스트하우스가 많다.

어떻게 갈까?

마르슈르트카

트빌리시 삼고리 버스터미널에서 4시간 간격
(첫차 07:00, 막차 18:00)으로 운행한다. 소
요시간은 2시간, 요금은 10라리다. 당일로 방
문했다면 시그나기 도착 후 트빌리시로 돌아
가는 마르슈르트카를 바로 예약하는 게 좋다.

당일 여행자가 많아 막차(18:00)는 항상 만석
이다. 큰 트렁크는 성인 1인의 가격을 요구 하
기도 하며, 승객이 많으면 타지 못하는 경우가
생길 수도 있다.

시그나기 마르슈르트카 운행 정보

출발지	도착지	출발시간	도착시간	소요시간	가격
트빌리시	시그나기	07:00~18:00 2시간 간격(비수기 4시간)	09:00~20:00	2시간	10라리
시그나기	트빌리시	07:00~18:00 2시간 간격(비수기 4시간)	09:00~20:00	2시간	10라리

어떻게 다닐까?

도보

시그나기는 조지아의 도시 중에서 가장 작다.
마을은 도보여행이 가능하다. 시그나기 버스
정류장에 내리면 당나귀 타고 진료 가는 의사
모습의 청동상이 맞아준다. 이 청동상을 보고

마을로 들어서면 관광안내소, 시청사, 시그나
기 박물관을 볼 수 있다. 보드베 수도원을 제외
하면 모두 도보로 둘러볼 수 있다.

택시

시그나기 마을에서 보드베 수도원까지는 약
2km 거리다. 도보로 가면 30~40분 걸린다.
걸어갈 수도 있지만 대부분 택시를 많이 이용
한다. 보드베 수도원까지 가는 길은 인도가 따
로 없어 차도로 걸어야 하는 불편함과 트빌리
시에서 당일로 여행하는 경우 시간절약을 위해
서다. 시그나기 마을에서 보드베 수도원까지
왕복 택시비는 20라리 정도 정도 한다. 택시비
에는 보드베 수도원을 둘러보는 시간도 포함됐
다. 단 시간과 가격은 흥정에 따라 달라질 수
있다.

시그나기
📍 1일 추천 코스 📍

트빌리시에서 서둘러 출발한다면 시그나기는 당일로 다녀올 수 있다. 시그나기에 도착하자마자 택시를 섭외해서 보드베 수도원을 다녀오자. 시그나기로 돌아와 마을을 둘러본 후 트빌리시로 돌아가면 된다. 1박을 할 것이라면 보드베 수도원 혹은 시그나기 성벽에서 지는 노을을 놓치지 말자.

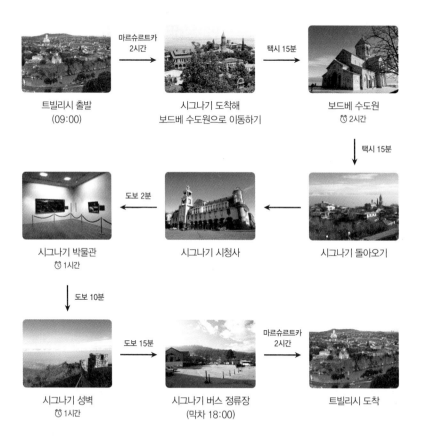

트빌리시 출발
(09:00)

마르슈르트카
2시간

시그나기 도착해
보드베 수도원으로 이동하기

택시 15분

보드베 수도원
🕐 2시간

택시 15분

시그나기 박물관
🕐 1시간

도보 2분

시그나기 시청사

시그나기 돌아오기

도보 10분

시그나기 성벽
🕐 1시간

도보 15분

시그나기 버스 정류장
(막차 18:00)

마르슈르트카
2시간

트빌리시 도착

시그나기 성벽
Sighnaghi Wall

호텔 벨뷰
Hotel BelleVue

비고르 호텔 Vigor Hotel

테무카 게스트 하우스
Temuka Guest House

판초 빌라 Pancho Villa

오크로스 내추럴 와인 레스토랑
OKRO'S Natural Wine Restaurant

카바도니 부티크 호텔
Kabadoni Boutique Hotel

엘레강스 게스트하우스
Elegance Guest House

시그나기 국립 박물관
Sighnagi National Museum

시그나기 버스터미널
Signagi Bus Station

시그나기 시청
Signagi Municipality Administration

크래들 와인농장
Cradle of Wine Marani

관광안내소
Sighnaghi Tourism Information Center

페즌츠 티얼스
Pheasant's Tears

시그나기 분수광장 Sighnaghi Fountain
시그나기 결혼등록소

트빌리시 방향
Tbilisi

당나귀 탄 의사 청동상
Sculpture "The Doctor on a Donkey"

N

0   200m

성녀 니노의 샘물
St.Nino's spring and St.Zavlon's and Susanna's church

시그나기
SIGNAGI

보드베 수도원
Bodbe Monastery

SEE

성녀 니노의 안식처
보드베 수도원 Bodbe Monastery

시그나기 마을에서 2km 떨어진 곳에 위치한 보드베 수도원은 조지아 정교의 주요 성지로 추앙받는 곳이다. 이 수도원은 특히 성녀 니노(296~338, 또는 340)의 안식처로 유명하다. 성녀 니노는 말년에 조지아에서 처음 머물렀던 보드베에서 생활하다 348년에 죽었다. 이에 미리안 3세는 니노의 유해를 므츠헤타로 옮기려 했다. 하지만 니노의 유해를 실은 수레는 남자 200명이 끌어도 움직이지 않았다고 한다. 결국 니노는 자신이 생활하던 천막 아래 묻혔다. 미리안 3세는 니노의 무덤 위에 작은 예배당을 지어주었고, 이 예배당이 보드베 수도원의 시초가 되었다.

보드베 수도원 성당은 9세기에 건축되었다. 17세기 수도원의 일부가 파괴되었지만 복구했다. 소비에트 연방 시절인 1924년부터 수도원을 폐쇄하고 병원으로 개조해 사용했다. 수도원 지위를 회복한 것은 1991년 소비에트 연방 붕괴 이후다. 그 후 니노 성당은 복원 공사를 진행했으며, 현재는 공사를 마쳤다. 보드베 수도원은 편백나무로 둘러싸였다. 수도원에 들어서면 들판처럼 넓은 정원이 있다. 이 정원에서 알라자니 평원과 여름에도 하얀 눈을 이고 있는 코카서스산맥을 볼 수 있다.

Data 지도 172p-B 가는 법 시그나기에서 택시로 10분, 도보 50분 주소 JW4M+GG9, Sighnaghi-St. Nino Monastery, Sighnaghi (구글 플러스 코드) 오픈 10:00~18:30 입장료 무료

TIP 보드베 수도원에서 빼놓을 수 없는 명소 가운데 니노의 샘St. Nino's spring이 있다. 이 샘은 수도원에서 744개의 돌계단을 따라 한참을 산 아래로 내려가야 만날 수 있다. 샘 주변은 성수에 몸을 씻거나 물을 마시려는 사람들로 항상 붐빈다. 조지아 사람들은 이 샘물이 치유 효과가 있는 성수라고 믿는다. 니노의 샘에서 수도원으로 돌아오려면 다시 744개의 계단을 올라오는 방법 밖에 없다. 따라서 컨디션과 상황 등을 고려해서 갈 것을 추천한다.

시그나기의 전망대
시그나기 성벽 Sighnaghi Wall

시그나기에 도착해 마을 안으로 길을 따라 가면 그 끝에 시그나기 성벽으로 올라가는 계단이 있다. 언덕에 우뚝 선 시그나기 마을을 감싼 성벽의 둘레는 약 4km. 성벽에는 23개의 타워가 있다. 이 타워는 페르시아가 침략했을 때 대피소로 사용하였다. 성벽은 폭이 좁다. 둘이서 걷기에도 조금 버겁다. 하지만 성벽 위를 걸으며 보는 알라자니 평야와 시그나기의 붉은 지붕들, 멀리 보이는 코카서스산맥은 쉽게 잊을 수 없는 풍경이 될 것이다.

Data 지도 172p-A
가는 법 시그나기 광장에서
도보 12분

24시간 동안 혼인신고를 할 수 있는
시그나기 결혼등록소

시그나기가 사랑의 도시로 불리는 이유는 한 여인에게 순정을 바쳤던 화가의 애절한 순애보가 깃든 도시라서 만은 아니다. 24시간 문을 여는 시그나기 결혼등록소도 한몫을 한다. 시그나기 결혼등록소는 24시간 내내 결혼 증명서를 발급해준다. 과정과 절차도 아주 간단하다. 결혼 증명서 발급 신청 후 1시간 뒤에 필요  서류(여권, 외국인인 경우 공증 받은 조지아어 번역본)와 두 명의 증인과 함께 방문하면 된다. 실제로 러시아 등 조지아와 이웃한 나라에서 특별한 결혼을 하기 위해 시그나기를 찾는다고 한다. 또 여행지에서 만난 연인들도 이곳에서 결혼식을 올리기도 한다.

Data 지도 172p-A 가는 법 시그나기 광장에서 도보 1분 주소 JW9C+3W Sighnaghi(구글 플러스 코드)
오픈 09:00~18:00 요금 결혼 등록비 평일 90라리, 휴일 150라리

 피로스마니의 작품이 있는
시그나기 국립 박물관 Sighnagi National Museum

시그나기 박물관은 '백만 송이의 장미'의 노랫말의 주인공 니코 피로스마니(1862~1918)의 작품을 볼 수 있는 곳이다. 조지아 국민화가로 불리는 니코 피로스마니는 조지아에서 가장 많이 알려진 예술가이자 가장 베일에 싸인 예술가이기도 하다. 니코 피로스마니 연구가들은 그가 최소 1,000점 이상의 그림을 그렸을 것이라고 추정한다. 하지만 남아있는 그림은 현재 300점이 채 되지 않는다. 이 가운데 조지아 국립 박물관에 160여점이 소장되어 있다. 나머지는 여러 곳의 미술관에 나뉘어져 있다. 시그나기 박물관에는 모두 14점이 전시되어 있다. 시그나기 박물관은 규모는 크지 않다. 그래도 조지아 5대 박물관 중 하나로 꼽힌다. 2009년에는 조지아 최초로 피카소 전이 열렸다. 박물관 1층에는 유물 전시관이 있고, 2층은 니코 피로스마니 상설전을 비롯한 특별전이 열린다.

Data 지도 172p-A 가는 법 시그나기 광장에서 도보 3분 주소 8 Rustaveli blind-Alley, Signaghi 전화 +995 32 223 24 48 오픈 10:00~18:00(월 휴무) 입장료 성인 20라리

조지아 국민화가 니코 피로스마니

니코 피로스마니는 1862년 시그나기 인근 미르자니 마을에서 태어났다. 그는 8살 때 부모와 형을 잃고 고아가 됐다가 10살 무렵 트빌리시에 사는 부자 부부의 양자로 들어갔다고 알려져 있다. 독학으로 그림을 배운 피로스마니는 원시주의 화풍을 추구했다고 한다. 그는 무명 화가로 젊은 시절을 보내다 가난과 질병으로 죽었다. 니코 피로스마니는 생전에 마르가리타라는 여배우를 흠모해 그녀에게 자신의 모든 것을 바쳤지만 거절당했다고 한다. 이 사연을 러시아 작가 파우스톱스키가 소설로 엮었고, 나중에 '백만 송이의 장미'라는 노래로 다시 태어났다.

시그나기에서 가장 유명한 와이너리
페즌츠 티얼스 Pheasant's Tears

시그나기에서 가장 유명한 와이너리이자 레스토랑이다. '꿩의 눈물'이란 뜻의 이 와이너리는 한국의 TV 예능 프로그램에 소개되어 유명해졌다. 페즌츠 티얼스는 1995년 조지아를 방문한 미국인 존 헨리John Henry가 조지아의 음식과 와인에 반해 이곳에서 눌러 살면서 만든 와이너리다. 자체적으로 와인을 생산하는 시설을 갖추고 있으며, 자체 생산한 와인만 판매한다. 와이너리 투어는 1시간(35라리), 2시간(60라리), 3시간(100라리) 코스가 있으며, 예약은 필수다. 레스토랑에서는 4잔의 시음 와인과 크래커가 포함된 세트를 30라리에 판매한다. 1인 1세트를 주문해야 하지만, 술을 잘 못 마시는 경우 일행과 나눠 먹을 수도 있게 배려해준다. 이밖에 하차푸리, 버섯이나 감자를 재료로 한 요리 메뉴도 있다. 와인을 좋아하는 사람에게 추천한다.

Data 지도 172p-A
가는 법 시그나기 광장에서 도보 3분 주소 JW8C+C4H, Sighnaghi (구글 플러스 코드) 전화 +995 598 72 28 48 오픈 12:00~23:00 가격 와인 4잔 시음과 크래커 40라리, 치킨 50라리, 버섯요리 20라리, 감자요리 15라리 홈페이지 www.pheasantstears.com

돼지고기 요리와 와인의 궁합이 좋은
오크로스 내추럴 와인 레스토랑 OKRO'S Natural Wine Restaurant

시그나기가 한눈에 보이는 테라스를 가진 레스토랑이다. 날씨가 좋다면 테라스에서 식사하는 것을
적극 추천한다. 이곳 역시 자체 와이너리가 있고, 이곳에서 만든 와인을 판매한다. 시음도 할 수
있다. 주 메뉴는 조지아 전통 음식이다. 특히, 돼지고기 요리가 맛있다. 로스트 포크와 야채 요리
는 이 레스토랑만의 스타일로 만드는데, 맛있다는 평이 많다. 와인과 곁들여 먹는 것을 추천한다.

Data 지도 172p-A 가는 법 시그나기 국립 박물관에서 도보 3분
주소 JWCC+9M Sighnaghi (구글 플러스 코드) 전화 +995 599 54 20 14 오픈 11:00~20:00
가격 와인 5잔 시음 40라리, 버섯과 치즈 요리 12라리, 포크 바비큐 15라리, 로스트 포크 20라리

조지아식 멕시코 요리를 맛볼 수 있는
판초 빌라 Pancho Villa

조지아 전통 음식이 대부분인 시그나기에서 색다른 음식을 맛보고 싶다면 추천한다. 이곳은 조지
아 주방장이 요리한 멕시코 음식을 맛볼 수 있다. 조지아식 부리타는 고수를 넣는다. 고수가 싫다
면 주문할 때 빼달라고 하자. 이 레스토랑은 주방장 혼자 운영한다. 테이블도 세 개 뿐이다. 식사
시간에는 대기시간이 길 수도 있다.

Data 지도 172p-A 가는 법 시그나기 국립 박물관에서 성벽 쪽으로 도보 3분
주소 Tamar Mepe 9, Sighnaghi 4200 전화 +995 599 19 23 56 오픈 12:00~22:00
가격 부리타 29라리, 파지타 31라리, 퀘사디아 15라리 홈페이지 www.facebook.com/mexfood

🔔 SLEEP

시그나기 유일의 5성급 호텔
카바도니 부티크 호텔 Kabadoni Boutique Hotel

시그나기 유일의 5성급 호텔이다. 시그나기 중심부에 있어 마을
내 관광지를 돌아보기 편리하다. 실내수영장, 피트니스센터, 사
우나, 스파 시설을 갖추고 있다. 조지아 전통 요리를 주 메뉴로
하는 카바도니 레스토랑과 다양한 칵테일과 야외전경을 즐길 수
있는 선셋 라운지 바가 있다. 알라자니 밸리에서 생산되는 와인
을 맛볼 수 있는 와인 바도 있다. 호텔 내 여행사에서는 알라자
니 밸리 와이너리 투어와 카헤티 지방 투어도 한다. 와이너리 투
어에 관심이 있다면 호텔을 통해 예약하고 다녀올 수 있다.

Data 지도 172p-A
주소 1 Tamar Mepe Str.,
Sighnaghi 4200
전화 +995 32 224 04 00
가격 더블룸, 트윈룸 기준
275라리~
홈페이지 www.kabadoni.ge

코카서스산맥 뷰가 좋은
호텔 벨뷰 Hotel BelleVue

시그나기 마을 내 성벽 근처에 있다. 발코니에서 코카서스산맥
도 보일 정도로 멋진 뷰를 자랑하는 호텔이다. 하지만 조식은 없
다. 룸은 침대와 샤워시설만 구비되어 있어 간소하다. 비싼 호텔
은 부담스럽고, 개인 룸에서 편안하게 쉬고 싶은 여행자에게 추
천하는 가성비 좋은 3성급 호텔이다.

Data 지도 172p-A
주소 23 Vakhtang Gorgasali St,
4200 Sighnaghi
전화 +995 591 22 25 85
가격 트윈룸, 디럭스 더블룸 기준
160라리~

카페에서 조식이 제공되는
비고르 호텔 Vigor Hotel

시그나기 성벽으로 가는 길에 있는 3성급 호텔이다. 매일 아침 호텔 내 솔로모니 카페에서 풍성한 조식 뷔페가 제공된다. 호텔 지하에 와인 저장고가 있다. 와인 시음을 신청해 테라스에서 즐길 수 있다. 룸은 저마다 특색 있게 꾸며졌다. 5성급 호텔은 부담스럽지만 호텔급 시설을 원하는 여행자에게 추천한다.

Data 지도 172p-A 주소 JWCF+WF6, Sighnaghi (구글 플러스 코드) 전화 +995 591 04 54 44 가격 더블룸 기준 120라리~

인심 좋은 주인 부부가 있는
엘레강스 게스트하우스
Elegance Guest House

시그나기 버스정류장 근처에 위치한 게스트하우스다. 주인 부부의 인심이 좋아 한국 여행자 사이에서 유명해진 곳이다. 조지아의 가정집에서 그들과 함께 생활하며 하루를 보내고 싶다면 추천한다. 특히, 이곳은 '조식 맛집'이라 불릴 만큼 맛있는 조식을 자랑한다. 또 틈날 때마다 주는 간식과 직접 담근 와인 차차를 맛볼 수도 있다. 객실은 더블룸, 트윈룸, 트리플룸으로 구성되어 있다. 모두 전용 욕실이 있다.

Data 지도 172p-A 주소 JW9C+4F, Sighnaghi (구글 플러스 코드) 전화 +995 355 23 10 93 가격 더블룸 기준 60라리~

조지아의 가정집
테무카 게스트하우스
Temuka Guest House

테무카는 게스트하우스를 운영하는 주인의 손자 이름이다. 친절하고 인심이 좋아 한국 여행자 사이에서 인기가 좋다. 외관은 조지아의 일반 가정집과 같아 조금 낯설 수 있다. 하지만 친절한 주인 할머니가 웰컴 드링크로 내주는 과일과 직접 담근 와인 한잔이면 금방 친숙해진다. 저녁을 따로 신청하면 10라리에 푸짐하게 먹을 수 있다. 저녁 상차림은 조지아의 넉넉한 인심이 느껴진다.

Data 지도 172p-A
주소 JWCC+PQW, Sighnaghi (구글 플러스 코드)
전화 +995 599 37 71 55 가격 더블룸 기준 30라리~

텔라비
Telavi

트빌리시 북동쪽 58km 지점에 있는 텔라비는 조지아 와인의 고향이다. 텔라비가 속한 카헤티주는 조지아 최대의 와인 생산지다. 세계 최초로 와인이 만들어진 조지아의 와인이 궁금하다면 반드시 텔라비로 가야 한다. 텔라비는 또 12세기 카헤티 왕국의 수도였다. 텔라비에는 11~12세기에 세워진 옛 성벽과 당시 세워진 성이 있어 산책 삼아 거닐기 좋다. 또한, 깊은 영감을 주는 수도원들도 곳곳에 있다. 와인과 수도원 기행을 원한다면 텔라비로 가보자.

텔라비

미리보기

조지아 와인의 주 생산지인 텔라비는 와이너리 투어를 하기 위해 많은 여행객이 방문한다. 현재는 투어 프로그램이 없어 여러 와이너리를 방문하려면 차량을 섭외해서 다녀야 하는 수고가 필요하다. 하지만 와인에 관심이 많다면 충분히 그럴 가치가 있다.

SEE

텔라비를 방문하는 여행객의 관심사는 와이너리와 수도원으로 나뉜다. 하지만 둘은 밀접한 관련이 있어 함께 돌아보길 추천한다. 당일 투어는 차량을 대절해 주요 여행지와 와이너리를 돌아보자.

EAT

텔라비가 속해 있는 카헤티주는 조지아 와인의 주생산지이다. 와이너리를 찾아가지 않더라도 텔라비 마을 내 레스토랑에서 직접 만든 와인을 마실 수 있다. 와인의 고향에 왔으니 당연히 와인을 마셔보자.

BUY

와이너리와 마을 곳곳에 와인 판매점이 있다. 시음 후 와인을 구입할 수 있으니 입맛에 맞는 와인을 찾았다면 구입해보자. 다른 도시에서 구매하는 것보다 저렴하다. 또 다른 도시에서는 구할 수 없는 와인도 있다.

SLEEP

텔라비는 트빌리시에서 당일로 많이 방문해 숙소 선택의 폭이 좁다. 하지만 여행자가 늘면서 4성급 체인 호텔을 비롯해 새로운 숙소도 속속 생기고 있다. 숙소는 가급적 텔라비에 잡자. 텔라비가 아닌 와이너리나 근교의 숙소에 머물면 오고갈 때 2일치 택시비를 지불하게 된다.

TIP 텔라비는 주변에 많은 와이너리가 있다. 하지만 관광 안내소나 텔라비의 여행사에서 투어 프로그램이 있지는 않다. 대부분 숙소에 물어보거나 직접 택시 기사를 선택해 투어에 나서야 한다. 택시 대절료는 하루 기준 120라리다. 보통 4명까지 이용할 수 있다. 시간과 요금은 협상할 수 있다. 하루 종일 와이너리와 수도원 투어를 한다면 점심에 대해 미리 계획을 세워야 한다. 점심을 간단하게 준비해 가거나 계획한 코스에 맞춰 갈 수 있는 식당을 알아둔다. 바쁘게 움직이다보면 점심은 건너 뛴 채 와인만 시음하는 일이 생길 수 있다.

텔라비
찾아가기

어떻게 갈까?

마르슈르트카

트빌리시 오르타찰라 버스터미널에서 텔라비로 가는 마르슈르트카를 탈 수 있다. 오르타찰라 버스터미널은 국제 버스가 출발하는 곳이다. 터미널 1층은 국제 버스, 2층은 텔라비로 가는 버스를 찾을 수 있다. 트빌리시와 텔라비를 오가는 마르슈르트카는 08:15부터 17:00까지 45분 간격으로 있다. 2시간이 걸리며, 요금은 10라리다. 하지만 마르슈르트카의 특성상 매 시각 정시 출발이 지켜지지 않으니 항상 여유를 갖고 출발하자. 텔라비에 도착하자마자 돌아오는 버스를 미리 예약하자. 텔라비까지는 시그나기에서도 마르슈르트카가 운행한다.

텔라비 마르슈르트카 운행 정보

출발지	도착지	출발시간	소요시간	가격
트빌리시	텔라비	08:15~17:00(45분 간격)	2시간	10라리
텔라비	트빌리시	08:15~17:00(45분 간격)	2시간	10라리

어떻게 다닐까?

도보

마르슈르트카 하차 장소는 텔라비 올드 버스 스테이션Old Bus Station이다. 이곳에서 텔라비 마을 중심까지는 도보로 이동 가능하다. 마을 안에 있는 에레클 2세 궁전 및 박물관, 텔라비 요새 모두 걸어서 갈 수 있다. 하지만 근처 와이너리와 수도원을 보려면 택시를 이용해야 한다.

택시 투어

텔라비 근교 수도원과 와이너리 투어를 하고 싶다면 택시를 이용하자. 버스터미널 주변에 대기하는 택시나 머무는 숙소 주인에게 부탁해 구할 수 있다. 텔라비를 찾는 여행자는 대부분이 택시로 와이너리 및 수도원 투어를 하려고 한다. 따라서 택시 운전사에게 가고 싶은 곳의 지명만 이야기하면 바로 흥정이 시작된다. 텔라비에서 숙박한다면 숙소 주인에게 부탁하는 게 흥정하기 가장 쉽다. 택시 투어는 보통 10:00~18:00까지 원하는 곳을 돌아본다. 가격은 1대당 120라리 정도다. 보통 4명까지 탑승할 수 있어 동행이 있다면 비용을 아낄 수 있다. 인원이 모자라면 택시기사가 승객을 구해오기도 한다. 이때는 함께 탑승하는 여행자들과 상의해 코스와 일정을 정한 후 택시기사에게 얘기한다.

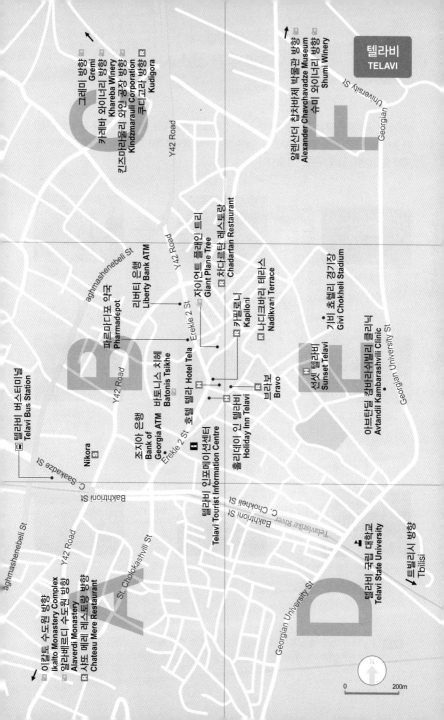

텔라비
TELAVI

그레미 방향
Gremi
카레바 와이너리 방향
Khareba Winery
킨즈마라울리 와인 공장 방향
Kindzmarauli Corporation
쿠드고라 방향
Kudigora

알렉산더 찹차바제 박물관 방향
Alexander Chavchavadze Museum
슈미 와이너리 방향
Shumi Winery

University St

Georgian St

Y42 Road

Y42 Road

아그마셰네벨리 St
aghmashenebeli St

파르마드포 약국
Pharmadepot

리버티 은행 ATM
Liberty Bank ATM

자이언트 플레인 트리
Giant Plane Tree

차다르탄 레스토랑
Chadartan Restaurant

카필로니
Kapiloni

나디크바리 테라스
Nadikvari Terrace

기비 초헬리 경기장
Givi Chokheli Stadium

조지아 은행
Bank of
Georgia ATM

바토니스 치헤
Batonis Tsikhe

호텔 텔라 Hotel Tela

선셋 텔라비
Sunset Telavi

텔라비 버스터미널
Telavi Bus Station

Erekle 2 St

Erekle 2 St

브라보
Bravo

아브탄딜 캄바라쉬빌리 클리닉
Avtandil Kambarashvili Clinic

Georgian University St

Nikora

홀리데이 인 텔라비
Holiday Inn Telavi

텔라비 인포메이션센터
Telavi Tourist Information Centre

C. Saakadze St

Bakhtroni St

Bakhtroni St
C. Chokheli St

Telavtiskhe River / C. Chokheli St

aghmashenebeli St

이칼토 수도원 방향
Ikalto Monastery Complex
알라베르디 수도원 방향
Alaverdi Monastery
샤토 메레 레스토랑 방향
Chateau Mere Restaurant

Y42 Road

St. Ctiolokashvili St

Georgian University St

텔라비 국립 대학교
Telavi State University

트빌리시 방향
Tbilisi

N

0   200m

텔라비
📍 1일 추천 코스 📍

텔라비는 서두르면 당일로도 다녀올 수 있다. 당일로 여행할 때는 방문할 곳들을 정해 소요시간과 돌아보는 시간을 잘 안배해야 한다. 너무 많은 곳을 돌아보려고 하기보다 꼭 가보고 싶은 곳에서 좀 더 여유 있게 머무는 게 좋다.

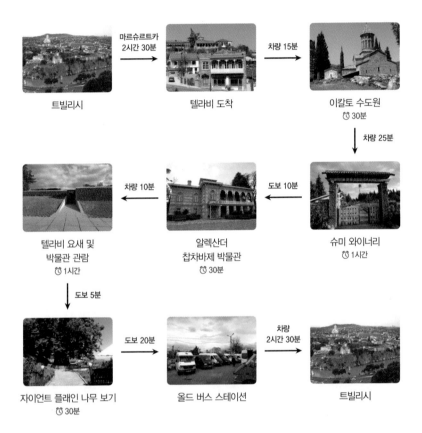

트빌리시 → 마르슈르트카 2시간 30분 → 텔라비 도착 → 차량 15분 → 이칼토 수도원 ⏱ 30분

↓ 차량 25분

텔라비 요새 및 박물관 관람 ⏱ 1시간 ← 차량 10분 ← 알렉산더 찹차바제 박물관 ⏱ 30분 ← 도보 10분 ← 슈미 와이너리 ⏱ 1시간

↓ 도보 5분

자이언트 플래인 나무 보기 ⏱ 30분 → 도보 20분 → 올드 버스 스테이션 → 차량 2시간 30분 → 트빌리시

TIP 1일 택시 대여료는 보통 120라리다. 택시를 대절할 때는 돌아가는 시간을 계산해 시간 대비 적절한 가격으로 흥정하자. 혼자라면 동행을 구해 함께 가야 비용을 줄일 수 있다.

1박2일 투어

당일로 텔라비 여행을 마치는 게 너무 빡빡하다면 1박을 하며 여유롭게 돌아보자. 보통 하루 면 텔라비 북동쪽에 있는 수도원과 와이너리를 돌아볼 수 있다. 텔라비에서 숙박한 후 다음날 은 여유 있게 마을의 유적지를 돌아본 뒤 트빌리시로 돌아간다. 추천 일정은 아래와 같다.

1일차 ▶

텔라비 마을	**차량 20분** ▶▶▶ → 그레미 교회 ⏱ 30분	**차량 20분** ▶▶▶ → 네크레시 수도원 ⏱ 30분

▼ **차량 20분**

이칼토 수도원 ⏱ 30분	◀◀◀ **차량 1시간** ← 카레바 와이너리 ⏱ 1시간	◀◀◀ **차량 10분** ← 킨즈마라울리 와이너리 ⏱ 1시간

▼ **차량 30분**

알렉산더 찹차바제 박물관 ⏱ 30분	**도보 10분** ▶▶▶ → 슈미 와이너리 ⏱ 1시간	**차량 10분** ▶▶▶ → 텔라비 마을

2일차 ▶

텔라비 마을 도보 여행 (텔라비 요새−에레클 2세의 성−자이언트 플래인 나무) ⏱ 1시간 30분	▶▶▶ 트빌리시 귀환

만약 1일차 텔라비 마을로 돌아오는 길에 시간 여유가 없어 슈미 와이너리와 알렉산더 찹차바제 박물관을 다녀오지 못 했다면 2일차에 택시 가격 흥정을 잘해서 돌아보자. 슈미 와이너리는 텔라비에서 차량으로 10분 거리다.

SEE

조지아 와인의 고향
텔라비 Telavi

조지아 동부에 위치한 텔라비는 카헤티주의 중심 도시다. 12세기 카헤티 왕국의 수도였고, 15세기까지 경제활동의 중심지였다. 13세기 외세의 침략으로 도시가 무너졌지만, 17세기에 다시 카헤티 왕국의 수도가 되었다. 당시 텔라비는 조지아에서 트빌리시 다음으로 큰 도시였다. 그러나 1801년 러시아 제국 통치 이후 주요 도시에서 제외되면서 지방의 도시 가운데 하나로 남게 되었다. 지금의 텔라비는 작은 도시다. 하지만 여전히 조지아 와인의 주 생산지로 조지아 와인의 역사의 자부심이 남아 있다.

텔라비 마을은 작다. 2시간이면 주요 여행지를 돌아볼 수 있다. 텔라비 요새와 에레클 2세의 성, 900년 된 신풍나무가 주요 볼거리다. 텔라비 요새 안에 있는 에레클 2세의 성은 지금 박물관으로 사용하고 있다. 텔라비를 찾는 대부분의 여행자는 와이너리와 수도원 방문이 목적이라 텔라비 마을은 가볍게 쉬어가는 정도다. 여유가 된다면 하룻밤 머물면서 조지아 와인에 심취해 보는 것도 좋다. 숙소의 호스트나 레스토랑의 주인장은 하나 같이 친절하게 도와줄 것이다.

카헤티 왕국의 왕들의 거처

바토니스 치헤 Batonis Tsikhe

텔라비 마을의 중심 텔라비 요새Telavi Fortress 안에 있다. 치헤Tsikhe는 조지아어로 성을 뜻한다. 즉 바토니 성이란 뜻이다. 바토니스 치헤는 17~18세기에 만들어져 카헤티 왕국의 왕들의 거처였다. 카헤티 왕국은 본래 그레미 마을에 있었지만, 17세기 페르시아의 침략으로 폐허가 된 후 수도를 이곳 텔라비로 옮겼다. 바토니스 치헤는 페르시아 건축 양식으로 만들어졌다. 성 안에는 두 개의 성당, 왕실 목욕탕 유적지, 에레클 2세의 성이 있다. 바토니스 치헤는 1800년 초반부터 제정 러시아 군대의 막사로 사용되면서 대부분 폐허가 되었다. 하지만 현재는 복원 작업을 마치고 요새를 포함해 성 전체를 박물관으로 사용하고 있다. 박물관에는 약 6만5,000 여점의 전시물이 있다. 전시물 가운데는 17~19세기 유럽 예술가들의 작품도 있다.

Data 지도 183p-B 가는 법 텔라비 올드 버스터미널에서 도보 20분
주소 WF8G+WC Telavi (구글 플러스 코드) 오픈 10:00~18:00 입장료 요새는 무료,
박물관과 궁전은 성인 7라리, 학생 2라리, 가이드 서비스 20라리

900년 동안 마을을 지키고 있는

자이언트 플래인 트리 Giant Plane Tree

텔라비 마을을 걷다 보면 엄청 큰 나무를 만날 수 있다. 자이언트 플래인 트리라 부르는 이 나무의 나이는 900년이나 된다. 이 나무는 열 사람이 안고도 남을 만큼 둘레가 굵다. 또 사람 몇이 들어갈 수 있는 큰 구멍이 있어 이 나무의 오랜 역사를 말해 준다. 이 나무와 사진을 찍기 위해 나무 주변에는 늘 여행객이 붐빈다.

 당대 유명했던 아카데미를 가진
이칼토 수도원 Ikalto Monastery Complex

텔라비에서 북쪽으로 8km 떨어진 곳에 있는 수도원이다. 이 수도원은 6세기 말 시리아에서 온 사도 제논Saint Zenondl이 설립했다. 수도원에는 3개의 교회가 있다. 이 가운데 십자가 모양이 있는 크브태바Kvtaeba 교회가 가장 오래됐다. 이 교회는 8~9세기경 제논이 묻힌 자리에 지었다. 교회 내부는 소박하다. 예수님과 성인이 그려진 액자들과 초를 밝혀 기도하는 곳이 전부다.

이칼토 수도원은 수도원과 아카데미 구역으로 나눠져 있다. 12세기 초 다비드 왕이 설립한 아카데미는 당시 조지아 학문의 중심지 중 하나였다고 한다. 신학, 수사학, 도자기 제작, 포도 재배, 와인 제조 등 실용적인 기술을 가르쳤다. 12세기 조지 왕조 시절의 시인 쇼타 루스타벨리도 이곳에서 공부했다고 한다. 쇼타 루스타벨리는 조지아 화폐 100라리에 그려져 있는 인물이다.

그러나 당대 가장 유명한 수도원이자 아카데미였던 이곳은 1616년 페르시아의 침략을 받아 모두 불탔다. 현재 수도원의 일부는 복원했지만 아카데미는 유적지로 남아 있다. 수도원 곳곳에 있는 깨지고 낡은 크베브리에서 이칼토 수도원의 오랜 역사가 느껴진다.

Data 지도 183p-A 가는 법 텔라비 마을에서 차량으로 15분
주소 Ikalto Academy Road 오픈 09:00~18:00

 코카서스산맥을 병풍처럼 두른
알라베르디 수도원 Alaverdi Monastery

텔라비 마을에서 18km 떨어져 있다. 자동차로 30분 정도 달리면 넓은 평지에 코카서스산맥을 배경으로 우뚝한 알라베르디 수도원이 보인다. 이 수도원은 수도사 조셉 알라베르델리Joseph Alaverdeli에 의해 6세기에 세워졌다. 수도원 내 하늘을 찌를 듯이 솟아 있는 성당은 11세기 카헤티의 왕 크비리케Kvirike가 세웠다. 성당의 높이는 약 55m. 트빌리시 성삼위일체 대성당이 세워지기 전까지 조지아에서 가장 높았다. 이 성당은 지진과 외세의 침략으로 여러 번 파괴 되었는데, 그때마다 복원되어 지금에 이른다.

알라베르디 수도원에는 와인을 만들고 보관하는 곳이 있다. 이곳은 과거 알라베르디라는 와인 브랜드가 있을 정도로 많은 양의 와인을 생산했다. 구소련 시절 와인 생산을 멈추기도 했지만 조지아 독립 후 다시 만들고 있다. 이곳의 와인은 크베브리 항아리에 빚는 전통적인 방식과 현대적인 방식을 함께 이용한다. 와인은 11세기 만들어진 와인 저장고에서 숙성된다. 아쉽게도 와이너리는 평상시에는 개방하지 않는다. 매년 9월 셋째 주 알라베르도바라는 종교 축제가 열릴 때만 개방한다.

Data 지도 183p-A 가는 법 텔라비 마을에서 차량으로 25분
주소 29JG+XV,telavi Telavi (구글 플러스 코드) 오픈 08:00~18:00(동절기 오픈시간이 달라짐)

조지아의 유럽화를 꿈꾼
알렉산더 찹차바제 박물관 Alexander Chavchavadze Museum

조지아가 유럽의 일원이 되기를 꿈꿨던 알렉산더 찹차바제가 살던 저택이다. 러시아 장군이었던 찹차바제는 다양한 예술적 재능을 가진 인물이다. 그는 시인이면서 9개 언어를 구사하는 번역가였고, 음악가이자 와인 애호가였다. 그의 이런 재능이 고스란히 녹아 있는 곳이 바로 이 저택이다. 나폴레옹 전쟁에 참전하면서 유럽의 문물을 접한 찹차바제는 자신의 살 집을 지으면서 유럽화 프로젝트를 진행했다. 그는 저택에 유럽의 건축술과 인테리어를 적용했다. 정원도 유럽식으로 가꾸었다.

1835년 완공된 이 저택은 19세기 조지아의 문화적, 사회적 인물이 모이는 중심지였다고 한다. 러시아의 대문호 알렉산더 푸시킨, 미하일 레르몬토프, 알렉산더 오도에브스키를 비롯해 프랑스 작가 알렉산드르 뒤마 같은 위대한 문인들이 이곳에 머물렀다. 또 이곳에서 처음으로 유럽 방식으로 와인을 만들었다고 한다. 최초의 와인은 1841년 생산되었으며 이것이 후에 치난달리 와인이 되었다. 현재 이곳은 기념관과 와이너리, 호텔로 이용되고 있다. 정기적으로 미술 전시회가 열리고, 카헤티주 와인 시음 행사도 열린다. 정원이 예뻐 웨딩 촬영지로도 인기다.

Data 지도 183p-F 가는 법 텔라비 남동쪽 7km 치난달리 마을 주소 VHW8+HR Tsinandali (구글 플러스 코드) 전화 +995 570 70 43 89 오픈 10:00~19:00(동절기 ~18:00) 입장료 성인 10라리, 학생 5라리, 와인 시음투어 35라리, 1잔 시음 12라리, 5잔 시음 75라리 홈페이지 http://tsinandali.ge/en/museum

TIP 알렉산더 찹차바제 박물관은 슈미 와이너리에서 아주 가깝다. 도보로 8분 거리다. 슈미 와이너리를 들렸다면 이곳도 함께 들러보자. 유럽식 저택과 정원의 우아한 분위기를 즐기며 산책할 수 있다. 또 조지아 전통 방식으로 만든 와인과 유럽식으로 제조한 와인을 비교 테이스팅 할 수 있다.

조지아 낭만주의의 아버지

알렉산더 찹차바제 Alexander Chavchavadze

알렉산더 찹차바제(1786~1846)는 1786년 러시아 상트페테르부르크에서 태어났다. 조지아 혈통인 찹차바제는 1801년 조지아가 러시아 제국과 합병되자 가족들과 트빌리시로 이사했다. 그는 트빌리시에 머물던 18세 때 러시아 제국의 지배에 반대하는 조지아인 모임에 참석했다가 경찰에 잡혀 1년 동안 감옥살이를 했다. 그러나 그는 러시아 황실의 배려로 러시아 군인이 된다. 1812년 카헤티 지역에서 반러시아 반란이 일어났는데, 이때 찹차바제는 아이러니하게도 러시아편에 서서 조지아인을 제압했다.

찹차바제는 1813년 나폴레옹 전쟁에서 연합군이 승리하자 러시아 원정군 장교로 파견되어 2년간 파리에 머물렀다. 그는 이때 유럽의 문물을 접하며 유럽을 동경하기 시작했다. 초기 프랑스 낭만주의에 빠져 프랑스 문학작품을 조지아어로 번역해서 옮기는 작업도 했다. 1818년 찹차바제는 가족과 함께 카헤티 지방 치난달리로 거처를 옮긴다. 이때부터 다양한 작품 활동을 시작했다. 또한, 작품을 통해 조지아인임에도 제정 러시아 장교로 살며 조지아인을 진압했던 자신의 삶을 반성한다. 그리고 1832년 반러시아 쿠데타를 시도하다 실패한다. 이때 그의 작품과 시집은 러시아 군인들에 의해 거의 다 불타버렸다.

찹차바제는 군인 신분이었지만 조지아 문학에 많은 영향을 주었다. 그는 18세기 조지아 르네상스 문학에 페르시아 서정시 멜로디, 트빌리시 부랑자들의 언어, 유럽 낭만주의 등을 접목했다. 그의 작품은 순수 서정시부터 철학 분야까지 다양했다. 이런 이유로 그는 조지아 낭만주의의 아버지라고도 불린다.

카헤티 왕국의 옛 고도였던
그레미 Gremi

텔라비에서 그레미 마을로 가다 보면 야트막한 언덕 위에 우뚝 선 성채가 보인다. 이 성채는 1565년 카헤티 왕국의 레반 왕이 세웠다. 그레미의 번영을 이끌었던 레반 왕은 이곳에 성을 짓고 대천사 마이클과 가브리엘의 교회도 지었다. 실크로드 무역의 거점으로 인구가 10만 명이 넘을 정도로 번성했던 그레미는 1615년 페르시아의 침략을 받아 폐허가 되었다. 그 후 카헤티 왕국은 텔라비로 옮겨 갔다.

그레미에는 요새 성벽, 대천사 마이클과 가브리엘 교회, 종탑, 3층으로 구성된 궁전과 와인 저장고가 남아 있다. 성 안에는 레반 왕의 무덤이 있다. 또 보리아강으로 이어지는 지하통로가 있다. 교회 내부는 색이 많이 바랜 프레스코화가 남아있다. 프레스코화를 보고 있으면 한 때 영화로운 시절을 보낸 그레미가 떠오른다. 박물관으로 개조한 궁전 1층에는 왕의 화장실 같은 흥미로운 것을 비롯해 당시 생활상을 알 수 있는 전시물이 있다. 좁은 계단을 따라 성채 지붕으로 올라가면 알라자니 계곡의 아름다운 풍경을 볼 수 있다.

Data 지도 183p-C 가는 법 텔라비 올드 버스터미널에서 차량으로 20분
주소 2M26+V2 Eniseli(구글플러스코드)
전화 +995 599 13 25 32

텔라비 와이너리 투어

텔라비 여행의 꽃은 와이너리와 수도원 투어다. 이 가운데 여행자들이 가장 많이 하는 것은 와이너리 투어다. 조지아 와인의 80%를 생산하는 이 지역에는 수많은 와이너리가 있다. 투어 프로그램을 운영하는 곳도 있어 조지아 와인을 제대로 느껴볼 수 있다. 수도원과 함께 한 두 곳의 와이너리를 돌아보자.

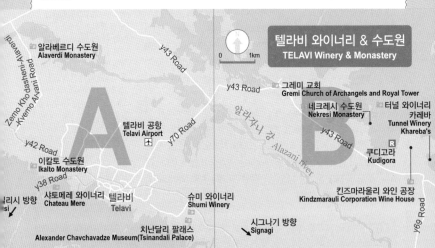

텔라비 와이너리 & 수도원
TELAVI Winery & Monastery

0   1km

알라베르디 수도원
Alaverdi Monastery

Zemo Khodasheni-Alaverdi
Kvemo Alvani Road

y43 Road

y43 Road

그레미 교회
Gremi Church of Archangels and Royal Tower

네크레시 수도원
Nekresi Monastery

터널 와이너리
카레바
Tunnel Winery
Khareba's

텔라비 공항
Telavi Airport

y70 Road

알라자니 강 Alazani river

y43 Road

y42 Road

이칼토 수도원
Ikalto Monastery

쿠디고라
Kudigora

y38 Road

리시 방향
si

샤토메레 와이너리
Chateau Mere

텔라비
Telavi

슈미 와이너리
Shumi Winery

킨즈마라울리 와인 공장
Kindzmarauli Corporation Wine House

y69 Road

치난달리 팔래스
Alexander Chavchavadze Museum(Tsinandali Palace)

시그나기 방향
Signagi

와인 박물관도 함께 있는
슈미 와이너리 Shumi Winery

슈미 와이너리는 텔라비 마을에서 가장 가까운 와이너리다. 조지아 와인의 역사와 제조법 등을 알 수 있는 박물관도 있어 당일로 텔라비 와이너리 투어를 오는 여행자들이 찾기 좋다. 슈미 와이너리에는 400여 종의 포도가 심어져 있다. 이중 300여 종은 조지아, 100여 종은 유럽이나 다른 나라에서 들어온 것이다. 이렇게 많은 종의 포도는 와이너리가 새로운 와인을 만들기 위해 지속적인 노력을 하고 있는 증거다. 포도밭에는 줄 마다 장미가 심어져 있다. 이는 토양, 온도 등에 예민한 장미의 상태를 보고 포도나무에 적당한 조치를 취하기 위해서다.

박물관에는 카헤티 지역에서 발견된 3,300년 된 크베브리가 전시되어 있다. 또 포도 재배 및 와인 제조, 와인 전파 과정도 알 수 있도록 전시했다. 박물관 지하에는 조지아 기법으로 와인을 담그는 크베브리 항아리와 함께 데비Devi라는 조각상이 눈에 띈다. 데비는 조지아 전래 동화에 나오는 인물로 카헤티 지역 와이너리와 와인을 지키는 수호신이다.

Data 지도 193p-A
가는 법 텔라비 올드 버스터미널에서 차량으로 15분
주소 VHX9+VJ Telavi (구글 플러스 코드)
전화 +995 551 08 04 01
오픈 10:00~20:00(하절기)
가격 박물관 투어 10라리, 프리미엄 와인 시음 2종 20라리, 프리미엄 와인 시음 3종 15라리, 4종 20라리
홈페이지 www.shumi.ge

TIP 슈미 와이너리는 영어 가이드와 함께 와인을 시음할 수 있는 투어도 있다. 투어에 참가하지 않고 와인 시음만 하는 것도 가능하다. 마음에 드는 와인을 찾았다면 숍에서 구매할 수 있다.

터널 와이너리 카레바 Tunnel Winery Khareba's

구소련 시절 군사목적으로 판 동굴을 개조해 만든 와이너리다. 동굴은 15개가 있으며 길이는 총 7.5Km나 된다. 이곳은 와인이 숙성되기에 최적의 환경을 가지고 있다는 평을 듣는다. 동굴 내부는 항상 온도 12~14도, 습도 67%를 유지한다. 동굴에 있는 저장고에서 항아리 와인의 기원과 조지아 와인에 대한 설명을 들을 수 있다. 동굴 견학을 마친 후에는 차차 시음을 비롯해 조지아 화덕 빵 쇼티, 견과류와 포도액을 사용해 만든 조지아의 전통 간식 추르츠헬라를 직접 만들어보는 체험을 할 수 있다. 현재 카레바 와이너리는 텔라비의 관광명소가 됐다.

Data 지도 193p-B 가는 법 네크레시 수도원 입구에서 차량으로 20분
주소 WRPM+F9 Kvareli (구글 플러스 코드) 전화 +995 322 49 77 70
오픈 10:00~18:00 입장료 7라리, 와인 시음 2종 17라리 홈페이지 www.winery-khareba.com

킨즈마라울리 와인 공장 Kindzmarauli Corporation

크바렐리에 있는 와인 제조 공장이다. 이 공장에서는 와인 제조 과정을 직접 볼 수 있다. 이곳은 조지아의 전통적인 와인 제조법이나 와인의 역사 보다 같은 품종의 포도를 사용해 향이 각기 다른 와인을 만드는 방법에 대해 알려준다. 공장 견학 후 투어 참가자들과 함께 와인 시음하는 시간을 갖는다. 세계 각국에서 온 여행자들과 와인을 함께 마시는 경험을 할 수 있다.

Data 지도 193p-B
가는 법 카레바 와이너리에서
차량으로 7분
주소 C9PH+HV Etelta
(구글 플러스 코드)
전화 +995 511 14 44 00
오픈 09:00-19:00
가격 와인 시음 4종 8라리
홈페이지 http://kindzmarauli
corporation.ge/EN

텔라비 요새 감상하며 식사하는
카필로니 Kapiloni

텔라비 요새와 마주보고 있는 레스토랑이다. 1층에 야외 테이블, 2층에 실내 식당이 있다. 날씨가 좋다면 1층 야외 테이블을 이용하자. 멋진 텔라비 요새와 말을 탄 에레클 2세의 동상을 보며 식사를 할 수 있다. 메뉴는 조지아 전통 음식과 약간의 이탈리아 음식이 있다. 힌칼리가 맛있기로 유명하다.

Data 지도 183p-B
가는 법 텔라비 요새에서 도보 1분
주소 Barnovi 10, Telavi
전화 +995 596 27 87 87
오픈 09:00~00:00
가격 하차푸리12~20라리, 바비큐 55라리(봉사료 10% 별도)

사진 보며 메뉴 선택할 수 있는
브라보 Bravo

텔라비 요새 근처에 있는 레스토랑이다. 무엇을 골라야할지 망설여질 정도로 메뉴가 다양하다. 그래도 메뉴판에 음식 사진이 있어 메뉴를 고르는데 어려움이 없다. 메뉴가 다양하다보니 식사는 물론 가볍게 술을 마시거나 커피와 디저트를 즐기기도 한다. 시간대에 상관없이 편하게 방문하기 좋다. 다만, 다음 스케줄이 촉박하거나 므츠바디를 시킬 때는 시간을 체크하자. 대부분의 조지아 식당은 서비스가 느린 편이다. 브라보도 예외는 아니다. 고기를 구워야 하는 므츠바디는 더 오래 걸릴 수 있다.

Data 지도 183p-E
가는 법 텔라비 요새에서 도보 1분
주소 WF8G+FF Telavi
(구글 플러스 코드)
전화 +995 593 15 27 13
오픈 09:30~23:00
가격 토끼 고기 60라리, 모듬 므츠바디 35~50라리, 스테이크 14~20라리

900년 된 거목과 함께 있는
차다르탄 Chadartan

텔라비 마을이 한눈에 보이는 언덕에 있다. 레스토랑 곁에 900년 된 신풍나무가 있다. 야외 테이블에서는 코카서스산맥이 감싼 텔라비 마을 전경이 한눈에 든다. 이런 전망에 반해 한 번쯤 들어가보고 싶은 레스토랑이다. 대부분의 손님은 야외 테이블에 앉기를 원한다. 이 때문에 야외 테이블은 늘 북적거린다. 식사 외에 맥주나 와인, 혹은 커피를 마시는 손님도 많다. 아침부터 하루 종일 식사 메뉴가 가능하다. 주 메뉴는 조지아 전통 음식과 피자다. 특히 생맥주가 맛있기로 유명하다.

Data 지도 183p-B 가는 법 텔라비 요새에서 도보 4분
주소 WF8H+J9C, Chadari (구글 플러스 코드) 전화 +995 599 51 19 11 오픈 10:00~00:00
가격 맥주 300ml 2라리, 500ml 3라리 홈페이지 www.facebook.com/byplanetree

텔라비를 한눈에 조망하는
나디크바리 테라스 Nadikvari Terrace

나디크바리 공원에 있는 레스토랑이다. 이곳은 텔라비 마을의 전경이 한눈에 보인다. 멀리 알라자니 계곡과 하얀 눈을 이고 있는 코카서스산맥도 보인다. 특별한 전망대가 없는 텔라비에서 이 레스토랑이 전망대 역할을 톡톡히 한다. 하지만 뛰어난 전망만큼 음식이 맛있지는 않다는 평이 많다. 커피나 맥주 같은 간단한 메뉴와 함께 전망을 보며 휴식하는 정도로 찾는 게 좋다.

Data 지도 183p-E 가는 법 텔라비 요새에서 도보 10분 주소 Nadikvari st, Telavi 2200
전화 +995 555 19 55 77 오픈 10:00~23:00 가격 힌칼리 0.70~1라리, 하차푸리 7~12라리, 피자 16~20라리

일리아 호수 옆에 있는
쿠디고라 Kudigora

킨즈마라울리 와이너리 근처 일리아 호수 옆에 있는 레스토랑이
다. 텔라비 당일여행이라면 일부러 찾아가기에는 거리가 있다.
하지만 텔라비 마을 북동쪽에 있는 와이너리나 수도원 투어 중
이라면 식사시간에 맞춰 찾아가보자. 호수 전망과 함께 알라자
니 계곡의 아름다운 조망을 즐기며 식사를 할 수 있다. 여행자
사이에 깔끔한 식당과 맛있는 음식으로 유명하다. 조지아 전통
음식을 비싸지 않은 가격에 맛볼 수 있다.

Data 지도 183p-C
가는 법 킨즈마라울리
와이너리에서 차량으로 7분
주소 XQ2R+Q4 Kvareli (구글
플러스 코드)
전화 +995 514 02 05 05
오픈 10:00~22:00
가격 바비큐 10~15라리,
오자후리 15라리, 시크메룰리
25라리, 힌칼리 0.50~0.70,
항아리 속 버섯요리 6라리

샤또 메레 와인을 맛볼 수 있는
샤또 메레 레스토랑 Chateau Mere Restaurant

이칼토 수도원 부근에 있는 호텔 내 레스토랑이다. 샤또 메레는 2005년 조지아의 전통적인 크베브
리 와인 양조를 계승하기 위해 설립했다. 2011년에는 위니베리아 와이너리를 중심으로 호텔, 레스
토랑, 수영장 등이 들어서며 텔라비의 관광명소가 되었다. 주 메뉴는 조지아 전통 요리다. 식사와
함께 이곳 와이너리에서 만든 와인을 마실 수 있다. 또 와이너리 투어도 가능하다. 이칼토 수도원
부근에서 식사가 필요하다면 들려보자.

Data 지도 183p-A 가는 법 이칼토 수도원에서 차량으로 13분 주소 15 Vardisubani St, Telavi 0145
전화 +995 595 99 03 99 오픈 10:00~23:00 가격 하차푸리 20라리, 피자 18라리, 샐러드 12~18라리,
하르초수프 8라리, 시크메룰리 30라리, 힌칼리 3라리, 버섯요리 10~18라리(봉사료 10% 별도)
홈페이지 http://mere.ge

SLEEP

텔라비 유일한 체인 호텔
홀리데이 인 텔라비 Holiday Inn Telavi

텔라비를 찾는 여행자들이 늘어나면서 새로 생긴 호텔이다. 모험을 좋아하지 않고 호텔에서 숙박을 원한다면 추천한다. 텔라비의 유일한 체인 호텔답게 관리가 잘 되어 있다. 텔라비 요새에서 도보 2분 거리다. 주변에 레스토랑이 많다. 호텔 내 피트니스, 바 같은 편의시설이 있다. 택시 투어 서비스도 해준다. 4성급 체인 호텔 치고는 숙박료가 저렴한 편이다.

Data 지도 183p-B 가는 법 바토니스 치헤에서 도보 2분 주소 WF8G+R9 Telavi (구글 플러스 코드) 전화 +995 32 261 11 11 가격 더블룸 210라리~ 홈페이지 www.ihg.com/holidayinn/hotels/gb/en/telavi/tbste/hoteldetail

아름다운 루프탑 테라스가 있는
호텔 텔라 Hotel Tela

텔라비 요새 부근에 있다. 호텔에서 레스토랑도 함께 운영한다. 호텔 옥상 테라스에서 바라보는 텔라비 전경이 멋지다. 이 호텔에서 지낸다면 알라자니 계곡과 코카서스 연봉을 항상 볼 수 있다. 특별히 멋진 인테리어를 갖추지는 않았다. 객실은 4성급 호텔의 룸 크기에 비해 조금 큰 편이다. 조금이라도 넓은 공간을 선호하는 여행객에게 추천한다.

Data 지도 183p-B 가는 법 텔라비 요새에서 도보 2분 주소 V. Barnovi Stret #6, Telavi 2200 전화 +995 350 27 97 27 가격 더블룸 122라리~

친절한 호스트와 영어로 소통하는
선셋 텔라비 Sunset Telavi

텔라비에서 조용한 하룻밤을 보내고 싶다면 추천하는 게스트하우스다. 더블룸, 트윈룸으로 구성된 방에는 모두 전용 욕실이 있다. 시설이 깨끗하고 친절한 호스트가 있는 곳으로 소문났다. 호스트와 영어로 소통할 수 있어 택시 투어도 어렵지 않게 부탁할 수 있다. 조식 또한 풍성하다. 집에서 식사하는 것처럼 여유 있게 시간을 준다. 단점은 올드 버스 터미널에서 멀다. 도보 30분쯤 걸린다. 큰 짐이나 캐리어가 있다면 비추다.

Data 지도 183p-F 가는 법 텔라비 요새에서 남쪽으로 700m 주소 WF7G+3V6, Telavi (구글 플러스 코드) 전화 +995 574 02 00 52 가격 더블룸 100라리~

고리 & 우플리스치헤
Gori & Uplistsikhe

고리는 조지아 동부에 있는 도시다. 트빌리시에서 서쪽으로 86km 떨어져 있다. 고리는 스탈린의 고향으로 유명하다. 스탈린을 만나러 왔다 할수 있을 정도로 고리의 여행지는 대부분 스탈린과 관련이 있다. 도시 전체가 구소련의 느낌이 많이 난다. 고리 인근에 조지아에서 최초로 건설된 동굴 도시 우플리스치헤가 있다. 대부분의 여행자는 트빌리시에서 두곳을 연계해 당일로 여행한다.

미리보기

구소련 시절의 건물들이 그대로 남아 있는 고리만의 분위기를 느껴보자. 스탈린의 발자취를 따라가는 것은 필수다. 우리가 알고 있던 스탈린과 조지아서 만나는 스탈린은 어떻게 다른 지 비교해보자. 조지아의 동굴 도시 가운데 가장 오래된 우플리스치헤에서 과거의 조지아도 만나보자.

SEE

고리에서 스탈린 생가와 박물관은 기본적으로 방문한다. 고리 요새를 거닐며 무명용사의 조각상도 돌아보자. 조지아 최초의 도시 우플리스치헤에서는 시대에 따라 새롭게 만들어진 유적지를 찾아보자.

EAT

스탈린의 고향에 왔다면 그가 좋아하는 음식을 먹어보자. 스탈린이 외국 정상과 만찬에서 빼놓지 않고 준비했다는 하르초라는 스튜 요리다. 소고기와 쌀과 호두를 갈아 넣고, 트케말리라 불리는 조지아 전통 소스와 끓인다. 매콤하면서도 토마토 맛이 나기 때문에 한국인들 입맛에도 잘 맞는다. 스탈린이 가장 좋아했던 세미 스위트 레드와인 흐반치카라도 맛보자.

BUY

고리에는 스탈린과 관련된 기념품이 많다. 박물관과 생가에서 다양한 기념품을 판매한다. 박물관 근처에는 구소련 시절의 작은 골동품을 들고 다니며 판매하는 할아버지들을 많이 볼 수 있다.

SLEEP

잠시 스쳐 가거나 트빌리시에서 당일 일정으로 찾는 경우가 많다. 그래도 고리에 4성급 호텔부터 게스트하우스까지 다양한 숙소가 있다. 대부분의 숙소가 깔끔하게 운영되고 있다. 숙박을 원한다면 망설임 없이 고르고 싶은 숙소가 많다.

어떻게 갈까?

마르슈르트카

트빌리시와 보르조미, 아할치혜 등에서 고리까지 마르슈르트카 운행한다. 트빌리시 디두베 버스 터미널에서 고리까지 소요시간은 1시간 30분, 요금은 5라리다.

고리 마르슈르트카 운행 정보

출발지	도착지	출발시간	도착시간	소요시간	가격
트빌리시	고리	08:00~19:00 (15분 간격)	09:30~20:30	1시간 30분	5라리
고리	트빌리시	08:00~18:30 (30분 간격)	09:30~20:00	1시간 30분	5라리

국제 버스

바투미에서 터키에서 출발해 트빌리시로 가는 국제 버스를 이용하면 고리에서 내릴 수 있다. 국제 버스는 47인승 메르세데츠 벤츠 버스이며, 차량에서 와이파이 사용이 가능하다. 현재 국제 버스는 1일 1회(바투미 출발 23:30, 고리 도착 04:45) 운행 중이며, 5시간 15분 걸린다. 가격은 터키 화폐로 540리라(한화 약 2만2,000원)이다. 버스 예약은 터키 버스회사 사이트(www.metroturizm.com.tr/en)에서 터키 화폐로 결제해야 한다. 고리에서 바투미를 경유해 터키로 가는 국제 버스는 01:30, 10:00에 출발한다.

버스 터미널

기차

고리는 기차를 타고 갈 수도 있다. 하지만 기차역이 마을 중심과는 거리가 있어 근접성이 좋지 않다. 쿠타이시에서 고리까지는 4시간 30분이 걸린다. 트빌리시에서는 기차보다 마르슈르트카를 이용하는 게 편리하다.

고리 기차 운행 정보

출발지	도착지	출발시간	도착시간	소요시간	가격
쿠타이시	고리	12:55	17:24	4시간 30분	13~21라리
고리	쿠타이시	10:19	15:10	4시간 51분	13~21라리

여행사 당일 투어

트빌리시 여행사 당일 투어 프로그램을 이용해 고리와 우플리스치헤를 다녀올 수 있다. 이 투어는 오전 9시30분 출발해 우플리스치헤와 스탈린 박물관를 돌아본 뒤 오후 7시 트빌리시로 돌아온다. 마르슈르트카와 같은 차량을 이용하며, 러시아어와 영어로 가이드 한다. 출발은 여행사나 트빌리시 시내 광장에서 하기 때문에 편리하다. 또한, 고리와 우플리스치헤에 대해 좀 더 자세히 알 수 있다. 고리&우플리스치헤 당일 투어 요금은 175라리다.

어떻게 다닐까?

도보

고리 주요 여행지는 시내 중심지에 모여 있어 도보로 가능하다. 고리에서 12:00~15:00 프리 워킹 투어도 진행한다. 사이트를 방문하면 자세한 내용을 알 수 있다. 프리 워킹 투어는 러시아어와 영어로 동시 진행된다. 고리에서 우플리스치헤는 차량으로 이동해야 한다.

고리 프리워킹 투어
Gori Free Walking Tour
주소 23a Kutaisi St, Gori 1400
전화 +995 598 16 62 30
홈페이지 www.facebook.com/GoriWalkingTour

고리 & 우플리스치헤
📍 1일 추천 코스 📍

고리와 우플리스치헤는 개별여행으로 가면 고리와 우플리스치헤를 반복해서 오가는 불편이 따른다. 하지만 하루에 여행사 투어를 이용하면 오가는 길이 중복되지 않아 덜 소모적이다.

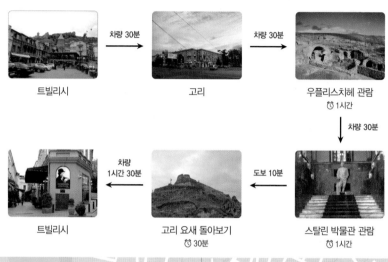

트빌리시 → 차량 30분 → 고리 → 차량 30분 → 우플리스치헤 관람 ⏱ 1시간

차량 30분 ↓

트빌리시 ← 차량 1시간 30분 ← 고리 요새 돌아보기 ⏱ 30분 ← 도보 10분 ← 스탈린 박물관 관람 ⏱ 1시간

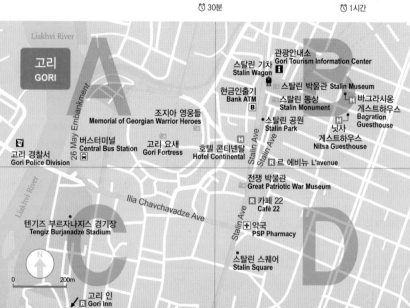

Liakhvi River

고리 GORI

관광안내소 Gori Tourism Information Center 🅘
스탈린 기차 Stalin Wagon
스탈린 박물관 Stalin Museum
현금인출기 Bank ATM 🅑
스탈린 동상 Stalin Monument
바그라시옹 게스트하우스 Bagration Guesthouse 🅗
조지아 영웅들 Memorial of Georgian Warrior Heroes
스탈린 공원 Stalin Park
닛사 게스트하우스 Nitsa Guesthouse 🅗
26 May Embankment
버스터미널 Central Bus Station
고리 요새 Gori Fortress
호텔 콘티넨탈 Hotel Continental
고리 경찰서 Gori Police Division
르 에비뉴 L'avenue 🆁
Stalin Ave
전쟁 박물관 Great Patriotic War Museum
Liakhvi River
Ilia Chavchavadze Ave
카페 22 Café 22 🆁
텐기즈 부르자나지스 경기장 Tengiz Burjanadze Stadium
약국 PSP Pharmacy ➕
Stalin Ave
스탈린 스퀘어 Stalin Square
N
0 200m
고리 인 Gori Inn 🆁

조지아 전쟁 역사를 알 수 있는
전쟁 박물관 Great Patriotic War Museum

이곳은 2차 세계대전에서 희생당한 조지아인에게 헌정하기 위해 만들어진 박물관이다. 전쟁에 관한 역사 설명과 함께 조지아인이 2차 세계대전에서 어떤 역할을 하였는지 설명해 준다. 희생당한 사람들에 관한 내용이 많다 보니 조금 어두운 느낌을 받을 수 있다.

이곳에서 볼 수 있는 또다른 자료는 2008년에 발발한 조지아-러시아 전쟁이다. 이 전쟁은 조지아의 일부였던 남오세티아가 독립하려 할 때 러시아가 도와주면서 시작됐다. 2008년 8월 8일 베이징 올림픽 개막식 날 시작된 전쟁은 약 5일 동안 벌어졌다. 이 전쟁으로 2,000여명의 조지아 민간인 희생자가 발생했다. 러시아군은 5일 만에 남오세티아 지역부터 고리까지 점령했다. 전쟁은 조지아의 항복으로 끝났다. 전쟁 박물관에는 이 전쟁에서 러시아군이 고리에 발포한 미사일 3개가 전시되어 있다.

Data 지도 204p-D
가는 법 스탈린 박물관에서 도보 5분
주소 19 Stalin Avenue, Gori
오픈 10:00~17:00(월 휴무)
요금 입장료 3라리, 사진 촬영 1라리

 스탈린 일생을 알 수 있는
스탈린 박물관 Stalin Museum

1957년 스탈린에게 헌정하기 위해 만든 박물관이다. 고리 시내 중심에 있다. 스탈린 박물관은 생가와 열차, 박물관 세 곳으로 구성되어 있다. 스탈린 생가는 스탈린이 태어나 4년간 살았던 집이다. 나무기둥과 콘크리트, 벽돌로 만들어진 작은 집이다. 집의 규모를 보면 그가 유복한 집안에서 태어나지 않았다는 것을 알 수 있다. 생가에는 반 지하 형태의 입구가 있다. 이곳은 구두장이였던 스탈린 아버지의 구둣방이다. 방 안은 직접 들어가 볼 수 없지만 작은 단칸방이 있다. 이 방에서 스탈린이 태어났다. 현재 생가는 대리석 기둥과 콘크리트 구조물로 보호하고 있다.

생가 뒤쪽으로는 박물관이 있다. 1층은 매표소, 2층부터 전시실이다. 박물관에 들어서면 계단에 스탈린 동상이 있다. 박물관은 총 6개의 홀로 나누어져 있다. 전시품은 약 800여 점이다. 스탈린의 유년기, 청년기, 소련 공산당 서기장 활동기 등 스탈린 이야기가 홀마다 정리 되어 있다. 스탈린이 읽고 썼던 책, 서류들, 책상, 피아노, 입던 의복 등 실제 사용했던 물건들과 세계 각국으로부터 받은 선물도 전시되어 있다. 박물관에는 스탈린 전집을 한글로 번역한 〈이·웨·쓰딸린 저작집1〉도 있다. 박물관 끝에 있는 방에는 스탈린 데스마스크가 전시되어 있다. 그가 사망한 직후 본 떠 만든 것으로 총 12개가 있다. 그 중 하나가 이곳에 전시되어 있다.

박물관 오른쪽에는 스탈린 전용 객차가 전시되어 있다. 비행공포증이 있었던 스탈린은 항상 기차로만 이동했다. 객차는 방탄기능이 있어 아주 무겁다. 무게가 무려 83톤이나 된다. 객실 안에는 침실, 주방, 샤워실, 회의실이 있다. 스탈린은 이 열차를 타고 얄타회담이나 테헤란회담에 참석했다고 한다. 구소련의 몰락과 조지아 독립으로 한때 폐쇄되었던 스탈린 박물관은 현재 고리의 대표적인 관광 명소가 되었다.

Data 지도 204p-B
가는 법 고리 요새에서 도보 10분 주소 31 Stalin Ave, Gori 전화 +995 370 27 26 81 오픈 10:00~17:00
입장료 전시장+기념관 10라리, 스탈린 개인열차 5라리, 학생은 전체 관람 5라리, 가이드 15라리

소련의 철권 통치자
이오시프 비사리오노비치 스탈린 Iosif Vissarionovich Stalin

스탈린(1878~1593)의 본명은 조지아어로 이오세브 베사리오니스 제 주가슈빌리Ioseb Besarionis dze Jughashvili이다. 스탈린이라는 이름은 '강철'이란 뜻으로 신학교 시절 필명으로 쓰던 것이 굳어져 본명으로 사용하게 되었다.

스탈린은 1878년 12월 18일 조지아 고리에서 가난한 집안의 아들로 태어났다. 아버지는 구두를 만드는 일을 했고, 어머니는 재봉을 해서 돈을 벌었다. 아버지는 알코올 중독자였는데 툭 하면 술에 취해 스탈린을 때리곤 했다. 아버지를 경멸하고 증오했던 스탈린은 어린 시절 원만한 교우활동을 하지 못했다. 대신 독서로 외로움을 달랬다. 그의 어머니는 그가 성직자가 되길 간절히 바랐다. 스탈린은 어머니의 뜻에 따라 성직자가 되기로 결심하고 신학교에 입학했다.

트빌리시에서 신학교를 다닐 때 스탈린은 성적이 우수했다. 그는 지역 신문에 시를 발표했는데, 지역 유지들로부터 격찬을 받기도 했다. 스탈린은 신학교를 다니면서 우연한 기회에 공산주의의 이론가였던 카를 마르크스, 프리드리히 엥겔스가 쓴 책을 접하게 된다. 그는 이 책을 읽으면서 마르크스주의에 빠졌고, 혁명가가 되기로 결심하면서 신학교를 자퇴했다. 신학교 자퇴 이후 스탈린은 노동운동가로 활동하면서 코카서스 지역의 공단에서 노동자 시위와 파업을 선동했다. 또 러시아 사회민주당에 입당해 존경하던 블라드미르 레닌을 만난다. 그 후 사회민주당이 볼셰비키와 멘셰비키로 분당될 때 스탈린은 레닌을 따라 볼셰비키당에 가담한다. 이때부터 스탈린은 러시아

제국의 요주의 인물이 되었다.

스탈린은 혁명 활동을 하다 7번 체포 되었고, 투옥과 추방을 되풀이 했다. 1906년 스탈린은 군복을 만드는 봉제사 에카테리나 스바니제를 만나 결혼했다. 1907년 스탈린은 트빌리시에서 은행 현금 수송 차량을 공격해 현금을 탈취한다. 이 현금은 혁명을 지원하는 자금으로 레닌에게 전달됐다. 이 사건 이후 스탈린은 가족과 함께 아제르바이잔의 수도 바쿠로 피신했다. 1908년 12월 그의 아내가 발진티푸스로 사망했다. 스탈린은 혁명가의 차가운 이면에 아내를 향한 부드럽고 세심한 모습도 있었다고 한다. 스탈린은 그녀의 장례식에서 슬픔에 잠겨 '내 안에 있는 마지막 인간성이 없어졌다.'라고 한탄했다. 아내의 죽음 이후 그의 냉혹하고 난폭한 성격은 더욱 강화됐다.

1917년 제정 러시아의 마지막 황제 니콜라

이 2세가 볼셰비키 혁명에 의해 물러남에 따라 레닌을 중심으로 세계 최초로 사회주의 국가가 탄생했다. 오랜 혁명 활동 끝에 왕가를 몰아냈지만 레닌은 국가를 오랫동안 운영하지 못했다. 1921년 레닌은 병상에 눕게 되어 통치권을 행사하지 못했다. 모두가 레닌의 뒤를 이어 스탈린이 당연히 원수가 될 것으로 예상했다. 하지만 레닌의 생각은 달랐다. 레닌은 스탈린이 자신이 생각한 것보다 더 잔인한 사람이라고 여겼다. 그는 유언장에 '스탈린에게 최고 지도자 자리를 주지 말라'고 썼다고 한다. 그러나 이 유언장은 다른 관료들에게 전달되지 않았다. 꼼꼼했던 스탈린은 당시 레닌의 주변 사람들을 사전에 포섭해 두었기 때문에 이 편지를 빼돌릴 수 있었다. 이 편지는 스탈린 사후에 공개 되었으며, 현재 스탈린 박물관에 전시되어 있다.

1924년 정권을 장악한 스탈린은 자신에게 반감을 가진 인물들을 축출하며 자신만의 국가를 만들기 시작했다. 1939년 독일이 발발한 2차 세계대전이 소련에도 영향을 미쳤다. 소련은 1941년 독일과 전쟁하며 2차 세계대전에 참전했다. 이 전쟁은 연합군의 승리로 마무리 되었지만 소련은 막대한 피해를 입었다. 그 후 오랫동안 소련은 이를 복원하는데 총력을 기울였다.

스탈린은 2차 세계대전이 끝난 후 신체적, 정신적으로 많이 힘들어 했다. 그는 1950년에 뇌졸중으로 쓰러졌다. 이후 뇌질환과 중풍 증세로 신체 사용이 부자연스럽게 되었다. 그는 정신적으로도 나약해져 누군가가 자신을 죽이려고 한다는 과대망상 증세가 심해졌다. 그는 주치의조차 믿지 못했다. 결국 스탈린은 1953년 3월 1일 만찬 도중 쓰러진 후 자신의 비밀별장으로 옮겨졌다. 그리고 4일 후인 3월 5일 사망했다.

스탈린은 서방 세계에는 차가운 독재자로 알려져 있다. 하지만 많은 구소련 국가에서는 스탈린을 긍정적으로 평가하고 있다. 스탈린은 당시 농업국이던 소련을 미국에 이은 세계 2위 산업국으로 만들었다. 또한, 결과적으로 제 2차 세계대전에서 승전국이 되면서 초강대국으로 발돋움하는 기반을 만들었다. 최근 구소련 국가 137개 도시에서 18세 이상 성인들에게 가장 존경하는 인물에 대한 설문조사를 했는데, 과반수가 넘는 51%가 스탈린을 꼽았다고 한다. 2008년 조지아-러시아 전쟁 당시 러시아 군인들이 고리를 침략했을 때 다른 시설들은 무수히 파괴했지만, 스탈린 박물관은 흠집 하나 내지 않았다고 한다.

스탈린 동상은 대부분 왼손을 주머니에 넣고 있다. 이것은 스탈린이 12살 때 마차에 치이는 교통사고를 당해 왼쪽 팔이 불구가 되었기 때문이다. 그 후 스탈린은 자신의 왼팔을 가리기 위해 항상 왼손을 주머니에 넣고 있었다고 한다.

기원전부터 고리를 지키던
고리 요새 Gori Fortress

고리 시내 중심에 있다. 1920년 지진으로 인해 크게 손상되면서 현재는 거의 폐허 상태로 남아 있다. 자료에 의하면 이 요새는 13세기에 처음 등장했다. 하지만 고고학 연구 결과 기원전에 이미 존재했던 것으로 추정된다. 이 요새는 제정 러시아 시절에도 군사목적으로도 사용되었다. 고리 요새로 올라가는 길에 조지아 무명용사 기념비를 지키는 조각상이 있다. 이 조각 공원을 지나면 돌을 쌓아 만든 요새가 보인다. 현재는 성벽만 있고, 내부에는 아무것도 남아있지 않다. 요새에 올라서면 코카서스산맥이 감싼 고리 시가지를 조망할 수 있다.

Data 지도 204p-A 가는 법 스탈린 박물관에서 도보 10분 거리
주소 Erekle Tatishvili St, Gori 오픈 24시간 입장료 없음

무명용사를 지키던 8개의 조각상
조지아 영웅들 Memorial of Georgian Warrior Heroes

고리 요새로 올라가는 길에 있는 조각 공원이다. 이 공원에는 8개의 동상이 있다. 이 동상은 1981~1985년 조각가 기오르기 오치아우리Giorgi Ochiauri가 만들었다. 처음 만들어졌을 때는 트빌리시 바케 공원에 있는 무명용사 기념비 주위에 설치되어 있었다. 2차 세계대전 당시 사망한 군인들을 기리기 위해 만들어진 이 기념비를 중심으로 8명의 조각상을 세웠다. 이 조각상을 지금의 장소로 이전해 전시한 것은 2009년이다. 조각공원에는 원 모양으로 8명의 전사들이 앉아 있다. 바케 공원에 있을 때와 비교해 동상들은 많이 파손됐다. 그러나 무너져 내린 고리 요새와 파손된 동상들이 묘하게 잘 어울린다.

Data 지도 204p-A 주소 X4P5+CW, Gori(구글 플러스 코드) 오픈 24시간 입장료 없음

**조지아 최초의 도시로 번성했던
동굴 도시**

우플리스치헤
Uplistsikhe

고리 동쪽 14km 지점에 있는 우플리스치헤는 동굴 도시다. 강변의 가파른 바위벼랑에 동굴을 파서 만든 이 고대 도시는 '조지아의 카파도키아'로 불린다. 수천 년 동안 시대에 따라 변모하며 조지아의 역사와 종교의 상징적인 공간이었다. 숱한 전쟁과 지진으로 몰락했지만 지금도 많은 여행자들이 과거 영화로운 시절의 흔적을 돌아보려 이곳을 찾는다.

Data 전화 +995 32 293 24 11
오픈 10:00~17:00
입장료 성인 15라리, 가이드 45라리, 오디오 가이드 15라리

우플리스치헤 역사

우플리스치헤는 조지아에서 가장 먼저 사람들이 모여 살았던 최초의 도시다. 기원전 1,000년 청동기 시대부터 바위산에 동굴을 파고 사람들이 거주하기 시작했다. 그 후 이 동굴 도시는 시대의 변천에 따라 종교와 문화가 다양하게 변모했다. 기독교가 들어서기 전 고대에는 신전을 짓고 자연을 숭배했다. 로마의 지배를 받던 1세기에는 원형극장을 만들어 공연을 즐겼다. 기독교를 받아들인 후에는 예배당을 만들었다. 조지아 황금기를 이끌었던 타마르 여왕이 머물던 홀도 있다. 이처럼 우플리스치헤는 시대가 변할 때마다 새로운 종교와 문화를 받아들이고, 시설을 더하면서 조지아의 중심이었다.

우플리스치헤는 실크로드 무역이 활발했던 시기에는 카라반의 거점이 되면서 2만 여명이 거주할 정도로 대도시가 되었다. 이처럼 우플리스치헤가 대도시로 발전할 수 있었던 것은 천혜의 자연조건 때문이다. 우플리스치헤 앞으로는 므츠바리강이 흐른다. 강 건너편에는 비옥한 초원이 있다. 동굴 도시가 자리한 험준한 바위벼랑은 적이 침입할 수 없게 해준다. 이처럼 우플리스치헤는 도시가 들어서기에 이상적인 조건을 갖추고 있었다.

그러나 천연의 요새처럼 여겨지던 우플리스치헤도 전쟁의 비극을 비켜가지는 못했다. 아랍과 몽골의 침략을 받으면서 되돌릴 수 없을 만큼 훼손되었다. 특히, 몽골의 침략으로 수천 명의 주민이 몰살을 당하면서 도시의 기능을 완전히 상실했다. 이에 더해 1920년 큰 지진으로 지붕이 무너져 내리면서 동굴 형태가 남아 있는 곳이 많지 않다. 현재 남아 있는 유적은 원래 규모의 절반도 되지 않는다고 한다.

우플리스치헤는 1957년부터 지금까지 발굴 작업을 하고 있다. 이곳에서 발견된 유물은 트빌

매표소 · 주차장

메인 입구
Grand Gate

북동쪽 입구
North-Eastern gate

주거지
Dwelling

주거지
Dwelling

예배당터
Tower-chapel and
built-in Towers

메인 로드
Main Road

요새
The fortifications

마크블리아니 신전
Temple of Makvliani

성전(제단)
Altars

와인 제조실
Wine presses

타워 입구
Tower at Minor Gate

성전(제단)
Altars

저장창고
Grand cellar

기독교성당
Church of Prince

예배당
Three-wall Chapel

주거지
Dwelling

터널
Tunnel

성전
Long temple

성전
Lift-side Temple

성전
Round Temple and
The Ritual Well

성전
Grand temple

중앙광장
Main Square

타마르여왕의 홀
Hall of Tamar

성전
Minor Gate

북서쪽 입구
North-Western gate

약제실
Apothecary's

성전
Temple with
Caissons

원형극장
Single-Column Hall

바실리카
Three-Sided Basilica

성전
Nice Temple

와인 제조실
Wine presses

동굴
The Inaccessible Cave

교회
The Church of Virgin

우플리스치헤
UPLISTSIKHE

므츠바리 강 Mtkvari River

리시 국립박물관에 전시되어 있다. 현재 유네스코 잠정 문화재 리스트에 올라가 세계문화유산에 등재되기를 기다리고 있다.

우플리치헤 돌아보기

매표소를 지나면 길이 두 갈래로 나뉜다. 왼쪽은 므츠바리강으로 난 산책로, 오른쪽이 동굴 도시로 올라가는 길이다. 동굴 도시로 올라가는 초입은 철제 계단과 가파른 바위로 되어 있다. 바위가 미끄럽고, 군데군데 구멍 뚫린 부분이 있다. 이 부분을 주의하면서 동굴 도시에 올라선다.

동굴 도시에서 가장 큰 공간은 마크블리아니 신전Temple of Makvliani이다. 기독교가 전파되기 전까지 태양을 비롯한 자연을 숭배하는 곳이다. 조지아 뿐 아니라 코카서스 지역은 기독교가 전파되기 전까지 태양을 숭배하는 종교가 성행했다고 한다. 기독교가 전파된 후 태양신과 관련된 흔적은 모두 없어졌지만, 이곳은 그대로 보존되어 기독교인들의 삶의 터전으로 이어졌다. 신전 앞에는 사제들을 위한 돌 의자도 있다.

우플리치헤에는 1세기 로마가 통치하던 시대에 만들어진 원형극장이 있다. 극장 한켠에는 사람 한 명이 앉을 수 있는 구덩이가 있다. 이곳은 대사를 알려주는 사람이 숨어 있던 곳이라고 한다. 공연 중에 연기자가 대사를 까먹으면 몰래 알려주었다고 한다. 이 극장은 무대와 작은 탈의실도 갖추고 있다. 동굴 도시 한편에 철망으로 된 뚜껑을 덮어 둔 깊은 구덩이가 있다. 이곳은 감옥이다. 이 구덩이는 사람이 누울 수 없을 정도로 비좁다. 여기에 투옥된 사람들은 눕지 못한 채 계속 서 있어야 했다고 한다.

우플리스치헤에서 가장 중심이 되는 곳은 '타마르 여왕의 홀Tamaris Darbazi'이다. 타마르 여왕(1160~1213)은 중세 조지아의 황금시대

를 연 인물이다. 이곳은 본래 이교도의 사원이었으나 나중에 타마르 여왕이 사용했다. 여왕의 거처인 만큼 규모가 크다. 천정도 정교하게 장식되어 있다. 천연 바위를 깎아 기둥을 만들었고, 돌을 쌓아 울타리도 만들었다. 타마르 여왕의 홀 오른편에 있는 태양의 신전Sun of Temple은 동물을 제물로 바치던 곳이다. 이곳은 나중에는 기독교 성당Three Nave Basilica으로 바뀌었다.

타마르 여왕의 홀을 지나면 우플리스치헤 정상이다. 정상에는 10세기에 세워진 교회가 있다. 붉은색 2층 건물로 된 교회 내부는 소박하다. 세월의 흐름이 느껴지는 회칠 된 천정과 벽에는 복구의 흔적이 남아 있다. 하지만 여전히 보존되지 않고 색이 떨어져 나간 벽 상태를 볼 수 있다.

교회까지 보고 나면 동굴 도시를 다 돌아본 것이다. 마지막 남은 것은 므츠바리강과 너머에 펼쳐진 드넓은 초록의 구릉을 조망하는 것이다. 강을 경계로 나무 한 그루 자라지 않는 절벽이 이어진 동굴 도시와 그 반대편으로 초록빛이 넘치는 아늑한 구릉의 모습이 대조된다. 정상에서 매표소로 돌아가는 길은 터널로 되어 있다. 이 통로는 적의 침략 시 대피로다. 또 므츠바리강에서 도시로 물을 길어 나르던 지름길이었다.

우플리스치헤 여행 정보

우플리스치헤는 트빌리시에서 고리를 엮어 당일 투어로 많이 찾는다. 일반 여행자들은 고리를 기점으로 우플리스치헤를 여행한다. 고리에서 우플리스치헤까지는 택시와 마르슈르트카를 이용할 수 있다. 그러나 마르슈르트카는 1일 2회 밖에 운행하지 않아 시간 맞추기가 쉽지 않다. 또 정류장에서 우플리스치헤까지 1km는 걸어가야 한다. 이런 연유로 많은 여행자들이 고리에서 택시를 대절해서 방문한다. 택시는 흥정하기 나름이지만 왕복 20~30라리 정도 한다. 이 요금에는 관람을 위해 대기하는 1시간이 포함됐다. 고리에서 우플리스치헤로 가는 마르슈르트카는 1일 2회 운행했지만, 코로나 이후 운행 중단된 상태다.

우플리스치헤는 여름에는 무척 덥고 습하다. 동굴 도시에는 그늘도 없다. 생수와 양산, 선글라스를 준비한다. 매표소 입구에 카페와 레스토랑, 화장실이 있다. 바위가 미끄러운 곳도 있어 가급적 운동화를 신는 게 좋다.

아늑한 분위기의
르 에비뉴 L'avenue

유럽식 메뉴와 조지아 전통 메뉴가 있다. 다양한 메뉴가 있어 선택의
폭이 넓다. 분위기가 아늑해서 여행 중 잠시 쉬어가기 좋다. 맛과 분위기 모
두 크게 실망시키지 않는다. 음식이 아닌 음료만 마셔도 괜찮은 분위기다. 저녁에는 가끔씩 라이브
공연도 볼 수 있다. 고리 시내 중심, 스탈린 박물관에서 도보 3분 거리에 있다. 마음 먹고 움직이
지 않아도 들리기가 쉽다.

Data 지도 204p-B 가는 법 스탈린 박물관에서 도보 3분
주소 24 Stalin Ave, Gori 전화 +995 598 35 39 49
오픈 11:00~00:00 가격 피자 17~40라리, 샐러드 8~19라리, 맥주 5~9라리, 커피 4~10라리
홈페이지 www.facebook.com/pg/Lavenue-1000650533340573

스탈린 박물관 근처의
카페 22 Café 22

스탈린 박물관 근처에 있는 카페다. 이름만 카페일 뿐 조지
아 전통 요리와 유럽식 메뉴가 있다. 식사를 해도 되고 디
저트만 즐길 수도 있다. 이태리식 피자, 터키식 에그 스크럼
블, 크레페와 토스트 등 다양한 메뉴가 있다. 커피와 케이크
도 맛있다는 평이 많다. 식사를 하지 않더라도 휴식을 위해
들리기 좋다.

Data 지도 204p-D 가는 법 스탈린 박물관에서 도보 4분
주소 X4M7+H2 Gori (구글 플러스 코드)
전화 +995 370 27 53 19
오픈 11:00~22:00 가격 하차푸리 15~25라리
홈페이지 https://cafe22gorigeorgia.business.site

🔔 SLEEP

스탈린 와인 시음도 할 수 있는
고리 인 Gori Inn

고리에서 가장 좋은 호텔이라고 볼 수 있다. 5성급 호텔로 수영장,피트니스 등 부대시설이 잘 되어 있다. 조지아 와인 브랜드 Bolero&Co에서 운영하는 와이너리도 있다. 와인 또는 차차 시음도 가능하다. 스탈린이 좋아했다는 크반치카라 와인도 시음할 수 있다. 호텔에 묵는다면 부대시설들을 활용해 볼 것을 추천한다.

Data 지도 204p-c
가는 법 스탈린박물관에서 차량 5분 거리
주소 X4H3+CC, Gori(구글 플러스 코드)
전화 +995 551 54 50 54
가격 더블룸 300라리~
홈페이지 www.goriinn.org

고리 중심에 있는 신식 호텔
호텔 콘티넨탈 Hotel Continental

스탈린 박물관과 고리 요새 사이에 있는 호텔이다. 두 관광지 모두 도보로 10분 내로 이동이 가능하다. 트윈, 더블룸, 패밀리룸 등 다양한 크기의 룸 타입이 있다. 신축 건물에 모던한 인테리어로 깔끔한 컨디션이다. 이름은 호텔이지만 로비가 따로 없다. 외관이 일반 아파트 느낌이라 헷갈릴 수 있다. 주소를 정확히 확인해서 찾아가는 것이 좋다.

Data 지도 204p-B
가는 법 스탈린 박물관에서 도보 3분 거리 주소 6 Dimitri Garsevanishvili St, Gori
전화 +995 598 15 00 18 가격 더블룸 기준 105라리~

바그라시옹 거리의 깨끗한 숙소
바그라시옹 게스트하우스 Bagration Guesthouse

깔끔하기로 유명한 게스트하우스다. 필요한 가구를 제외하고는 아무 것도 없다. 하지만 항상 깨끗하게 관리하고 있다. 주방을 사용할 수 있으며, 각 방에는 냉난방 시스템이 잘 갖춰져 있다. 작은 정원에서 휴식을 취할 수 있다. 친절한 호스트가 고리에 머무는 시간을 더욱 즐겁게 해준다.

Data 지도 204p-B 가는 법 스탈린 박물관에서 도보 3분 거리
주소 13 Petre Bagration St. Gori 전화 +995 593 61 79 61
가격 더블룸 기준 85라리~

조지아 문화체험을 할 수 있는
닛사 게스트하우스 Nitsa Guesthouse

스탈린 박물관 곁에 있는 게스트하우스다. 게스트하우스는 주인 리사 아주머니 손길이 많이 묻어 있다. 손님의 편의는 물론 조지아 문화를 알려주기 위해 많은 노력을 한다. 게스트하우스의 작은 마당은 숙소 사람들이 어울려 시간 보내기 좋다. 리사 아줌마는 손님을 위해 와인파티를 열거나 추르츠헬라도 함께 만든다. 이곳에서 머물면 조지아 가정집에 초대 받은 듯한 느낌이다.

Data 지도 204p-B 가는 법 스탈린 박물관에서 도보 2분 거리
주소 58 Kutaisi St. Gori 전화 +995 599 14 24 88 가격 더블룸 70라리~
홈페이지 www.facebook.com/Guesthousenitsa

다비드 가레자 수도원
David Gareja Monastery

다비드 가레자는 동굴 수도원 유적지로 유명한 곳이다. 트빌리시 남동쪽 아제르바이잔 국경에 자리한 이 수도원은 6세기부터 동굴을 파서 만들었다. 가파른 바위벼랑을 따라 만든 수백 개의 동굴 수도원은 종교에 헌신한 수도사들의 거룩한 신앙심이 느껴진다. 또 아제르바이잔과 영토분쟁을 벌이고 있는 황량한 고원 풍경도 특별하다. 이런 이유로 트빌리시에서 왕복 5시간에 걸리는 먼 길을 마다하고 여행자들이 찾는다.

다비드 가레자 수도원

미 리 보 기

트빌리시에서 다비드 가레자 수도원까지는 편도 2시간 30분 거리다. 이곳을 여행하는 방법은
여행사 투어를 이용하는 방법 밖에 없다. 하지만 이 곳을 찾으면 결코 후회하지 않는다. 산 정
상 예배당까지 가는 트레킹 코스를 걸으며 조지아와 아제르바이잔의 국경을 넘나드는 특별한
경험을 할 수 있다.

SEE

다비드 가레자 수도원의 주요 볼거리는 라브라 수도원이다. 이곳에 요새와 동굴
수도원이 몰려 있다. 이곳에서 가파른 산길을 따라 가며 동굴 수도원을 찾아본
뒤 예배당이 있는 산 정상에서 주변 파노라마를 감상하는 것으로 마무리 한다.

EAT

다비드 가레자 수도원에는 간단한 음료를 파는 차량을 제외하고는 음식을 파
는 곳이 없다. 수도원 가는 길목에 있는 우다브노 마을에 식당이 있다. 보통 투
어 프로그램을 이용하면 수도원을 돌아본 뒤 돌아가는 길에 우다브노 마을에
들러 식사를 한다. 수도원 트레킹에 나서기 전에 간단한 음식이나 간식, 물을
꼭 챙겨서 가자.

BUY

다비드 가레자 수도원에 작은 기념품숍이 있다. 이곳에서 와인, 엽서, 그림 등
을 판매한다.

SLEEP

우다브노 마을에 게스트하우스를 비롯한 몇 곳의 숙박시설이 있다. 그러나 렌터
카로 여행하는 게 아니라면 우다브노 마을에서의 숙박은 추천하지 않는다. 이곳
에서 다른 도시로 이동하려면 택시를 부르는 방법 밖에 없기 때문. 따라서 투어
프로그램을 이용해 당일 투어로 찾는 게 좋다.

어떻게 갈까?

여행사 당일 투어

다비드 가레자 수도원은 트빌리시에서 당일 투어 프로그램을 이용해 찾는 게 가장 편리하다. 고르가살리 광장이나 자유 광장에 가면 여행 상품을 안내하는 여행사 직원을 많이 볼 수 있다. 대부분의 투어는 영어 가능한 가이드가 동행한다. 가격은 왕복 차량비와 가이드 포함해 보통 100라리 전후다. 이 가운데 가레지 라인 Gareji Line은 다비드 가레자를 오가는 교통편만 제공하는 가성비 좋은 여행상품이다. 수도원에 도착하면 가이드 없이 스스로 탐방한다. 이 투어는 오전 11시 자유 광장을 출발해 오후 7시 30분경 트빌리시로 돌아온다. 다비드 가레자 수도원에서는 3시간의 자유시간이 주어진다. 투어를 마친 뒤 우다브노 마을에서 저녁식사를 한다. 이 상품은 4월 중순부터 10월 중순까지 운영한다. 이 시기가 아니면 이용할 수 없다. 자유 광장에 위치한 관광 안내소 옆에서 예약이 가능하다. 가격은 40라리. 가이드가 포함된 투어 프로그램에 비해 절반도 안 된다.

가레지 라인
페이스북 facebook.com/gareji.line
홈페이지 https://visitdavidgareja.blogspot.com
전화 +995 551 95 14 47
요금 40라리

택시

대부분 자신이 머무는 숙소에서 소개를 받아 택시를 섭외한다. 이런 경우 택시 기사가 가이드 역할을 한다. 하지만 영어로 소통할 수 있는 기사를 구하기는 어려운 편이다. 그래도 여행자가 원하는 시간과 방법으로 다녀올 수 있는 장점이 있다. 다비드 가레자 수도원까지 택시 대절료는 트빌리시 200라리, 시그나기 150라리 정도다. 대부분 비슷하게 가격을 부르지만 흥정을 잘한다면 조금 깎을 수도 있다. 일행이 여럿이면 고려할 만하다.

어떻게 다닐까?

도보

다비드 가레자 주차장에 내리면 수도원 입구가 보인다. 라브라 수도원을 시작으로 조지아와 아제르바이잔 국경이 있는 우다브노 동굴 수도원까지 모두 도보로 돌아본다. 이 길을 다비드 가레자 트레킹 코스라 부른다. 우다브노 수도원 지나 산정의 작은 예배당까지 다녀오는 데는 1시간 30분 정도 걸린다. 투어 프로그램을 이용했다면 주어진 시간을 유념하자. 다비드 가레자 수도원에서 산 정상의 예배당까지 가는 길은 꽤 험하다. 가파른 바위 벼랑으로 난 길을 따라 가야 한다. 따라서 튼튼한 운동화를 신고 가는 게 좋다. 또, 마실 물과 간식도 챙겨 간다. 여름에는 따가운 햇살을 피할 수 있는 선글라스나 모자도 필요하다.

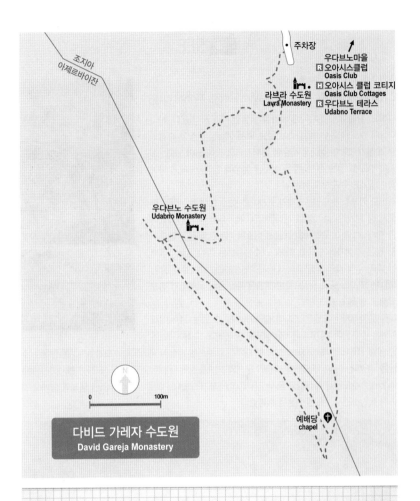

다비드 가레자 수도원
David Gareja Monastery

(지도 레이블)
조지아 / 아제르바이잔
주차장
우다브노마을
오아시스클럽 Oasis Club
오아시스 클럽 코티지 Oasis Club Cottages
라브라 수도원 Lavra Monastery
우다브노 테라스 Udabno Terrace
우다브노 수도원 Udabno Monastery
예배당 chapel
0   100m

조지아-아제르바이잔 영토 분쟁

다비드 가레자 수도원의 일부 유적지는 아제르바이잔에 속해 있다. 이 때문에 두 나라 사이에 수도원 소유권을 둘러싼 영토 분쟁을 벌이고 있다. 조지아는 다비드 가레자 수도원 전부를 소유하고 싶어 한다. 이를 위해 아제르바이잔 영토에 걸쳐 있는 수도원 면적만큼 다른 곳의 땅으로 교환하자고 제안했다. 하지만 다비드 가레자 수도원의 전략적 중요성을 잘 알고 있는 아제르바이잔은 이에 응하지 않았다. 오히려 이곳에 아제르바이잔인들이 먼저 거주했으니 이곳을 공동소유로 하자고 역제안을 했다. 물론 이 제안을 조지아가 받아들일 리 없다. 이렇게 국경을 둘러싸고 두 나라가 첨예하게 대립하고 있는 사이 보전이 시급한 유적지가 빠르게 훼손되고 있다.

 **SEE**

초기 기독교 수행의 정수를 보여주는

다비드 가레자 수도원 David Gareja Monastery

다비드 가레자는 조지아에서 가장 특별한 수도원 가운데 하나다. 이 수도원에는 바위절벽에 굴을 파서 예배당을 짓고 수행하던 초창기 조지아 정교회의 수행 문화가 고스란히 남아 있다. 조지아 정교를 믿는 현지인들은 이곳을 일생에 한 번은 꼭 찾아야 하는 성스러운 곳으로 여긴다.

다비드 가레자 수도원은 6세기 조지아를 찾은 13명의 시리아 수도사 중 한 명인 성 다비드 가레젤리St David Garejeli가 만들었다고 한다. 그가 이곳의 바위 동굴에 머물며 기독교 복음을 전파하자 많은 수행자들이 그를 따랐다. 수행자들은 가파른 바위절벽을 따라 수백 개의 동굴을 파서 금욕적인 생활을 하며 수행했다. 이들은 또 이교도의 침입으로부터 동굴 수도원을 보호하기 위해 요새도 세웠다.

다비드 가레자 수도원은 조지아 황금기라 할 수 있는 11~13세기에는 수도원이 19개나 세워질 정도로 번성했다. 그러나 1265년 몽골, 1615년 페르시아의 침략 때 대부분의 수도원 시설이 파괴되고 수도사들이 처형당하는 수난을 겪었다. 이 때 수도원에 보관된 문서와 예술품들도 대부분 소실됐다. 1921년 볼셰비키 혁명 이후에는 수도원을 폐쇄하고 군사 기지로 이용하기도 했다. 그 후 1991년 소련 붕괴와 함께 조지아가 독립하면서 수도원 기능을 회복했다.

예루살렘의 신성한 돌을 모신

라브라 수도원 Lavra Monastery

다비드 가레자 수도원 주차장에 도착하면 처음 보이는 곳이 라브라 수도원이다. 동굴 수도원과 요새가 함께 있는 이곳이 다브드 가레자 수도원의 중심이다. 이곳에서 성 다비드가 굴을 파고 수행을 시작했다. 라브라 수도원은 요새를 중심으로 좌우의 가파른 벼랑에 굴을 파서 만든 방이 있다. 이들 동굴 처소 가운데는 지금도 수도사들이 거주하며 수행하는 곳도 있다. 여러 가지 시설이 들어선 요새는 번성하던 당시 다비드 가레자 수도원의 규모가 얼마나 컸는지를 보여준다. 요새는 험준한 계곡에 단을 만들고, 그 위에 정교하게 돌을 쌓아 만들었다. 요새 안에는 예배당을 중심으로 식당, 창고, 수도사가 머무는 공간, 정원 등을 갖추고 있다. 가장 높은 곳에는 망루를 쌓아 이교도의 침입을 감시했다. 성 다비드의 무덤이 있던 자리에는 하얀색 십자가가 놓여 있다.

성 다비드와 신성한 돌

전설에 따르면 성 다비드는 예루살렘으로 성지순례를 떠났다. 그러나 그는 자신의 죄가 너무 크다고 느껴 예루살렘성 안으로 들어가지 않았다. 그 대신 성 입구에 있는 세 개의 돌을 가져왔다. 그날 밤 예루살렘 대사제가 꿈을 꾸었다. 그는 꿈속에서 검은 신부복을 입은 자가 그리스도의 영적인 기운이 담긴 돌 세 개를 갖고 가는 것을 보고 놀라 깨어나 다비드를 뒤쫓았다고 한다. 예루살렘 대사제는 성 다비드가 가져가던 세 개의 돌 가운데 하나만 가져갈 것을 허락했다. 조지아로 돌아온 성 다비드는 동굴 수도원을 창건하고 예루살렘에서 가져온 신성한 돌을 모셨다. 현재 이 돌은 트빌리시 시오니 대성당에 보관 중이다. 특별한 행사 때만 다비드 가레자 수도원으로 가져 온다고 한다.

우다브노 수도원 Udabno Monastery

라브라 수도원에 들어서면 작은 기념품점이 있다. 이곳에서 오른쪽으로 가면 가파른 산비탈을 따라 산을 오를 수 있다. 다비드 가레자 트레킹 코스라 부르는 이 길을 따라 가면 동굴을 파서 만든 예배당을 비롯해 수백 개의 크고 작은 굴을 볼 수 있다. 이곳을 우다브노 수도원(우다브노 동굴)이라 부른다. 우다브노 수도원은 프레스코화가 유명하다. 많은 회당과 식당으로 추정되는 곳에 8~14세기 그린 벽화가 남아 있다. 하지만, 안타깝게도 프레스코화는 훼손된 것이 많다. 특히, 아제르바이잔 영토에 속한 곳은 관리를 할 수 없어 더 많이 훼손되었다고 한다.

우다브노 수도원의 동굴을 찾아보면서 가파른 산비탈을 따라 가면 산정에 있는 예배당에 닿는다. 이곳이 트레킹 종착점이다. 예배당은 주변을 감상하는 전망대 구실을 한다. 이곳에서 바라보는 황량한 고원 풍경은 비현실적이다. 지구가 아닌 다른 행성에 있는 착각이 든다. 특히, 예배당을 중심으로 국경선이 지나기 때문에 두 나라를 오가는 흥미로운 체험도 할 수 있다.

수도원 가는 길에 있는 오아시스

우다브노 Udabno

우다브노는 다비드 가레자 수도원을 찾는 여행자들이 식사와 휴식을 위해 들리는 마을이다. 우다브노는 조지아어로 '사막'이라는 뜻이다. 수도원 산 정상에서 보았듯이 이 지역은 황량한 사막과 초원뿐이다. 이 지역은 강수량이 적어 농사를 지을 수 없다. 또 다른 도시와 너무 떨어져 있어 사람이 살 수 없는 환경이다. 그러나 구소련 시절 작은 오아시스가 있는 이곳으로 유목민을 강제 이주시켰다. 조지아 정부는 독립 이후 우다브노 주민들에게 다른 지역으로 이주할 것을 권했다. 하지만 주민들은 수십 년 동안 살아온 이곳을 떠날 수 없다며 이주를 거부했다. 조지아 정부는 이들의 결정을 존중해 마을에 수도, 전기, 가스를 무료로 공급하고, 학교, 교회도 지어줬다. 현재 우다브노 마을에는 500여명이 거주하고 있다. 지금은 수도원을 찾는 많은 여행자들의 쉼터가 되고 있다. 우다브노는 한국 예능 프로그램에도 소개되어 한국 여행자 사이에도 많이 알려졌다.

EAT

우다브노 마을의 오아시스
오아시스 클럽 Oasis Club

우다브노 마을에서 가장 유명한 음식점이다. 가레지 라인 투어가 이곳을 이용하면서 유명세를 탔다. 음식점 입구에는 이곳을 다녀간 전 세계 여행자의 명함이 꽂혀 있다. 그 중에는 태극기도 있어 더욱 반갑다. 주 메뉴는 조지아 전통 음식이다. 가격은 다른 도시에 비해 비싼 편이다. 하지만 우다브노 마을을 벗어나면 트빌리시까지 식당이 없는 만큼 감수해야 한다.

Data 지도 221p 가는 법 다비드 가레자 수도원에서 돌아오는 길의 우다브노 마을 초입에 위치 주소 G92H+67 Udabno(구글플러스코드) 전화 +995 574 80 55 63 오픈 08:00~02:00 가격 샐러드 11라리, 맛조니 6라리, 하차푸리 15라리, 굽다리 20라리, 므츠바디 18라리 홈페이지 www.oasisclubudabno.com

멋진 선경을 볼 수 있는
우다브노 테라스 Udabno Terrace

넓은 벌판 가운데 있는 레스토랑이다. 옥상 테라스에서 우다브노 마을과 드넓은 벌판을 보며 식사를 할 수 있다. 영어로 소통이 가능한 친절한 직원과 맛있는 음식, 멋진 풍경 3박자를 모두 갖춘 레스토랑이다.

Data 지도 221p 가는 법 다비드 가레자 수도원에서 돌아오는 길의 우다브노 마을 초입에 위치 주소 G92G+CX Udabno(구글 플러스 코드) 전화 +995 591 60 30 80 오픈 월~금 09:00~23:00, 토~일 09:00~02:00 가격 굽다리 14라리, 치킨수프 12라리, 하차푸리 12라리, 샐러드 8라리 홈페이지 https://udabno-terrace.business.site

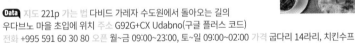

SLEEP

사막에서 하룻밤
오아시스 클럽 코티지 Oasis Club Cottages

넓은 초원에서 자는 특별한 경험을 해보고 싶다면 추천한다. 오아시스 클럽은 식당, 호스텔, 코티지를 운영하고 있다. 여행객들이 모여 정보를 공유하고 파티를 열기도 한다. 승마투어와 다비드 가레자 투어도 직접 진행하고, 트빌리시에서 픽업서비스도 해준다. 홈페이지에서 사전 예약은 필수다.

Data 지도 221p 가는 법 다비드 가레자 수도원에서 돌아오는 길의 우다브노 마을 초입에 위치 주소 G92H+57 Udabno(구글 플러스 코드) 전화 +995 574 80 55 63 가격 4인실 침대 1개 기준 25라리~, 코티지 200라리~ 홈페이지 www.oasisclubudabno.com

03

조지아 서부
West of Georgia

**메스티아&우쉬굴리·쿠타이시·보르조미·
아할치헤&바르지아·바투미**

조지아 서부는 동부와는 전혀 다른
느낌이다. 특히, 흑해와 접한 바투미
는 휴양지로 인기가 높다. 북쪽 코카
서스산맥 깊숙한 곳에 자리한 메스
티아는 시간이 정지된 중세의 마을
이다. 또 세계 3대 광천수가 솟는 보
르조미와 동굴 도시 바르지아도 알
찬 여행지다.

메스티아 & 우쉬굴리
Mestia & Ushguli

메스티아는 조지아 북서부 스바네티 지역의 중심지다. 이곳은 코카서스 산맥의 높고 깊은 품에 있어 세상과 오랫동안 격리되어 있었다. 이런 탓에 중세의 모습이 그대로 보전되어 있다. 특히, 적의 침탈로부터 가족을 지키기 위해 만든 코쉬키라는 독특한 건물이 볼거리다. 메스티아는 알프스를 능가하는 초원과 높은 산이 어울려 조지아 최고의 비경지라는 평가를 받는다. 트빌리시에서 오가는 길이 멀고 불편하지만 조지아의 알프스를 만끽하고 싶다면 추천한다.

미리보기

이곳은 해발 5,000m가 넘는 코카서스 고봉이 둘러싸고 있다. 고지대에 펼쳐진 초원과 병풍처럼 늘어선 산들, 그리고 빙하가 흐르는 계곡이 있다. 이 아름다운 풍경을 즐기기 위해 트레커들이 많이 찾는다. 메스티아는 조지아인들이 꼽는 조지아에서 가장 아름다운 마을이다.

SEE

메스티아에서는 코쉬키라 불리는 스반타워를 많이 볼 수 있다. 개방되어 있는 코쉬키가 몇 개 있으니 방문해보자. 코룰디호수를 보러 가는 트레킹도 빼놓을 수 없다. 메스티아에서는 잊지 말고 밤하늘을 보자. 날씨가 좋으면 밤하늘에서 쏟아질 듯이 많은 별을 볼 수 있다.

EAT

메스티아는 고지대라 여름에도 일교차가 크다. 날이 흐리거나 밤이 되면 쌀쌀해진다. 그럴 땐 하르초 수프로 몸을 녹여주자. 므츠바디라 불리는 바비큐 메뉴도 곁들이면 좋다. 돼지고기, 소고기, 닭고기, 야채 등 다양한 종류의 므츠바디는 숯불에 소금만 뿌려 굽기 때문에 재료 본연의 맛을 느낄 수 있다. 조지아에서는 가축을 방목해 키운다. 이 때문에 지방이 별로 없어 담백한 맛을 느낄 수 있다.

BUY

메스티아가 있는 스바네티 지역은 장수마을로 유명하다. 이곳에 사는 할머니들이 직접 만들어 파는 양모 스카프와 모자가 좋은 선물이 된다. 다른 지역에서도 구매할 수 있지만, 이곳에서 파는 염소 뿔로 만든 와인 잔도 특별하다. 이 와인 잔은 직접 손으로 만든 것이다. 뿔의 모양에 따라 잔의 모양도 제각각이다. 핸드메이드 제품에 관심이 있다면 구매해보자.

SLEEP

메스티아에 대부분의 숙박시설이 몰려 있다. 이곳에 머물면서 우쉬굴리 등 주변을 여행한다. 우쉬굴리는 메스티아에서 차량으로 2시간 정도 떨어져 있다. 우쉬굴리는 작은 마을이라 숙박시설이 많지 않다. 우쉬굴리에 머물 예정이라면 사전에 반드시 예약하자. 예약이 되지 않았다면 메스티아에서 당일로 여행하자.

어떻게 갈까?

메스티아는 조지아에서도 외진 서북쪽 산악지대에 있다. 트빌리시에서 기차나 버스를 이용하면 하루가 꼬박 걸린다. 메스티아로 가는 방법은 항공, 기차, 마르슈르트카까지 다양하다. 가장 빠르고 편한 방법은 바닐라스카이에서 운영하는 경비행기를 이용하는 것이다. 트빌리시에서 메스티아까지 1시간이 채 안 걸린다. 다만, 탑승정원이 19명에 불과하고, 날씨에 따라 운항이 취소되는 경우도 있어 약간 불안하다. 기차나 마르슈르트카를 이용하는 것이 가장 대중적인 방법이다. 기차는 메스티아까지 가지 않는다. 주그디디 기차역에서 마르슈르트카로 환승해야 한다. 기차+마르슈르트카를 이용하면 지역에 따라 5~12시간 정도 걸린다. 트빌리시에서 메스티아까지 마르슈르트카를 이용하면 8시간쯤 걸린다.

바닐라스카이 항공

바닐라스카이 항공을 이용하면 메스티아까지 가장 빠르고 편하게 갈 수 있다. 메스티아행 경비행기는 트빌리시와 쿠타이시에서 출발한다. 트빌리시 출발은 시내에서 30km 떨어진 나탁타리 공항을 이용한다. 나탁다리 공항까지는 로즈 레볼루션Rose Revolution광장에 있는 빅바이시클 동상 맞은편에서 무료 픽업 차량(파란색 마르슈르트카)을 이용한다. 운항횟수는 여름 성수기 기준 주 6회다. 비수기에는 운항편수가 줄어드니 사전에 체크하자. 쿠타이시에서는 주 2회 운항한다. 요금은 트빌리시~메스티아 90라리, 쿠타이시~메스티아 50라리다.
바닐라스카이 항공은 탑승 정원이 19명에 불과한 경비행기로 예약이 어렵다. 또 경비행기는 날씨의 영향을 많이 받는다. 날씨가 좋지 않으면 운항하지 않는다. 즉, 예약 성공이 끝이 아니라 날씨 운도 따라주어야 바닐라스카이에 탑승할 수 있다. 날씨에 따른 항공 스케줄은 바닐라스카이에서 관리하는 페이스북 페이지에서 확인할 수 있다. 그러나 사전 공지가 없었더라도 공항에서 운항 취소 소식을 들을 수도 있다. 마지막 타는 순간까지 긴장하게 만드는 게 바닐라스카이 항공이다. 만약, 기상악화로 운항이 취소되면 30일 내에 환불된다. 수하물은 모든 짐을 합쳐 15kg 미만이다.
바닐라스카이 항공이 도착하는 퀸 타마르 메스

나탁타리 공항

퀸 타마라 메스티아 공항

티아 공항Queen Tamar Mestia Airport에서 메스티아 시내까지는 2km 거리다. 도보로 이동하면 20분 정도 걸린다. 비행기 도착시간에 맞춰 공항 밖에 택시가 대기하고 있다. 대부분 메스티아 시내로 가는 택시다. 한 대에 6명까지 탑승할 수 있으며, 요금은 한 대당 15~20라리다.

TIP 바닐라스카이 항공은 좌석 지정이 없다. 트빌리시에서 메스티아로 갈 때는 서둘러서 오른쪽 창가에 앉도록 하자. 이동하는 동안 코카서스산맥 뷰를 만끽할 수 있다. 항공편은 출발 60일 전부터 예약이 가능하다고 공지되어 있다. 하지만 페이스북 페이지에 스케줄이 올라 온 후 티켓 예약이 열린다. 정확히 언제 올라오는지 공지가 따로 없어 수시로 체크하는 방법 밖에 없다. 스케줄이 올라오고 몇 시간만 지나도 예약이 가득 차 발권이 어려울 수 있다. 정보 기입하는 시간도 3분밖에 주지 않아 예약에 실패하는 경우도 많다. 미리 메모장에 기본정보를 적어두고 복사하기+붙여넣기를 사용하여 시간을 단축시키는 게 실패를 줄일 수 있는 방법이다.

바닐라스카이 항공
주소 Vazha Phshavela Avenue 5, Tbilisi
오픈 월~금 10:00~18:00, 토 10:00~13:00
전화 +995 32 2 428 428
홈페이지 https://ticket.vanillasky.ge (티켓 발권)
www.facebook.com/Vanillasky.ge (스케줄)

코피트나리 공항 Kopitnari Airport
주소 5FJ8+R6 Zeda Bashi (구글 플러스 코드)
전화 +995 431 23 70 00
홈페이지 www.kutaisi.aero

퀸타마르 공항 Queen Tamar Airport
주소 3Q42+CHF, Mestia (구글 플러스 코드)
전화 +995 591 51 25 33

나탁타리 공항 Natakhtari Airfield
주소 WPC9+FG2, Natakhtari (구글 플러스 코드)
전화 +995 599 65 90 99

야간 기차 + 마르슈르트카

메스티아에는 기차역이 없다. 기차를 이용해서 메스티아에 간다면 가장 가까운 주그디디역으로 가야 한다. 주그디디에서 메스티아까지 마르슈르트카로 3시간 정도 걸린다. 주그디디에는 버스터미널이 따로 있다. 하지만 메스티아로 가는 마르슈르트카는 기차역 바로 앞에서 탑승한다. 주그디디역에서 버스터미널로 이동하는 실수를 하면 안 된다. 마르슈르트카는 기차 도착시간에 맞춰 탑승객을 모집하고, 만석이 되면 바로 떠난다. 따라서 기차에서 내릴 때 서둘러야 한다. 잘못하면 다음 마르슈르트카를 기다려야 할 수도 있다.

트빌리시-주그디디 기차 운행 정보

도착지	출발시간	도착시간	소요시간	가격
주그디디	16:55	23:22	6시간 27분	15~30라리
트빌리시	08:20	15:08	6시간 48분	15~30라리

마르슈르트카

조지아 주요 도시에서 메스티아로 가는 마르슈르트카가 하루 1회 정도 있다. 그러나 계획한 시간에 타지 못한다면 일정에 차질이 생길 수 있으니 시간 여유를 두고 움직이는 게 좋다. 대부분의 마르슈르트카가 주그디디를 경유한다.

따라서 메스티아로 곧장 가는 마르슈르트카가 없다면 일단 주그디디까지 간 다음 환승한다. 마르슈르트카는 주그디디에서 메스티아로 가는 길에 바르자쉬강Barjashi River에서 한 번 쉬어 간다.

트빌리시-주그디디 마르슈르트카 운행 정보

출발지	도착지	출발시간	도착시간	소요시간	가격
트빌리시	메스티아	07:00	15:00	8시간	50라리
쿠타이시		07:00	11:00	4시간	25라리
주그디디		3~4회 (승객 모이면 출발)	3~4회 (승객 모이면 출발)	4시간	40라리
바투미		07:00, 09:00, 11:00,12:00	13:00,15:00, 17:00,18:00	6시간	60라리
메스티아	트빌리시	07:00	16:00	8시간	50라리
	쿠타이시	08:00	12:00	4시간	25라리
	주그디디	08:00, 12:00, 14:00, 18:00	12:00, 16:00, 18:00, 22:00	4시간	40라리
	바투미(주그디디 경유)	07:00	14:00	6시간	60라리

트빌리시 디두베 버스터미널 Tbilisi Didube Busterminal
주소 QQ2H+RJ Tbilisi(구글 플러스 코드)
전화 +995 32 234 49 24

쿠타이시 버스터미널 Kutaisi Central Bus Station
주소 7M4C+M9W, Kutaisi(구글 플러스 코드)

주그디디 버스터미널 Zugdidi Central Station
주소 GV6J+8W Zugdidi(구글 플러스 코드)

바투미 버스터미널(마르슈르트카)
주소 JMV2+G4 Batumi (구글 플러스 코드)

메스티아 버스터미널 Mestia Bus Station
주소 2PVG+JC4, Mestia(구글 플러스 코드)
전화 +995 599 46 71 86

TIP 메스티아는 카드 결제가 거의 되지 않는다. 현금을 미리 준비해야 한다. 세티 광장 주변에 있는 환전소의 환율은 트빌리시와 비교해도 좋은 편이다. 사전에 미리 바꿀 필요 없이 도착해서 환전해도 된다. ATM기 또한 자주 볼 수 있어 현금을 인출하는 것도 가능하다. 메스티아에서는 트레킹을 위한 차량 예약을 했어도 출발 전날 버스터미널이나 숙소에 다시 한 번 확인하자. 또 고지대라 보니 날씨가 수시로 변한다. 날씨에 따라 일정이 차질이 생길 수 있으니 플랜B를 만들어 두는 것도 좋다.

어떻게 다닐까?

도보

메스티아와 우쉬굴리는 작은 마을이라 도보로 둘러보아도 충분하다. 하지만 메스티아에서 우쉬굴리로 가거나 트레킹 코스를 찾아갈 때는 택시를 이용해야 한다. 메스티아와 우쉬굴리에는 다양한 트레킹 코스가 있다. 트레킹은 걷기도 하지만 차량을 이용하거나 말을 탈 수 있는 구간도 있다. 자신의 체력에 따라 적절히 활용하면 좋다.

쉐어 택시

메스티아와 우쉬굴리에는 대중교통이 없다. 우

쉬굴리를 포함한 대부분의 방문지는 쉐어 택시를 이용해야 한다. 메스티아 세티 광장에 있는 버스터미널에서 우쉬굴리와 트레킹 코스로 가는 쉐어 택시를 예약할 수 있다. 쉐어 택시는 보통 6인승이며, 인원이 차면 출발하기 때문에 시간을 여유 있게 두고 움직이는 것이 좋다. 시간에 구애받고 싶지 않다면 숙소에 문의해 개인적으로 택시를 대절할 수 있다. 마을 주민끼리 서로 잘 알고 있어 차량 예약도 대신해주고, 숙소까지 픽업도 온다. 숙소에서 소개해준 차량을 이용한다면 세티 광장까지 이동하는 수고를 덜 수 있다.

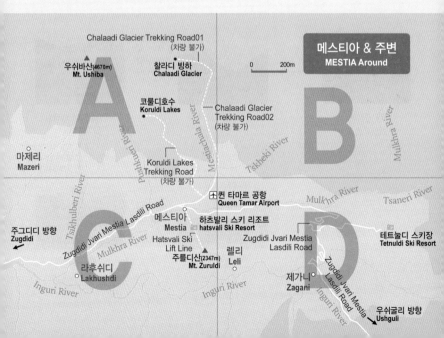

메스티아 & 주변
MESTIA Around

0   200m

Chalaadi Glacier Trekking Road01
(차량 불가)

우쉬바산(4670m)
Mt. Ushiba

찰라디 빙하
Chalaadi Glacier

코룰디호수
Koruldi Lakes

Chalaadi Glacier
Trekking Road02
(차량 불가)

Tskheki River

Mulkhra River

마제리
Mazeri

Tskhuberi River

Pushkueri River

Mestiachala River

Koruldi Lakes
Trekking Road
(차량 불가)

퀸 타마르 공항
Queen Tamar Airport

Mulkhra River

Tsaneri River

주그디디 방향
Zugdidi

Zugdidi Jvari Mestia Lasdili Road

Mulkhra River

메스티아
Mestia

하츠발리 스키 리조트
hatsvali Ski Resort

Zugdidi Jvari Mestia
Lasdili Road

테트눌디 스키장
Tetnuldi Ski Resort

Hatsvali Ski
Lift Line

렐리
Leli

주룰디산(2347m)
Mt. Zuruldi

라후쉬디
Lakhushdi

Inguri River

Inguri River

제가니
Zagani

Zugdidi Jvari Mestia Lasdili Road

우쉬굴리 방향
Ushguli

메스티아 & 우쉬굴리
♀ 3일 추천 코스 ♀

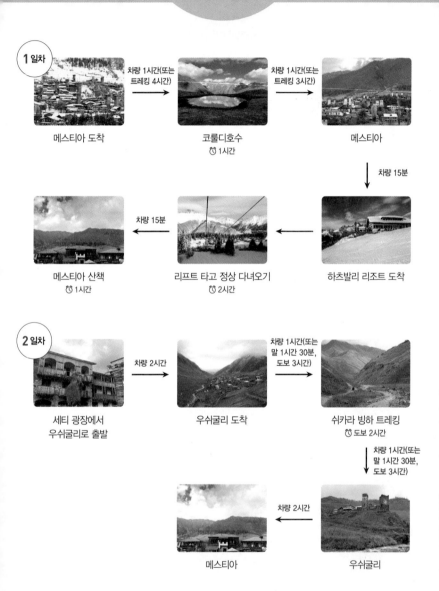

1 일차

메스티아 도착

→ 차량 1시간(또는 트레킹 4시간)

코룰디호수
ⓣ 1시간

→ 차량 1시간(또는 트레킹 3시간)

메스티아

↓ 차량 15분

하츠발리 리조트 도착

← 리프트 타고 정상 다녀오기
ⓣ 2시간

← 차량 15분

메스티아 산책
ⓣ 1시간

2 일차

세티 광장에서 우쉬굴리로 출발

→ 차량 2시간

우쉬굴리 도착

→ 차량 1시간(또는 말 1시간 30분, 도보 3시간)

쉬카라 빙하 트레킹
ⓣ 도보 2시간

↓ 차량 1시간(또는 말 1시간 30분, 도보 3시간)

우쉬굴리

← 차량 2시간

메스티아

3 일차

메스티아 → 차량 20분(또는 도보 2시간) → 찰라디 빙하 트레킹 → 차량 20분(또는 도보 2시간) → 메스티아

메스티아

찰라디 빙하 트레킹
🕐 도보 3시간

메스티아

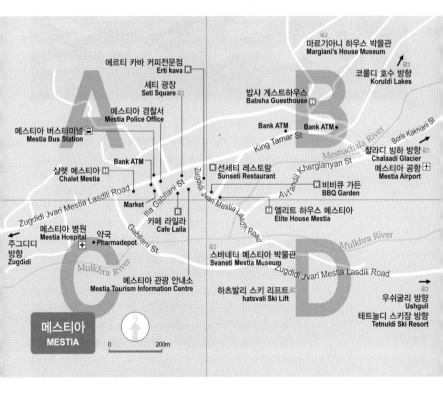

마르기아니 하우스 박물관
Margiani's House Museum

코룰디 호수 방향
Koruldi Lakes

에르티 카바 커피전문점
Erti kava R

세티 광장
Seti Square

밥샤 게스트하우스
Babsha Guesthouse H

메스티아 경찰서
Mestia Police Office

메스티아 버스터미널
Mestia Bus Station

Bank ATM   Bank ATM

King Tamar St

Mestiachala River

Boris Kakhiani St

찰라디 빙하 방향
Chalaadi Glacier

메스티아 공항
Mestia Airport

Bank ATM

샬렛 메스티아
Chalet Mestia H

Zugdidi Jvari Mestia Lasdili Road

선세티 레스토랑
Sunseti Restaurant

Avrandi Khergianyan St

비비큐 가든 R
BBQ Garden

Market

Ilia Gabliani St

Zugdidi Jvari Mestia Lasdili Road

엘리트 하우스 메스티아 H
Elite House Mestia

Mulkhra River

카페 라일라 R
Cafe Laila

Zugdidi Jvari Mestia Lasdili Road

메스티아 병원
Mestia Hospital

약국
Pharmadepot

Gabliani St

스바네티 메스티아 박물관
Svaneti Mestia Museum

주그디디
방향
Zugdidi

Mulkhra River

메스티아 관광 안내소
Mestia Tourism Information Centre

하츠발리 스키 리프트
hatsvali Ski Lift

우쉬굴리 방향
Ushguli

테트눌디 스키장 방향
Tetnuldi Ski Resort

메스티아
MESTIA

N

0 —— 200m

A B C D

때묻지 않은 청정마을
메스티아 Mestia

메스티아는 중세시대의 느낌이 그대로 남아 있는 마을이다. 이곳은 2012년 도로가 개통되기 전까지는 여행자가 쉽게 찾아가기 어려운 곳이었다. 코카서스산맥 깊은 곳 교통의 오지에 있다 보니 1,000년 가까이 외부에 알려지지 않고 스반 민족만 살아왔다. 높은 산이 많고 공기가 맑은 조지아에서도 가장 때 묻지 않은 청정지역 중 하나다.

여행자는 메스티아에 도착한 순간부터 과거로 타임머신을 타고 온 것 같은 기분이 든다. 마을에는 신식 건물이 거의 없다. 대부분 옛 마을 모습을 유지하고 있다. 낮은 집들 사이로 우뚝 솟아 있는 코쉬키(스반 타워)가 유달리 눈길을 끈다. 적의 침탈에 대비해 만든 코쉬키는 강인한 스반 민족의 상징이면서 코카서스의 대자연과 잘 어울린다.

메스티아는 해발 2,000m 가까이 되는 산악지대에 있다. 주변에 해발 5,000m를 헤아리는 산들이 마을을 감싸고 있어 스위스 알프스와 비교해도 손색이 없다. 마을에는 몰려드는 관광객들을 위한 음식점과 카페, 숙소가 많다. 여행자들은 메스티아를 베이스 삼아 트레킹을 하거나 우쉬굴리 같은 마을을 찾아간다. 특히, 트레킹을 좋아하는 이들에게 메스티아는 완벽한 휴식처가 된다. 겨울에는 스키어들이 이 마을을 찾아 파우더 스키를 즐긴다.

스반 민족의 방어형 주택
스반 타워 Svan Tower

메스티아와 우쉬굴리에 가면 지붕 위로 솟은 굴뚝 모양의 타워를 많이 볼 수 있다. 이 타워가 스반 민족의 상징인 스반 타워다. 코쉬키Koshki라고도 불리는 스반 타워는 적의 공격으로부터 대피하기 위해 만든 방어용 주택이다. 오래된 것은 9~13세기 만들어졌다. 남아 있는 스반 타워 중 가장 최근에 지어진 것은 200년 정도 되었다고 한다. 오래된 역사를 지니고 있는 스반 타워는 큰 지진에도 견딜 만큼 튼튼하게 지어졌다.

스반 타워의 평균 높이는 20~25m이며, 내부는 3~6개의 층으로 되어 있다. 1층에는 가축을, 2층에는 곡식을 두었다. 3~5층은 대피장소 및 망루 역할을 했다. 코쉬키 안에서 음식을 해먹을 수 있는 공간이 따로 있어 거주목적으로 사용하기도 했다. 각 층은 사다리로 올라갈 수 있게 되어 있는데, 적이 쳐들어오면 3층에서 사다리를 걷어 피신했다.

스반 타워는 외부의 적에게 결코 항복하지 않으려는 스반 민족의 강인한 정신을 상징한다. 메스티아 일대에 살았던 스반 민족은 자신만의 문화와 언어를 지키기 위해 많은 노력을 했다. 이들은 조지아어를 사용하지만, 그들만의 언어(스반어)도 함께 사용하며 자신들만의 정체성을 지키려고 한다.

메스티아의 중심
세티 광장 Seti Square

메스티아의 중심지다. 이 광장을 중심으로 관광 안내소, 버
스터미널, 식당, 숙소, 환전소 등이 있다. 광장에는 말을 타
고 있는 타마르 여왕 동상이 반겨준다. 메스티아에 도착하는
여행자가 가장 먼저 보게 되는 마을의 모습이다. 또한, 메스
티아에 머무는 동안 가장 많이 방문하는 곳이기도 하다.

Data 지도 235p-A
가는 법 메스티아 버스 정류장에서 도보 2분
주소 7 Seti Square Mestia

스반 하우스를 경험할 수 있는
마르기아니 하우스 박물관 Margiani's House Museum

스반 타워를 비롯한 스반 민족의 생활상을 알 수 있는 주요 명소 중 하나이다. 이곳은 12세기 만들어
진 스반 하우스를 박물관으로 만들어 놓았다. 본래 마르기아니 가문의 사유지였던 이곳에는 8개의
스반 타워가 있다. 이 가운데 4개의 스반 타워가 일반에게 공개된다. 스반 타워에 들어가면 사람들
이 이곳에서 어떻게 생활했는지 직접 확인할 수 있다. 가이드가 동행하며 코쉬키 안에서의 삶과 문
화를 직접 설명해준다. 사다리를 통해 직접 올라가 볼 수 있는데, 사다리 경사가 높으니 안전에 주
의해야 한다. 현지에서는 마르기아니스 마츄비Margianis Machubi라고 부른다.

Data 지도 235p-B 가는 법 세티 광장에서 코룰디호수 방향으로 도보 20분 주소 2PXJ+MR9, Lanchvali st.,
Mestia(구글 플러스 코드) 전화 +995 579 80 55 99 오픈 10:00~18:00(월 휴무) 입장료 10라리

··· Plus Info ···

메스티아 관광 안내소 Mestia Tourism Information Centre

메스티아와 우쉬굴리에 대한 여행 정보를 얻을 수 있다. 트레킹 코스 지도가 구비되어 있
다. 쉐어 택시 연결도 도와준다.

Data 주소 Zugdidi Jvari Mestia Lasdili, Mestia 오픈 매일 10:00~18:00

 스바네티 역사를 알 수 있는
스바네티 메스티아 박물관 Svaneti Mestia Museum

스바네티 지역의 역사를 알려주는 박물관으로 1936년 처음 개
장했다. 2013년 재건되면서 현재의 모던한 모습으로 바뀌었다.
이 빅물관에는 기원선부터 줄토된 유물이 시대별로 전시되어 있
다. 13세기 타마르 여왕 시절의 보석 장신구를 포함해 스바네티
지역의 교회 십자가, 옛 언어가 적힌 책 등 다양한 물품이 있다.
박물관은 규모도 작고 전시품도 많지 않지만 스바네티 지역을 이
해하는데 도움이 된다. 박물관 뒤 쪽 계단을 이용해 옥상에 올라
가면 메스티아 마을의 전경을 볼 수 있는 파노라마 뷰가 펼쳐진
다. 이 마을에서 가장 멋진 뷰를 볼 수 있는 곳이다.

Data 지도 235p-D 가는 법 세티 광장에서 하츠발리 리조트 방향으로
도보 10분 주소 2PRG+CH Mestia(구글 플러스 코드)
전화 +995 32 299 71 76 오픈 10:00~18:00(월 휴무)
입장료 성인 30라리, 학생 15라리

 리프트 타고 메스티아 조망하는
하츠발리 스키 리조트 Hatsvali Ski Resort

메스티아는 구다우리, 바쿠리아니와 함께 조지아 3대 스키장이 있는 곳이다. 메스티아에는 스키장 두 곳이 있는데, 이 가운데 마을에서 바로 접근할 수 있는 스키장이 하츠발리다. 하츠발리는 주룰디산(Mt. Zuruldi, 2347m)에 자리했다. 겨울에는 스키장으로 운영하고, 여름철 여행 성수기에는 트레커들을 위해 개방한다. 스키장 정상까지는 두 개의 리프트를 이용해 올라갈 수 있다.

첫 번째 리프트(하츠발리 리프트)를 타고 5분 정도 가면 두 번째 리프트(하츠발리 스키 리프트)를 타는 환승장이다. 이곳까지는 리프트 대신 택시를 이용할 수 있다. 환승장에서 두 번째 리프트로 갈아타고 20분 정도 올라가면 주룰디산 정상에 도착한다. 정상에서는 카페 주룰디Café Zuruldi에서 경치를 즐기며 식사를 하거나 음료를 마시며 쉬어가기 좋다. 음식은 6~15라리, 커피나 와인 등 음료는 5라리 정도다.

하츠발리 리조트는 겨울과 여름 성수기를 제외하고는 리프트를 운영하지 않는다. 여름 성수기라 하더라도 두 개의 리프트 중 한 개만 운행하는 경우도 있다. 주룰디산을 방문할 예정이라면 관광 안내소에 먼저 문의하자.

Data 지도 233p-C
가는 법 스바네티 메스티아 박물관에서 도보 10분
주소 2PHM+QJ Mestia (구글플러스코드)
가격 하츠발리 리프트 왕복 20라리, 당일권 성인 50라리, 어린이 25라리

> **TIP** 만약 리프트를 운행하지 않는다면 트레킹을 하거나 택시를 이용한다. 첫 번째 리프트 승강장에서 두 번째 리프트로 갈아타는 환승장까지 트레킹을 하면 왕복 4~5시간이 걸린다. 이곳까지 택시를 이용할 수도 있다. 리프트 환승장에서 정상까지 트레킹은 왕복 6시간 정도 걸린다. 두 구간 모두 트레킹 하면 10시간 가량 소요되는데, 체력 소모가 너무 심하다. 따라서 주룰디산 정상까지 왕복 트레킹은 추천하지 않는다.

조지아에서 두 번째로 큰 스키장

테트눌디 리조트 Tetnuldi Ski Resort

메스티아 마을에서 동쪽으로 12km 떨어진 곳에 있다. 조지아에서 구다우리 스키장 다음으로 큰 스키장이다. 메스티아에서 스키를 탄다면 하츠발리보다는 테트눌디를 추천한다. 테트눌디 스키장은 테트눌디산(Mt. Tetnuldi, 4858m) 남서쪽에 있다. 스키장은 수목한계선을 넘나드는 해발 2,265~3,165m 사이에 자리했다. 슬로프에는 나무가 거의 없어 프리라이딩을 즐길 수 있는 구간도 많다. 가장 긴 슬로프의 길이는 7.1km. 그러나 슬로프 길이를 논하는 것은 이 스키장에서는 의미가 없다. 드넓은 설원에서 자신이 원하는 곳으로 마음껏 질주하는 재미를 느끼면 된다. 다만, 프리라이딩 구역은 2019년부터 위험 지역으로 구분했다. 또한, 스키장 고도가 높은 만큼 악천후를 유념해야 한다. 날씨가 흐린 날은 짙은 구름으로 시야가 확보되지 않아 상급자 코스인 상단 리프트는 운행하지 않는다.

Data 지도 233p-D
가는 법 메스티아 마을에서 차량으로 45분 주소 2VGR+P8 Tsaldashi (구글 플러스 코드)
요금 당일권 성인 50라리, 어린이 25라리 오픈 09:00~17:00

TIP 메스티아에서 테트눌디 스키장을 연결하는 대중교통은 없다. 메스티아에서 쉐어 택시로 다녀와야 한다. 메스티아 마을에서 테트눌디 스키장까지는 차량으로 편도 45분 정도 걸린다. 쉐어 택시는 한 대당 왕복 100라리 정도다. 오전 9시에 메스티아를 출발하며, 스키장에서 대기하다가 오후 4시에 돌아온다.

메스티아에서 빙하를 볼 수 있는
찰라디 빙하 Chaladi Glacier

메스티아에서 떠나는 트레킹 가운데 빙하를 볼 수 있는 코스로 유명하다. 여름에는 빙하 녹은 물이 우렁찬 소리를 내며 흘러가는 계곡과 자갈과 흙에 덮여 있는 빙하를 가까이서 볼 수 있다.

메스티아에서 트레킹 코스 초입에 있는 찰라디 카페까지 차량으로 20분(도보 2시간) 걸린다. 트레킹 코스 초입에서 작은 다리를 건너 왼쪽 오솔길로 들어가면 찰라디 빙하 트레킹이 시작된다. 트레킹은 계곡을 따라 올라가는 코스라 길을 잃을 염려는 없다. 등산로도 잘 나 있고, 중간중간 이정표도 있다. 트레킹 코스 초입과 마지막 부분에 경사가 좀 있지만 대체적으로 완만한 평지길이다. 숲길을 계속 따라가면 넓은 돌길이 나오고 멀리 빙하가 보인다. 바닥에 쌓인 돌은 계곡 양 옆으로 거대한 절벽으로 이룬 산에서 굴러내려 온 것이다. 항상 낙석을 주의하며 트레킹을 하자. 또 돌이 미끄러우니 조심하자. 빙하를 보았다면 트레킹 1차 목표는 이룬 셈이다. 그 다음은 자신의 체력에 맞게 조금 더 올라가도 되고 트레킹을 마쳐도 된다.

Data 지도 233p-A 가는 법 메스티아 관광안내소에서 차량으로 20분 소요

TIP 메스티아에서 트레킹 초입에 위치한 찰라디 카페까지 도보로도 접근할 수 있다. 하지만 편도 2시간이 걸리고, 주변에 볼거리가 없어 지루하다. 택시를 추천한다. 대절 택시 요금은 왕복 80라리, 편도 40라리다. 다른 여행자들과 함께 이용해야 저렴하다. 찰라디 빙하 트레킹은 4월에서 10월까지 할 수 있다. 이외에는 눈으로 인해 트레킹이 힘들다. 찰라디 빙하 트레킹은 왕복 3시간쯤 걸린다.

산정에 펼쳐진 그림 같은 호수
코룰디호수 Koruldi Lakes

메스티아의 유명세를 가장 극적으로 보여주는 곳이 코룰디호수다. 우쉬바산Mt. Ushiba 아래 해발 2,700m에 있는 이 호수들은 산 위의 정원을 방불케 한다. 만년설을 이고 있는 코카서스산맥이 빙 둘러친 고원에는 4개의 작은 호수가 있다. 여름에는 푸른 초원을 이루고, 호수에는 하얀 산과 파란 하늘이 담긴다. 알프스와 견주어도 전혀 손색이 없는 풍경이 펼쳐진다. 이 때문에 메스티아를 찾는 여행자들은 대부분 코룰디호수 트레킹을 나선다.

코룰디호수 트레킹은 크게 두 구간으로 나눌 수 있다. 첫 번째 구간은 메스티아에서 십자가 전망대까지다. 도보 약 2시간 거리로 계속되는 오르막이라 많이 힘들다. 두 번째 구간은 십자가 전망대부터 코룰디호수까지다. 이곳도 2시간 30분 정도 걸린다. 가끔 가파른 오르막이 있지만 대체로 완만하다. 특히, 사방으로 우뚝 솟은 코카서스 연봉이 펼쳐져 멋진 장관을 보며 걸을 수 있다.

코룰디호수는 호수라기보다는 웅덩이에 가까운 작은 호수 4개가 몰려 있다. 호수에 비친 하늘과 빙 둘러친 하얀 산들이 연출하는 경관은 평생 잊을 수 없다. 코룰디호수에서 메스티아까지 하산은 2시간 30분 정도 걸린다.

Data 지도 233p-A 가는 법 메스타이 마을에서 코룰디호수까지 편도 4시간 30분 소요(택시 이용 시 40분)

TIP 코룰디호수까지는 메스티아(해발 1,400m)에서 약 1,300m 가량 고도를 올라야 한다. 왕복 8시간 걸리는 트레킹 코스로 결코 쉬운 코스는 아니다. 온전히 걸어서 트레킹을 하려면 아침 일찍 출발하는 것이 좋다. 걷는데 자신이 없다면 택시를 이용해도 된다. 택시 대절료는 왕복 200라리다. 택시는 코룰디호수 근처까지 올라간다. 여행자가 경치를 즐길 수 있는 충분한 시간을 준다. 트레킹 코스 전체는 어렵지만 내려올 때만 걷고 싶다면 택시를 편도(150라리)로 이용해도 된다. 택시 대절료가 비싸기 때문에 여행자 여럿이 함께 이용하는 게 좋다.

마을 전체가 세계문화유산!
우쉬굴리 Ushguli

메스티아를 여행할 때 빠뜨려서는 안 되는 곳이 우쉬굴리다. 우쉬굴리는 해발 2,086m에 있는 마을이다. 유럽의 마을 가운데 가장 높다. 우쉬굴리는 엔구리Enguri강이 흐르는 협곡 사이에 있다. 메스티아에서 테트눌디 스키장 입구를 지나 산을 넘고 험준한 계곡으로 난 비포장길을 따라 2시간을 가야 만날 수 있다. 우쉬굴리는 이렇게 외진 곳에 있어 역사적으로 오랫동안 고립된 상태를 유지했다.

우쉬굴리에 도착하면 타임머신을 타고 중세시대로 돌아간 것 같은 느낌을 받는다. 계곡을 따라 옹기종기 모여 있는 4개의 마을 곳곳에 스반 타워가 서 있다. 돌로 지은 집들도 오랜 세월의 흔적이 묻어난다. 우쉬굴리는 이처럼 완벽하게 중세의 모습을 보존하고 있어 1996년 마을 전체가 유네스코 세계문화유산으로 등재되었다.

우쉬굴리는 중세 조지아 황금시대를 연 타마르 여왕이 여름 휴양지로 사용했다는 전설이 있다. 그만큼 자연 경관이 아름답다. 우쉬굴리 마을 주변은 대부분 초원이다. 한여름에는 이곳에 야생화가 만발해 천상의 화원을 이룬다. 계곡 끝에는 한여름에도 눈을 이고 있는 높은 산이 병풍처럼 서 있다. 조지아 최고봉 쉬카라산을 배경으로 서 있는 라마리아Lamaria교회의 모습은 카즈벡산을 배경으로 서 있던 스테판츠민다의 게르게티 트리니티 교회와 견줄 만큼 아름답다. 이처럼 아름다운 자연과 서늘한 날씨가 있어 타마르 여왕의 여름 휴양지로 사랑을 받았다. 시간이 멈춘 마을에서 떠나는 자연주의 여행! 그곳이 바로 우쉬굴리다.

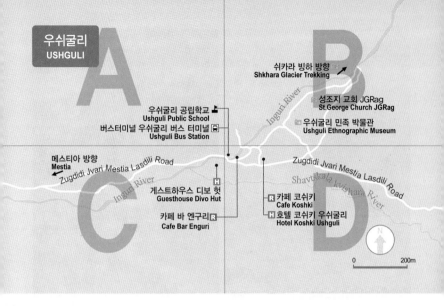

우쉬굴리 여행 정보

메스티아에서 우쉬굴리까지는 택시를 이용해야 한다. 택시 대절료는 왕복 200라리다. 택시는 아침에 출발해 우쉬굴리 마을에 내려주며, 오후에 다시 메스티아로 돌아온다. 여럿이 함께 이용하면 비용을 줄일 수 있다. 우쉬굴리에는 숙박시설이 많지 않다. 좋은 컨디션의 숙소를 구하기 어려워 대부분의 여행자는 메스티아에 머물면서 당일로 다녀온다.

우쉬굴리는 아주 높은 곳에 있는 마을이라 찾아가기가 쉽지 않다. 보통 1년에 절반은 눈이 내린다. 눈이 많이 오면 도로가 통제되어 우쉬굴리 방문이 어렵다. 시기를 잘 맞춰 가야 우쉬굴리에 갈 수 있다. 여행자들이 많이 찾는 쉬카라 빙하 트레킹도 4월 중순에서 10월 말까지만 할 수 있다.

TIP 우쉬굴리는 소나 돼지, 개, 닭 같은 가축을 골목에서 쉽게 만날 수 있다. 오래된 시골 풍경이라 반가울 수 있지만 길을 걸을 때는 가축 배설물을 밟지 않도록 조심하자. 조지아는 도시와 마을 할 것 없이 거리를 활보하는 개를 볼 수 있다. 우쉬굴리 또한 많은 개를 볼 수 있다. 거리에서 만난 개들은 대부분 위협을 가하기 전에는 먼저 공격하지 않는다. 하지만 이런 순한 개들도 음식 앞에선 저돌적으로 변한다. 따라서 개에게 음식을 줄때는 손에 든 채 주면 안 된다. 손에 음식을 든 채 주었다가는 자칫 손을 물릴 수도 있다. 음식을 주려면 던져주는 게 좋다. 이렇게 음식을 얻어먹은 개는 우쉬굴리를 떠날 때까지 졸졸 따라다닌다.

조지아에서 가장 높은 산

쉬카라 빙하 트레킹 Shkhara Glacier Trekking

우쉬굴리를 찾는 여행자들은 대부분 마음을 돌아보는 것과 함께 쉬카라 빙하 트레킹도 한다. 쉬카라산(5193m)은 코카서스산맥에서 세 번째로 높다. 조지아에서는 가장 높다. 이 산은 메스티아의 찰라디 빙하처럼 1년 내내 빙하를 볼 수 있는 곳이다.

쉬카라 빙하 트레킹은 우쉬굴리 마을에서 시작된다. 빙하까지 거리는 왕복 16km. 소요시간은 왕복 7~8시간이다. 마을부터 걸을 수도 있지만 트레킹 코스 초입까지 차량이나 말을 타고 가기도 한다. 택시를 타면 우쉬굴리에서 빙하 초입까지 1시간 30분 정도 걸린다. 이곳부터는 차량 진입 불가하다. 말을 타고 가는 것도 시간은 택시를 이용한 것과 얼추 비슷하다.

트레킹은 쉬카라 빙하 레스토랑Shkhara Glacier Restaurant 맞은편에서 시작한다. 이곳에서 빙하까지는 왕복 2시간 정도 걸린다. 대부분 쉬카라산을 보면서 걷는 평길이다. 트레킹을 시작해 5분 정도 보면 갈림길이 나온다. 쉬카라 빙하는 오른쪽 길로 가야 한다. 갈림길에서 1시간 정도 열심히 걷다보면 빙하가 가깝게 보인다. 빙하는 근접해서 볼 수 있다. 하지만 조심해야 한다. 빙하가 녹으면서 얼음이나 바위가 떨어져 위험할 수 있다.

> **TIP** 우쉬굴리 마을에서 트레킹 코스 초입까지 택시 대절료는 왕복 100라리다. 여럿이 이용할 경우 1인당 왕복 25라리다. 말을 빌려 탈 때는 가이드 비용도 내야 한다. 요금은 말 50라리, 가이드 50라리다. 가이드 비용은 인원이 늘어나도 추가로 받지 않는다.
>
> 쉬카라 빙하 트레킹을 할 때는 복장에 신경 써야 한다. 여름에는 모자, 선글라스, 긴팔 옷 등 햇빛을 가릴 만한 것을 챙겨야 한다. 또 물과 간식도 챙겨간다. 간식은 열량이 높은 초콜릿을 추천한다. 지대가 높은 만큼 날씨가 자주 바뀐다. 우산이나 우비, 보온 재킷 등을 챙겨가자.

EAT

매일 밤 조지아 전통 공연이 있는
카페 라일라 Cafe Laila

세티 광장에 있는 조지아 전통 레스토랑이다. 매일 저녁 조지아 전통 음악을 연주하고 춤 공연이 펼쳐진다. 춤추는 댄서가 손님을 무작위로 불러내 함께 춤을 추기도 한다. 댄서에게 지목 받으면 댄서의 함께 따라 춤을 추자. 전통 춤을 함께 추고나면 레스토랑에서 유명 인사가 되어 있을 것이다. 라일라의 인기 메뉴는 스바네티 지역의 대표 음식 중 하나인 굽다리다. 굽다리는 하차푸리의 일종으로 돼지고기나 어린 양고기를 넣어서 만든다. 고기가 조금 질기다고 느낄 수 있지만 천천히 음미하며 먹으면 고소한 맛이 느껴진다. 메스티아에서 카드 결제가 되는 몇 안 되는 식당 중 하나다.

Data 지도 235p-A
가는 법 메스티아 인포메이션 센터 뒤편
주소 2PVF+8V Mestia(구글 플러스 코드)
전화 +995 577 57 76 77
오픈 10:00~23:00
가격 하르초 수프 10라리, 오자후리 15라리, 와인 1잔 6라리, 맥주 1잔 3라리, 조식 메뉴 5~10라리

므츠바디 맛집
비비큐 가든 BBQ Garden

야외에서 먹는 바비큐 레스토랑. 이곳에서는 안에 치즈를 넣고 돌돌 말아 숯불에 구운 샴푸르제 하차푸리를 꼭 먹어보자. 이밖에 돼지고기, 닭고기, 야채 등 숯불에 직접 구운 바비큐 음식 므츠바디도 주문해보자. 눈앞에서 직접 구워준다. 바비큐를 여러 가지 과일을 끓여 만든 트케말리Tkemali 소스와 함께 먹으면 평소보다 더 많이 먹는 자신의 모습을 볼 수 있다. 음식과 함께 하우스 와인을 곁들이면 기분 좋은 식사시간을 보낼 수 있다. 날이 좋은 밤에는 밤하늘의 별을 보며 식사할 수 있다.

Data 지도 235p-B
가는 법 세티 광장에서 스바네티 메스티아 박물관 방향으로 도보 2분
주소 2PVG+8C Mestia(구글 플러스 코드)
전화 +995 595 05 49 46
오픈 10:00~23:00
가격 오이 토마토 샐러드 7라리, 므츠바디 8~12라리

메스티아 힌칼리 맛집
선세티 레스토랑 Sunseti Restaurant

메스티아에서 맛있는 힌칼리를 파는 곳이다. 조지아 전통 요리가 아닌 피자나 파스타도 있다. 조지아 음식에 유럽식 음식을 같이 먹고 싶다면 추천한다. 음식이 대체적으로 맛있고, 메뉴도 다양하다. 메스티아 버스터미널 맞은편에 있어 항상 사람들로 붐빈다. 식사시간에는 대기시간이 길 수도 있다. 가급적 시간적인 여유를 갖고 찾는 게 좋다.

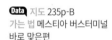

Data 지도 235p-B
가는 법 메스티아 버스터미널 바로 맞은편
주소 2PVG+H9 Mestia(구글 플러스 코드)
전화 +995 598 92 93 35
오픈 10:30~23:00
가격 하차푸리 13~14라리, 힌칼리 1.8라리, 이탈리안 피자 20~22라리

쉬카라산을 보며 식사할 수 있는
카페 코쉬키 Cafe Koshki

우쉬굴리 마을 중심에 있다. 많은 사람들이 야외 테이블에 앉아 있어 쉽게 눈에 띈다. 야외 테이블에 앉으면 쉬카라산을 조망하며 식사할 수 있다. 소박한 규모의 식당이라 조지아 현지인 집에 초대받아 식사하는 느낌이다. 하르초 등 수프 메뉴가 맛있다. 식사비용은 선불이다.

Data 지도 245p-D 가는 법 우쉬굴리 버스터미널에서 쉬카리산 방향으로 도보 8분
주소 W287+3C Ushguli(구글 플러스 코드) 전화 +995 596 11 98 61 오픈 08:00~21:00
가격 수프 10~14라리, 굽다리 15라리, 맥주 6라리

스바네티 전통 빵이 맛있는
카페 바 엔구리 Cafe Bar Enguri

우쉬굴리 버스터미널에서 쉬카라 빙하 방향으로 걷다 보면 계곡 옆으로 정원이 크게 있는 목재 건물이 보인다. 성수기에는 사람들이 북적북적할 정도로 인기가 많다. 이곳에서는 스바네티 지역의 전통 빵 츠비쉬타리Chvishtari를 맛볼 수 있다. 츠비쉬타리는 옥수수 가루에 우유, 달걀, 치즈를 넣고 반죽해 팬에 구워내는 조지아식 팬케이크다. 간식이나 식사대용으로 부담없이 먹을 수 있는 음식이다. 식사 또는 음료를 즐기며 우쉬굴리 마을을 즐겨보자.

Data 지도 245p-D 가는 법 우쉬굴리 버스터미널에서 쉬카리산
방향으로 도보 2분 주소 W286+6G Ushguli(구글 플러스 코드)
전화 +995 599 09 02 63
오픈 08:00~23:00
가격 츠비쉬타리 8라리, 샐러드 12~26라리, 쉬크메룰리 35라리

SLEEP

목재로 지은 신식 호텔
샬렛 메스티아 Chalet Mestia

세티 광장 바로 옆에 있어 메스티아에 도착하자마자 볼 수 있다. 게스트하우스가 대부분인 메스티아에서 몇 안 되는 호텔이다. 신식 건물이지만 목재를 사용해 친환경적인 느낌이다. 메스티아 분위기와도 잘 어울린다. 메스티아에서는 가격이 높은 편이지만 마을 중심과 가까워 접근성이 좋다. 겨울에 방문하면 스키나 보드 장비를 대여할 수 있다.

Data 지도 235p-A 주소 2PVC+8X Mestia (구글 플러스 코드)
전화 +995 551 93 17 17 가격 더블룸 340라리~

메스티아 중심에 있는
엘리트 하우스 메스티아 Elite House Mestia

세티 광장에서 도보로 3분 거리에 있다. 신축 건물로 깔끔하게 잘 만들어졌다. 숙소에서 메스티아 맛집으로 소문난 음식점과 커피 전문점이 1분 거리다. 마을의 중심 세티 광장에 근접해 있다는 것도 큰 장점이다. 작은 식당도 함께 운영한다. 음식이 맛있어 가벼운 식사는 이곳에서 해결할 수도 있다.

Data 지도 235p-B 주소 2PVG+5J Mestia(구글 플러스 코드)
전화 +995 551 68 58 58 가격 더블룸 200라리~

메스티아 마을이 내려다보이는
밥샤 게스트하우스
Babsha Guesthouse

세티 광장에서 우쉬바산 방향으로 도보 5분 거리에 있다. 숙소를 구하려고 현지인들에게 물으면 누구나 추천할 정도로 유명한 게스트하우스다. 숙소는 큰 대로에서 골목으로 들어가 약간 언덕진 곳에 있다. 숙소가 높은 곳에 있어 마을을 내려다보는 경치가 멋있다. 또 메스티아 마을 중심지라 어디든 다니기 편리하다.

Data 지도 235p-B
주소 2PWJ+GF Mestia (구글 플러스 코드)
전화 +995 599 73 84 37 가격 더블룸 180라리~

친절한 서비스가 돋보이는
게스트 하우스 디보 헛 Guesthouse Divo Hut

우쉬굴리 버스터미널 근처에 있다. 비포징도로가 대부분인 마을 초입에 있어 짐을 들고 멀리 움직이지 않아도 된다. 주변에 식당과 마트 등 편의시설이 있어 편리하다. 숙소가 깨끗하고 주인이 친절하다. 하이킹이나 스키장 픽업 서비스를 해준다.

Data 지도 245p-c
주소 W285+38 Ushguli
(구글 플러스 코드)
전화 +995 555 70 94 22
가격 더블룸 70라리~

우쉬굴리 조망 테라스가 있는
호텔 코쉬키 우쉬굴리 Hotel Koshki Ushguli

카페 코쉬키와 공동으로 운영되는 숙소다. 이 호텔 역시 버스터미널 근처에 있어 접근성이 좋다. 지은 지 얼마 안 된 호텔이라 깔끔하다. 호텔 자체에 식당이 있어 간단한 식사를 할 수 있다. 방마다 있는 테라스에서 우쉬굴리 마을 전경과 쉬카라산의 절경을 볼 수 있다.

Data 지도 245p-D
주소 W287+3H Ushguli
(구글 플러스 코드)
전화 +995 551 16 01 66
가격 더블룸 80라리~

쿠타이시
Kutaisi

쿠타이시는 트빌리시에서 서쪽으로 221km 떨어져 있다. 바투미와 함께 서부의 중심 도시다. 쿠타이시는 역사적으로 조지아에서 가장 중요한 도시 중 하나였다. 기원전 6세기부터 2세기까지는 그리스 콜키스 왕국의 수도였다. 10~12세기는 조지아 왕국의 수도, 15세기 이후는 이메리티 왕국의 수도였다. 이처럼 오랜 역사를 가진 도시라 문화유적을 비롯한 볼거리가 많다. 바투미와 메스티아 등 서부의 여행지로 가는 길에 잠시 들러보자.

미 리 보 기

과거 조지아의 주요 도시였던 만큼 볼거리가 많다. 근교 여행지까지 돌아본다면 2~3일 정도의 시간이 필요하다. 조지아 입법부와 국회의사당이 있어 호텔이나 레스토랑 등 여행자를 위한 시설도 잘 갖춰져 있다.

SEE

조지아에서 가장 잘 만들어진 수도원 중 하나인 겔라티 수도원에서 미니아튀르 Minyatur라 불리는 세밀화를 찾아보자. 시내에서는 18세기 조지아의 모습을 간직한 로얄 거리를 거닐며 벽화를 배경으로 인증샷을 남겨보자. 근교에 있는 수도원과 성당, 1급 온천수가 나오는 츠할투보, 프로메테우스 동굴 관람도 빼놓지 말자.

EAT

대부분의 레스토랑은 콜키스 분수대 근처에 있다. 보통 조지아 전통 음식과 유럽 음식을 함께 제공한다. 또 카페라는 이름의 음식점이 많다. 카페지만 다양한 음식을 파는 곳이 많다. 마음에 드는 장소를 발견했다면 주저하지 말고 메뉴판을 확인하자.

BUY

콜키스 분수대에서 도보 4분 거리의 재래시장Green Bazar을 구경해보자. 추르츠헬라 같은 다양한 간식거리와 과일 등을 저렴하게 구입할 수 있다. 시장 보는 재미에 빠지면 무언가를 사고 있는 자신을 발견할 수도 있다.

SLEEP

쿠타이시는 4성급 호텔부터 호스텔, 게스트하우스까지 숙박시설이 다양해 여행 스타일에 맞게 숙소를 선택하면 된다. 대부분의 숙박시설은 관광지에 도보로 갈 수 있는 좋은 위치에 있다. 또 친절한 호스트들이 근교 여행에 도움을 준다.

어떻게 갈까?

쿠타이시는 조지아 주요 도시 중 하나였던 만큼 교통편이 잘 갖춰져 있다. 유럽의 여행자들은 트빌리시 대신 쿠타이시 국제공항을 통해 조지아로 입국한다. 트빌리시, 보르조미, 메스티아 등 조지아 주요 여행지로 가는 마르슈르트카와 트빌리시와 바투미를 연결하는 기차도 있다. 상황에 맞춰 교통편을 이용하자.

지 마르슈르트카를 타고 갈 수 있다. 하지만 운행 횟수가 1~3편 정도에 불과해 시간 계산을 잘 해야 한다. 떠나는 일정이 확실하면 미리 티켓을 구매해 두자.

마르슈르트카
트빌리시 디두베 버스터미널에서 쿠타이시로 가는 마르슈르트카는 07:00부터 19:00까지 매 시각 한 대씩 출발한다. 이 밖에 바투미, 보르조미, 메스티아, 아할치헤에서도 쿠타이시까

쿠타이시 마르슈르트카 운행 정보

출발지	도착지	출발시간	도착시간	소요시간	가격
트빌리시	쿠타이시	08:00~20:00 (정시마다 출발)	12:00~00:00	4시간	25라리
바투미		07:00~20:00 (1시간 마다)	11:00~23:00	3시간	20라리
보르조미		11:30, 14:15	14:30, 17:15	3시간	10라리
메스티아		08:00	12:30	4시간 30분	25라리
쿠타이시	트빌리시	08:00~20:00	12:00~00:00	4시간	25라리
	바투미	06:30~18:00 (1시간 마다)	09:00~20:30	2시간 30분	20라리
	보르조미	08:20, 09:30, 11:30, 13:00	11:20, 12:30, 14:30, 16:00	3시간	10라리
	메스티아	08:00	12:30	4시간 30분	25라리

쿠타이시 버스터미널
주소 Chavchavadze Avenue 67, Kutaisi

기차

트빌리시에서 기차를 타고 쿠타이시로 갈 수 있다. 소요시간은 5시간 30분, 도착하는 곳은 제1기차역(Kutaisi I Railway Station)이다. 기차 객실에는 총 6개의 좌석이 있으며, 3명이 마주 보고 앉는다. 객실마다 열고 닫을 수 있는 문이 있다. 기차 내 특별한 편의시설은 없다. 간식이나 물, 음식은 따로 준비해야 한다.

쿠타이시 기차 운행 정보

출발지	도착지	출발시간	도착시간	소요시간	가격
트빌리시	쿠타이시	09:00	15:10	6시간 10분	14~27라리
고리		10:19	15:10	4시간 51분	13~25라리
쿠타이시	트빌리시	12:55	18:37	5시간 42분	14~27라리
	고리	12:55	17:24	4시간 29분	13~25라리
	바투미(쿠타이시 공항 역에서 출발)	11:45, 20:45	13:35, 22:45	1시간 50분	31,67라리

항공

쿠타이시 국제공항에 유럽의 저가 항공사 위즈에어Wizz Air, 페가수스 에어라인Pegasus Airlines이 취항한다. 대부분의 한국 여행자가 트빌리시를 통해서 입국하지만 많은 유럽의 여행자들은 쿠타이시를 통해 조지아로 들어온다. 런던, 파리, 베를린, 뮌헨, 비엔나, 바르셀로나, 로마, 부다페스트, 프라하, 아테네 등 유럽 주요 도시에서 쿠타이시로 오가는 항공편이 있다. 경비행기를 이용해 메스티아로 가는 바닐라 스카이도 쿠타이시 국제공항에서 운항한다. 매주 월요일과 목요일 주 2회 운항하며, 요금은 50라리다. 소요시간은 1시간. 그러나 바닐라 스카이는 기상에 따라 운항 스케줄 변경이 잦다.

위즈 에어 사이트 https://wizzair.com
라이언 에어 사이트 www.ryanair.com

다비드 코피트나리 공항
Kopitnari Airport
주소 Kutaisi International Airport
David Bilder, Kopitnari 4600
전화 +995 431 23 70 00
홈페이지 www.kutaisi.aero

쿠타이시 공항 버스 이용하기

쿠타이시 국제공항에는 공항 버스가 있다. 이 버스는 쿠타이시 시내 뿐 아니라 트빌리시, 바투미, 구다우리 스키장 등 주요 도시와 여행지로 운행한다. 다만, 구다우리 스키장은 매일 운행하지 않으니 사전에 사이트에서 확인해야 한다. 공항에서 출구로 나오면 공항 버스를 쉽게 찾을 수 있다. 트빌리시, 바투미는 탑승 장소로 가면 된다. 반면 쿠타이시와 구다우리는 탑승 및 하차 장소가 따로 없다. 예약 후 전화로 숙소 위치를 설명하면 숙소에서 픽업해 준다. 위치 설명이 어렵다면 숙소에 도움을 요청하자. 차량은 예약된 인원에 따라 대형 버스부터 마르슈르트카까지 다양하다. 티켓 예매는 공항버스 사이트에서 시간, 목적지를 선택하고 카드로 결제하면 된다. 수하물 중 부피가 큰 자전거나 스키 같은 겨울 스포츠 장비는 추가로 돈을 지불해야 한다.

쿠타이시 공항버스 운행 정보

도시	탑승 및 하차장소	소요시간	요금
쿠타이시 시내	숙소 픽업(사전 예약)	30분	10라리
트빌리시	자유 광장	4시간	25라리
바투미	바투미 레디슨 블루 호텔 (조지안 버스) 바투미 퍼블릭 서비스 홀 (옴니버스)	2시간	25라리

공항 버스
조지안버스 Georgianbus
전화 +995 555 307 387
홈페이지
www.georgianbus.com

옴니버스 Omnibus
전화 +995 2 159 259
홈페이지 https://omnibusexpress.ge

어떻게 다닐까?

도보

쿠타이시 시내는 모두 도보로 이동 가능하다. 여행 시작점인 중앙 광장에서 콜키스 분수대를 본 뒤 로얄 거리라 부르는 중앙 광장에서 시작되는 5개의 길을 따라 걷다 보면 쿠타이시 중심가를 다 보게 된다. 로얄 거리를 따라 쿠타이시 주립 박물관을 지나 골든 마퀴까지 이동할 수 있다. 골든 마퀴에서 우키메리오니 언덕에 있는 베식 가바시빌리 공원으로 가는 케이블카를 탈 수 있다. 이 공원에서 바그라티 대성당으로 갈 수 있다.

택시

여행 일정이 여유롭지 않거나 시간에 구애받지 않고 편하게 여행하고 싶을 때 사용하면 편리하다. 쿠타이시에서는 시내 뿐 아니라 근교 여행을 다녀야 하기 때문에 택시를 타고 움직이는 것도 좋은 방법이다. 근교 지역의 여행지는 하루 종일 택시를 대절해 돌아볼 수 있다. 1일 대절료는 70라리부터 시작된다. 숙소에서 택시를 소개받을 수 있다. 가고 싶은 방문지를 정해두고 기사와 가격 및 스케줄을 협상하자.

버스

쿠타이시 시내에서는 1번 버스를 타면 시내의 대부분 명소로 갈 수 있다. 1번 버스는 순환선으로 쌍방향으로 동시에 운행한다. 쿠타이시 버스터미널도 지나가 버스를 이용해 쿠타이시 근교를 여행할 때도 편리하다. 쿠타이시 관광 안내소 또는 중앙 광장, 기차역에서 탑승할 수 있다. 사전에 관광 안내소나 숙소에 문의해 1번 버스 노선을 확인하면 편하게 이동할 수 있다. 1회 탑승료는 0.6라리, 요금은 버스에서 내릴 때 지불한다. 1번 버스는 06:00부터 20:30까지 10분 간격으로 운행한다.

마르슈르트카

쿠타이시 근교를 여행할 때 주로 사용한다. 쿠타이시 근교에는 겔라티 수도원, 모차메타 수도원, 츠할투보, 프로메테우스 동굴, 마트빌리 캐니언, 오카세 캐니언이 있다. 가격이 저렴하지만 출발시간을 정확히 지키지 않으니 여유 있게 시간을 두고 움직이는 것은 필수다. 마르슈르트카는 여행자보다 현지인들의 이동수단에 더 가깝다. 대부분이 관광지 바로 앞까지 가지 않아 일부 구간은 도보로 이동해야 한다.

쿠타이시 버스터미널

쿠타이시
📍 3일 추천 코스 📍

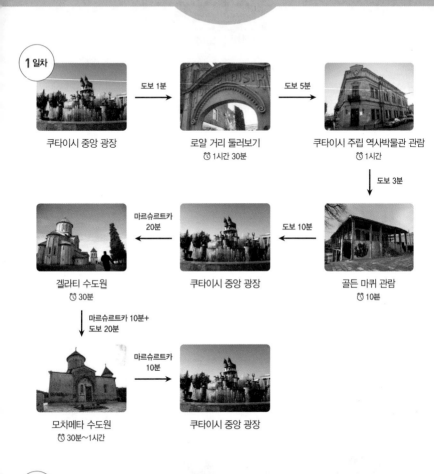

1 일차

쿠타이시 중앙 광장
→ 도보 1분 →
로얄 거리 둘러보기
⏱ 1시간 30분
→ 도보 5분 →
쿠타이시 주립 역사박물관 관람
⏱ 1시간
↓ 도보 3분
골든 마퀴 관람
⏱ 10분
← 도보 10분 ←
쿠타이시 중앙 광장
← 마르슈르트카 20분 ←
겔라티 수도원
⏱ 30분
↓ 마르슈르트카 10분+ 도보 20분
모차메타 수도원
⏱ 30분~1시간
→ 마르슈르트카 10분 →
쿠타이시 중앙 광장

2 일차

쿠타이시 버스터미널
→ 마르슈르트카 25분 →

온천 도시 츠할투보 투어
⏱ 2시간
→ 마르슈르트카 15분 →

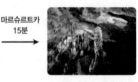

프로메테우스 동굴 관람
⏱ 2시간 30분

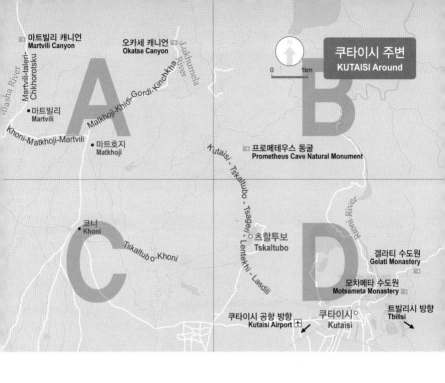

쿠타이시 주변
KUTAISI Around

0   1km

마트빌리 캐니언
Martvili Canyon

오카세 캐니언
Okatse Canyon

마트빌리
Martvili

마트호지
Matkhoji

프로메테우스 동굴
Prometheus Cave Natural Monument

코니
Khoni

츠할투보
Tskaltubo

겔라티 수도원
Gelati Monastery

모차메타 수도원
Motsameta Monastery

쿠타이시 공항 방향
Kutaisi Airport

쿠타이시
Kutaisi

트빌리시 방향
Tbilisi

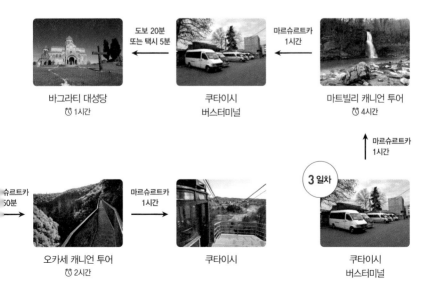

바그라티 대성당
🕐 1시간

도보 20분
또는 택시 5분

쿠타이시
버스터미널

마르슈르트카
1시간

마트빌리 캐니언 투어
🕐 4시간

마르슈르트카
1시간

오카세 캐니언 투어
🕐 2시간

마르슈르트카
1시간

쿠타이시

3 일차

쿠타이시
버스터미널

쿠타이시
KUTAISI

0   200m

마코스 게스트 하우스
Makos Guest House

바그라티 대성당
Bagrati Cathedral

우키메리오니 요새
Ukimerioni Fortress

쿠타이시 교회
Kutaisi Holy Annunciation Church

The Chain Bridge

Tsminda Nino St [Royal District]

군사 박물관
National Museum of
Military Glory

젤라티 수도원 방면
Gelati Monaster
모차메타 수도원 방면
Motsameta Monaster

쿠타이시 미술관
David Kakabadze
Kutaisi Art Gallery

조지아 운동박물관
Museum of Georgian Sport

경찰서
Police Department N2   26 Maisi St

메스히쉬빌리 극장
Meskhishvili Theatre

베식 가바시빌리 공원
Besik Gabashvili Park

레드 브릿지
Red Bridge

재래시장
Green Bazaar

중앙 광장
Colchis Fountain

맥도날드
McDonald's

호텔 테라스
Hotel Terrace
쿠타이시
Kutaisi

루스타밸리 브릿지
Rustaveli Bridge

Shota Rustaveli Ave

조지아 은행
Bank of Georgia(ATM)

조지아 은행
Bank of Georgia(ATM)

Shota Rustaveli Ave

오페라 극장
Opera Theater

쿠타이시 관광안내소
Tourism Center of Kutaisi and Imereti

커피빈
Coffee Bean

쿠타이시 시청
Kutaisi City Hall

골든 마퀴
Golden Marquee

약국
PSP

리버티 은행
Liberty Bank(ATM)

호스텔 포레스트 방면
Hostel FOREST

쿠타이시 케이블카
kutaisi Cable Car

카페 티플리시
Cafe Tiflisi

Jacob Gogebashvili St

엘 데포
El-Depo

Alexander Pushkin St [Royal District]

쿠타이시 주립 역사박물관
Kutaisi State History Museum

Joseb Grishashvili St

테트리 브릿지
Tetri Bridge
[Royal District]

쿠타이시 대학교
Kutaisi University

카페 플뢰르
Cafe Fleur

프로메테우스 동굴 방면
Prometheus Cave

팔라티 레스토랑
Palaty Restaurant

Jibladze St

추할투보 방면
Tskaltubo

베스트 웨스턴 쿠타이시
Best Western Kutaisi

Xaxanashvili St

마트빌리 캐니언 방면
Martvili Canyon

호텔 솔로몬
Hotel Solomon

오카세 캐니언 방면
Okatse Canyon

Galaktion Tabidze St

Rioni River

David Agmashenebeli Ave

쿠타이시 버스터미널 방면
Central Bus Station

쿠타이시 중앙역
Kutaisi I Railway Station

260 KUTAISI

SEE

고대부터 조지아의 수도였던
쿠타이시 Kutaisi

쿠타이시는 기원전부터 여러 왕국의 수도였다. 기원전 6세기 그리스 콜키스 왕국부터 15세기 이메리티 왕국에 이르기까지 여러 왕조가 이곳을 기반으로 조지아를 통치했다. 특히, 10세기 후반에서 12세기 초까지 조지아 왕국 황금기의 수도도 이곳이었다. 이처럼 오랜 세월 여러 왕국을 거치면서 쿠타이시에 다양한 문화유산을 남겼다. 특히, 쿠타이시는 세공기술이 유명했던 곳이다. 거리 곳곳에 보이는 조각품들이 더욱 정교하게 느껴지는 것은 이 때문이다.

쿠타이시 여행은 중앙 광장에서 시작한다. 쿠타이시 공원, 로얄 거리, 우키메리오니 언덕, 바그라티 성당을 돌아보는 데는 한나절이면 충분하다. 모두 도보로 갈 수 있다. 도시 자체가 크지 않고 방문지가 많은 편이 아니라 느긋한 발걸음으로 둘러보기 좋다. 쿠타이시 근교에도 볼거리가 많다. 겔라티 수도원은 조지아에서 가장 잘 만들어졌다고 평가받는 수도원이다. 도시 서쪽에 있는 츠할투보는 세계에서 인정받은 1급 온천수 마을이다. 이밖에 자연이 아름다운 마트빌리 캐니언, 오카세 캐니언도 있다. 현재 쿠타이시는 소도시에 불과하다. 하지만 과거의 명성을 되찾기 위해 조지아 정부가 많은 신경을 쓰고 있다.

쿠타이시의 랜드마크
바그라티 대성당 Bagrati Cathedral

우키메리오니 언덕에 있는 바그라티 대성당은 쿠타이시의 랜드마크라 불린다. 이 성당은 1003년 조지아를 통일한 바그라트 3세가 지었다. 바그라티 대성당은 17세기 말 오스만 튀르크의 침공으로 돔 부분이 파괴되었다. 그러나 신앙심이 두터운 조지아인들은 1900년대 초 지붕이 복원되기 전까지도 돔과 지붕 없이 미사를 봤다. 바그라티 대성당은 그 가치를 인정받아 1994년 유네스코 세계문화유산에 등재되었다. 하지만 세계문화유산의 지위는 오래 가지 못했다. 미사를 보기 위해 무리해서 복원사업을 벌인 게 원인이었다. 유네스코가 복원 공사를 중단하고 원상태로 복구할 것을 권고 했지만 조지아 정부가 받아들이지 않자 2017년 세계문화유산에서 제외했다.

복원된 바그라티 대성당에는 동서남북 네 군데 문이 있다. 가장 긴 벽면은 50m에 이를 만큼 규모가 크다. 현재 성당 왼쪽 벽에는 철제로 만든 보조물이 설치되어 있다. 여기에 새롭게 복원한 부분과 본래 남아 있던 부분이 부조화를 이루면서 어색한 느낌이다. 바그라티 대성당에서는 쿠타이시 전경이 한눈에 보인다.

Data 지도 260p-B 가는 법 중앙 광장에서 북쪽으로 도보 20분 주소 Bagrati Street, Kutaisi 오픈 24시간 입장료 무료

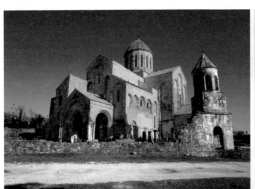

쿠타이시를 지키던 요충지
우키메리오니 요새 Ukimerioni Fortress

바그라티 대성당 옆 언덕에 있는 조그만 요새다. 쿠타이시에서 가장 오래된 건축물이다. 누가, 언제 만들었는지에 대한 기록은 없지만 기원전부터 있었을 것으로 추정한다. 우키메리오니 요새는 5세기에 완전히 무너졌으나 몇 번에 걸쳐 재건되었다. 그만큼 이 요새가 지리적으로 중요했기 때문이다. 현재는 우키메리오니 언덕 위에 외벽만 초라하게 남아 있다.

Data 지도 260p-B
가는 법 바그라티 대성당에서 도보 2분
주소 Bagrati st, Kutaisi 4600
오픈 24시간
입장료 무료

60년이 넘게 운영되고 있는
쿠타이시 케이블카 Kutaisi Cable Car

베식 가바시빌리 공원으로 올라가는 케이블카다. 60년 세월 넘게 잘 작동하고 있지만, 탑승한 순간부터 긴장하게 만든다. 작은 케이블카에는 6명까지 탑승한다. 주로 현지인들이 공원 나들이 갈 때 이용한다. 여행자들은 바그라티 대성당으로 가는 교통수단으로 이용한다. 베식 가바시빌리 공원에서 바그라티 대성당까지 도보 15분 거리다. 탑승장은 골든 마퀴 바로 옆 리오니 강가에 있다.

Data 지도 260p-C
가는 법 테트리 다리에서 북쪽으로 도보 1분
주소 7P92+R8Q, Kutaisi (구글 플러스 코드)
오픈 12:00~20:00
가격 편도 3라리

낡은 놀이기구들이 있는
베식 가바시빌리 공원 Besik Gabashvili Park

쿠타이시 놀이공원으로 가족단위 방문객이 많다. 관람차, 범버카 등 여러 가지 놀이기구들이 있지만 대부분 많이 낡았다. 여행지들은 비그라티 대성당을 가면서 이곳을 거져 간다. 공원에서 보는 쿠타이시 전경도 좋지만, 바그라티 대성당에서 보는 게 훨씬 낫다.

Data 지도 260p-C
가는 법 골든 마퀴 옆 케이블카 이용
주소 7MCW+HHX Kutaisi
(구글 플러스 코드)
전화 +995 595 60 77 60
오픈 24시간
입장료 무료

이메리티 왕국의 여름궁전이 있던
골든 마퀴 Golden Marquee

조지아어로 '황금천막'이란 뜻의 오크로스 챠르디카Okros Chardikha라고도 불리는 건물이다. 이메레티 왕국 시절에 있었던 여름 궁전의 부속 건물이었다. 여름 궁전은 오스만 튀르크 침략 당시 완전히 파괴되었고, 지금은 이 건물만 남았다. 현재는 이메리티 왕가의 초상화가 있는 작은 박물관으로 운영되고 있다. 골든 마퀴라는 명칭으로는 구글 지도에서 찾을 수 없다. 케이블카 탑승장을 찾아가거나, 박물관 앞에 있는 800년 된 플레인 트리를 먼저 찾아보자. 거목과 함께 잘 어우러져 있는 골든 마퀴를 찾을 수 있다.

Data 지도 260p-C 가는 법 쿠타이시 주립 역사박물관에서 테트리 다리 방향으로 도보 3분
주소 7PC2+29 Kutaisi(구글 플러스 코드)
오픈 10:00~18:00 입장료 무료

 쿠타이시 역사를 알 수 있는
쿠타이시 주립 역사박물관 Kutaisi State History Museum

1912년 설립된 박물관이다. 쿠타이시 일대에서 발견된 20만 여 점의 유물이 전시되어 있다. 쿠타이시가 많은 왕국의 수도였던 만큼 시대적으로 다양한 전시품을 볼 수 있다. 홀마다 각 시대 의 느낌이 뚜렷하다. 시대별 무기 전시, 미니어처 종교 서적 등 이 볼거리다. 특히, 14세기 금 은 세공기술을 사용해 만든 조형 물들이 눈에 띈다. 세공기술이 뛰어났던 만큼 예술적인 전시품들 이 많다. 작은 규모의 박물관이지만 쿠타이시 역사를 알기에 좋 은 곳이다.

Data 지도 260p-D
가는 법 중앙 광장에서 체레텔리 거리를 따라 남쪽으로 도보 5분
주소 Pushkini St 12, Kutaisi
전화 +994 431 24 56 91
오픈 10:00~18:00
입장료 성인 6라리
홈페이지 www.facebook.com/kutaisimuseum

쿠타이시 여행의 시작
중앙 광장 Colchis Fountain

쿠타이시 여행이 시작되는 곳이다. 이 광장에는 콜키스 분수대와
쿠타이시 주립극장이 있다. 중앙 광장에서 시작되는 5개의 길을
로얄 거리라 부른다. 광장 서쪽에 로얄 거리와 골든 마퀴가 있
고, 북쪽에 바그라티 대성당이 있다. 콜키스 분수대는 두 마리의
황금 말 동상을 가운데 두고 여러 동물의 조각상이 서 있다. 타
마르 여왕 동상도 동물 조각상 가운데 있다.

Data 지도 260p-D
가는 법 쿠타이시 버스터미널에서
1번 버스를 타고 센트럴
파운틴Central fountain
정류장에서 하차
주소 Colchis Fountain, Kutaisi

과거 쿠타이시를 느낄 수 있는
로얄 거리 Royal District

쿠타이시 시내 중심에 있는 거리다. 지도에는 따로 표기되어 있지 않다. 로얄 거리는 테드리 다리
부터 중앙 광장까지 이어진 5개의 거리와 40여개의 건물로 구성되어 있다. 5개의 거리는 테트리
다리Tetri Bridge, 치스페리 칸첼레비Tsisperi Kantselebi St, 츠민다 니노Tsminda Nino St, 체레텔리
Tsereteli St, 알렉산더 푸시킨Alexander Pushkin St이다. 로얄 거리에는 돌을 박아서 만든 길과 노
란 색 사암으로 만든 건물 등 중세에서 근대에 이르는 거리 풍경이 잘 남아 있다.
츠민다 니노 거리를 걷다보면 아치형 입구가 나온다. 이곳은 과거 몽 플레지르Mon plaisir 극장의
입구였다. 현재는 그 입구만 복원되어 남아 있다. 로얄 거리 곳곳에는 아름다운 벽화가 그려져 있
다. 지금도 쿠타이시 과거의 모습을 재현하기 위해 거리와 건물 복원 작업을 하고 있다.

Data 지도 260p-ACD 가는 법 중앙 광장에서 서남쪽으로 난 도로 따라 가기
주소 11 Tsminda Nino Street, Kutaisi St, kutaisi

조지아 문화의 중심지였던
겔라티 수도원 Gelati Monastery

쿠타이시에서 10km 정도 떨어진 곳에 있는 겔라티 수도원은 조지아의 수도원 가운데 예술적으로 가장 잘 지어진 곳으로 평가받는다. 1130년 다비드 4세가 만든 이 수도원은 오랜 시간 조지아 학문의 요람으로 명성이 자자했다. 14세기까지 당대 최고의 학자들이 학생들을 가르치던 왕립 부속 아카데미가 있었다. 이곳 출신 과학자 중에는 저명한 학자도 많다. 이곳에서 가르치던 미술 화법 중 하나인 미니아튀르(세밀화)와 금 은 세공기술은 세계가 인정할 만큼 훌륭하다. 이런 기술로 성당 내부에 그린 벽화가 고스란히 보존되어 있다.

수도원에는 외벽만 남은 왕립 부속 아카데미와 3개의 성당이 있다. 가운데 원뿔 모양의 돔이 있는 성당이 12세기 만들어진 성모 마리아 성당이다. 이 성당 동쪽에는 13세기 만들어진 성 조지 성당, 서쪽에는 2층으로 되어 있는 성 니콜라우스 성당이 있다. 이 가운데 비잔틴 양식이 가장 많이 남아 있는 성모 마리아 성당 내부 천장에는 예수와 성모 마리아, 대천사 미카엘과 가브리엘이 그려져 있다. 바깥쪽 천장에 보이는 예수의 벽화는 신기하게도 어느 각도에서 봐도 예수와 눈이 마주친다고 한다. 겔라티 수도원은 1994년 유네스코 세계문화유산으로 지정되었다.

Data 지도 259p-D
가는 법 쿠타이시 중앙 광장 메스키쉬빌리 극장 뒤에서 출발하는 마르슈르트카 이용.
08:00부터 2시간 간격으로 운행하며, 돌아오는 차편은 16:30이 막차다. 소요시간은 20분이다. 요금은 2라리. 택시 25~30라리
주소 Rd to gelati monastery, Motsameta
전화 +995 598 67 80 76
오픈 09:00-22:00
입장료 무료

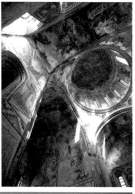

언덕 위에 그림처럼 자리 잡은
모차메타 수도원 Motsameta Monastery

쿠타이시 북동쪽 6km 츠칼치텔라강에 접한 언덕에 있다. 모차
메타 수도원은 성당과 강, 주변의 산세가 어울려 아름답다. 그러
나 이 아름다운 수도원에는 이슬람으로 개종을 거부하고 죽음을
택한 다비드와 콘스탄틴의 슬픈 순교의 역사가 있다.

이곳에 수도원이 지어진 것은 11세기 바그라트 4세 때다. 수도
원 이름 모차메타는 '순교자의 장소'라는 뜻이다. 모차메타 수도
원의 입구로 들어가면 나무 지붕과 난간이 있는 회랑이 있다. 성
당 내부는 순교자로 인정받은 성인 콘스탄틴과 다비드의 벽화와
유골함이 있다. 성당 외부에는 우물과 함께 잘 정돈된 정원을 볼
수 있다. 주말에는 이곳에서 결혼식을 올리거나 결혼사진을 찍
는 모습을 많이 볼 수 있다.

Data 지도 259p-D
가는 법 겔라티 수도원으로 가는
마르슈르트카 탑승 후 겔라티
경찰서에서 하차. 수도원까지
도보로 20분. 마르슈르트카가
운행하지 않을 경우 쿠타이시
시내에서 택시 이용(12라리 내외)
가능
주소 7QJ5+WJ4,
Motsameta(구글 플러스 코드)
오픈 24시간
입장료 무료

순교자 다비드와 콘스탄틴
8세기경 이슬람 세력이 쿠타이시를 침공했을 때 맞서 싸우던 귀족 다비드와 콘스탄틴이 붙잡
혔다. 두 사람은 이슬람으로 개종하면 살려주겠다는 제안을 거절하고 순교했다. 이들의 시신
은 절벽 밑 강으로 던져졌고, 이들의 피로 강물이 붉게 물들었다. '붉은 물'이라는 뜻의 강 이
름 츠칼치텔라Tskaltsitela는 여기서 유래했다. 전설에 의하면 다비드와 콘스탄틴이 죽고 난 후
사자가 나타나 그들의 유골을 언덕 위로 끌어올려 지켰다고 한다.

종유석이 연출하는 신비한 동굴 세계

프로메테우스 동굴 Prometheus Cave

쿠타이시 서북쪽으로 20km 떨어진 쿠미스타비Kumistavi 마을에 있다. 이 석회암 동굴은 1984년 6월 기후 학자들에 의해 우연히 발견됐다. 동굴 속에는 오랜 세월 석회암이 녹아내려 만든 환상적인 종유석이 있다. 프로메테우스 동굴은 이메리티 동굴 보호지역으로 지정되어 있다. 이곳에는 프로메테우스 동굴과 사타플리아 동굴을 비롯하여 13개의 동굴과 폭포, 캐니언, 골짜기, 호수 등이 포함되어 있다.

프로메테우스 동굴은 발견 초기 작은 조명만 설치해 박물관으로 활용했다. 그러나 2007년 미카일 사카쉬빌리 대통령이 이곳을 방문해 관광지로 개발하라고 지시한 후 새롭게 변모했다. 동굴은 도보 구간 1,060m, 보트 구간(선택) 280m로 되어 있다. 동굴 속에는 22개의 공간이 있는데, 이 가운데 6개만 개방한다. 동굴 관람은 정시마다 가이드 동행 하에 진행된다. 동굴 입구에서 400m 정도 들어가면 다양한 형태의 종유석과 석순을 볼 수 있다. 동굴에 잔잔하게 울리는 클래식 음악과 종유석을 비치는 조명이 어울려 신비롭다. 도보 구간이 끝나는 곳에 보트를 타는 곳이 있다. 보트 투어는 입장하기 전에 별도로 티켓을 구입해야 한다.

Data 지도 259p-B
가는 법 쿠타이시 레드 브리지에서 30번 마르슈르트카를 타고 츠할투보까지 간 뒤 42번 마르슈르트카로 환승해 15분쯤 가면 프로메테우스 동굴 입구다. 요금은 30번 마르슈르트카 1.2라리, 42번 마르슈르트카 2라리다. 쿠타이시 여행자 안내소에서 프로메테우스 동굴 당일 투어를 진행한다. 요금은 1인당 25라리.
주소 Village Kumistavi, Tskaltubo municipality
전화 +995 577 10 14 17
오픈 10:00~17:00
요금 23라리. 보트투어 17.25라리
홈페이지 https:// nationalparks.ge/en/site/ prometheuscave

스탈린도 즐겨 찾았던 온천 마을
츠할투보 Tskaltubo

츠할투보는 쿠타이시에서 프로메테우스 동굴로 갈 때 마르슈르트카를 갈아타는 곳이다. 이 도시는 온천마을로 이름났다. 이곳에는 유명한 온천 리조트들이 많다. 구소련 시절에는 19개의 리조트가 있었을 정도다. 그러나 구소련이 몰락하면 과거에 지어진 리조트들은 폐허로 변한 곳이 많다. 지금 영업 중인 리조트는 최근에 대부분 새로 지은 것이다. 현재 매년 10만명이 넘는 사람들이 치료나 휴양 목적으로 츠할투보를 찾고 있다.

츠할투보에서 나는 온천수는 라돈-탄산염이다. 온천수 온도가 사람의 체온과 비슷한 33~35도여서 따로 가열하거나 냉각시킬 필요가 없다. 온천수에는 라돈과 마그네슘, 미네랄이 많이 포함되어 있다. 골다공증, 척추염, 류머티스 관절염, 피부병에 좋은 것으로 알려졌다.

츠할투보 센트럴 파크

Data 지도 259p-D 가는 법 쿠타이시 레드 브리지에서 30번 마르슈르트카 이용, 소요시간은 25분, 요금은 1.2라리

레전드 츠할투보 스파 리조트 Legends Tskaltubo Spa Resort

츠할투보에서 가장 유명한 스파 리조트다. 1931년 개장한 이 리조트는 스탈린이 즐겨 찾던 곳으로 유명하다. 지금도 스탈린의 방과 수영장, 온천이 그대로 보존되고 있다. 이곳 역시 소련이 몰락하면서 폐쇄되었다가 2010년 리모델링을 거쳐 재개장 했다. 이곳에는 총 6개의 온천탕이 있다. 객실은 가족 여행자도 편하게 묵을 수 있게 다양한 타입이 있다.

Data 가격 더블룸 300라리~
주소 23 Rustaveli Street, Tskaltubo 5400
전화 +995 599 09 16 10
홈페이지 http://sanatoriumi.ge/en

깊은 계곡으로 폭포가 쏟아지는
마트빌리 캐니언 Martvili Canyon

쿠타이시 서북쪽 45km에 있는 마트빌리 캐니언은 땅 속으로 물이 흐르는 깊은 협곡을 볼 수 있는 곳이다. 오랜 세월에 걸쳐 물줄기가 깎아 만든 깊은 협곡으로 시원한 물줄기가 쏟아진다. 마트빌리 캐니언은 그랜드 캐니언처럼 엄청난 규모는 아니다. 하지만 방문자 대부분이 만족감을 표한다. 특히, 계곡과 더불어 초록빛 이끼와 숲이 어울려 휴식하기 좋다. 협곡에서 보트를 타거나 수영을 할 수도 있어 현지인들과 유럽의 배낭여행자들이 많이 찾는다.

쿠타이시에서 출발한 마르슈르트카는 마트빌리 마을에 정차한다. 여기서부터 협곡 입구까지 5km는 걸어가야 한다. 협곡으로 가는 길 양옆으로는 노점상이 많다. 이곳에서 물이나 간단한 간식을 살 수 있다. 티켓을 구매해 협곡 안으로 들어가면 곳곳에 전망대가 있다. 마트빌리 캐니언의 길이는 2,400m, 협곡의 깊이는 20~40m다. 협곡 한가운데 12m 높이의 폭포가 있다. 개방된 부분은 700m의 도보 구간과 300m의 보트 구간이다. 보트를 타려면 입구에서 별도의 티켓을 구매한다. 가급적 보트를 타고 협곡 안으로 들어가 보는 게 좋다.

Data 지도 259p-A

가는 법 쿠타이시 버스터미널에서 마르슈르트카를 이용해서 가는 방법이 있다. 하지만 상황에 따라 운행하지 않기도 한다. 이 경우 츠할투보에 가서 택시를 타는 방법과 쿠타이시에서 택시를 대절해서 가는 방법이 있다. 택시 대절료는 츠할투보-마트빌리 45~50라리(40분 소요), 쿠타이시-마트빌리 55~60라리(50분 소요)

전화 +995 579 80 28 42 오픈 10:00~19:00(월 휴무) 입장료 성인 20라리, 18세 미만 5.5라리, 보트 투어 15라리, 수중 다이빙 75라리(사전예약 필요)

홈페이지 https://nationalparks.ge/en/site/martvilicanyon

까마득한 절벽 위에 설 수 있는
오카세 캐니언 Okatse Canyon

쿠타이시에서 서북쪽으로 53km 떨어져 있는 오카세 캐니언은
조지아에서 가장 아찔한 절경을 뽐내는 곳 중 하나다. 이곳에는
오카세강의 까마득한 벼랑을 따라 스카이워크를 만들어놨다. 스
카이워크 전체 길이는 780m. 이 가운데 대부분은 70~100m
높이의 절벽을 따라 나 있다. 스카이워크를 걷다보면 킨츠카
Kinchka폭포를 볼 수 있다. 이 폭포는 조지아에서 손꼽는 높은
폭포로 높이가 88m나 된다.
스카이워크에서 가장 아찔한 전망대는 허공으로 10m 돌출되어
있다. 절벽에 붙어 걷는 것도 아찔하지만, 허공에 떠 있는 마지
막 전망대는 바닥도 투명한 유리로 되어 있어 공포감을 느낄 수
도 있다. 하지만 이곳에서 보는 협곡의 장관은 힘들여 찾아온 보
람을 느끼게 한다.

Data 지도 259p-A
가는 법 쿠타이시 버스터미널에서
고르디Gordi로 가는 마르슈르트카
이용. 소요시간은 1시간, 요금은
1라리. 버스는 09:00부터 18:00
까지 매 정시에 출발한다(양방향
동일)
주소 Khoni Municipality,
Village Gordi
전화 +995 595 80 54 59
오픈 10:00~18:00(월 휴무)
입장료 성인 17.25라리, 18세
미만 5.5라리
홈페이지 https://
nationalparks.ge/en/site/
OkatseWaterfall

TIP 고르디에서 매표소까지 2km, 매표소부터 스카이워크까지 2.5km를 포함해 4.5km는 걸어
가야 한다. 멀게 느껴질 수 있지만 내리막길이 많아 어렵지는 않다. 걷는 게 싫다면 매표소까지 택시
를 이용할 수 있다.

🍽 EAT

샥슈카

 샥슈카를 맛볼 수 있는
카페 플뢰르 Cafe Fleur

아침 메뉴와 커피가 맛있기로 소문난 곳이다. 이곳의 인기 메뉴는 샥슈카다.
샥슈카는 토마토, 고추, 양파와 함께 소스에 달걀을 넣은 요리다. 샥슈카는 튀니지 요리로 알려져
있는데, 에그 인 헬eggs in hell로 불리기도 한다. 이 카페에는 샥슈카 외에도 다양한 아침 메뉴가
있다. 피자, 하차푸리도 판다. 아침 식사나 커피, 간단한 식사를 위해 들리기 좋은 카페다.

Data 지도 260p-D 가는 법 중앙 광장에서 도보 5분
주소 7P94+5P Kutaisi (구글 플러스 코드) 전화 +995 595 52 03 35 오픈 09:00~23:00
가격 샥슈카 15라리, 아침 메뉴 5~23라리, 커피 4~12라리 홈페이지 www.facebook.com/cafefleurofficial

모두가 인정한 쿠타이시 최고 맛집
팔라티 레스토랑 Palaty Restaurant

매일 저녁 라이브 음악을 감상할 수 있는 곳이다. 내부는
빈티지 카페처럼 아가자기하게 꾸몄다. 가격은 다른 곳보
다 약간 비싼 편이다. 하지만 멋진 분위기와 친절한 서비스
가 있어 찾는 이가 많다. 방문 후기가 1,000개도 넘을 만
큼 여행자들로부터 인정받았다. 메뉴 대부분은 조지아 전
통 음식이지만 파스타, 리조토 같은 유럽식 메뉴도 있
다. 음식을 짜게 먹지 않는 편이라면 주문할 때 미
리 이야기 하자.

Data 지도 260p-C
가는 법 중앙 광장에서 도보 7분
주소 7P92+HR Kutaisi (구글 플러스 코드)
전화 +995 431 24 33 80 오픈 10:00~23:30
가격 비프 스테이크 39라리, 버섯요리 22라리, 음료 3~15라리, 크레페 12라리, 디저트 7~12라리
홈페이지 www.facebook.com/palatyrestaurant

가성비 좋은 조지아 전통 음식점
카페 티플리시 Cafe Tiflisi

이름은 카페지만 조지아 전통 음식을 판매하는 레스토랑이다. 화려하고 깔끔한 외관이 고급 레스토랑 같은 느낌을 준다. 하지만 음식 값은 비싸지 않다. 힌칼리, 하차푸리 등 조지아 전통 음식을 저렴하게 먹을 수 있다. 조지아 음식 외에 유럽식 메뉴도 있다. 대부분의 음식이 맛있다. 또 서비스가 조지아답지 않게 빠르기로 소문났다.

Data 지도 260p-C 가는 법 중앙 광장에서 도보 6분
주소 7P93+J5Q Kutaisi (구글 플러스 코드)
전화 +995 599 10 95 00 오픈 11:00~23:00
가격 힌칼리 1.3라리, 바비큐 17~23라리, 하차푸리 16~23라리, 하우스 와인 5라리
홈페이지 www.facebook.com/pg/cafetiflisi

맛있는 커피를 마실 수 있는
커피 빈 Coffee Bean

카페 이름은 한국인에게도 친숙하다. 이곳은 라바짜 원두로 만든 커피를 판매한다. 쿠타이시의 유일한 커피 전문점이기도 하다. 커피 빈에서는 유쾌한 젊은 친구들이 커피를 만든다. 실내에 마실 수 있는 공간도 있다. 커피를 좋아한다면 놓치지 말자.

Data 지도 260p-C 가는 법 중앙 광장에서 도보 5분
주소 7P93+X3 Kutaisi (구글 플러스 코드)
전화 +995 599 45 04 45
오픈 09:00~23:00
가격 카푸치노 8라리, 플랫 화이트 10라리, 조각 케이크 5~8라리

힌칼리와 로비아니 맛집
엘 데포 El-Depo

조지아 전통 음식점이다. 쿠타이시에서 제일 맛있는 힌칼리와 로비아니를 먹을 수 있다. 로비아니는 하차푸리의 한 종류로 마치 호떡처럼 생겼다. 납작한 빵 안에 콩이 가득 채워져 있다. 엘 데포는 24시간 영업한다. 쿠타이시에 있는 동안 언제든 식사를 하거나 맥주를 마실 수 있다.

Data 지도 260p-C
가는 법 중앙 광장에서 도보 12분
주소 Ioseb Grishashvili 10, Kutaisi
전화 +995 431 24 42 73 오픈 24시간
가격 케밥 12~24라리, 로비아니 5라리, 하차푸리 10~14라리, 힌칼리 0.8~1.3라리

🛎 SLEEP

쿠타이시 유일의 체인 호텔
베스트 웨스턴 쿠타이시 Best Western Kutaisi

쿠타이시 유일의 체인 호텔이자 4성급 호텔이다. 브랜드 호텔이다 보니 영어 및 러시아어에 능통한 직원들이 있어 정보를 얻기 좋다. 최근에 지어진 신식 건물이라 인테리어가 모던하고 깔끔하다. 모든 투숙객에게 조식이 제공된다. 리오니 강가에 위치해 쿠디이시 관광명소를 도보로 길 수 있다.

Data 지도 260p-C 가는 법 쿠타이시 역사박물관에서 테트리 다리 건너 800m
주소 Joseb Grishashvili St 11, Kutaisi 4600 전화 +995 32 219 71 00 가격 더블룸 기준 300라리~
홈페이지 http://bwkutaisi.com/en

루프탑 테라스가 있는
호텔 테라스 쿠타이시 Hotel Terrace Kutaisi

콜키스 분수대(중앙 광장)에서 도보 10분 거리에 있는 3성급 호텔이다. 멋진 루프탑 테라스가 있다. 호텔에 머무르는 동안 언제든 루프탑 테라스에서 휴식을 취하거나 음식을 즐길 수도 있다. 멋진 전경은 덤이다. 객실은 더블룸, 트윈룸, 수페리어 더블룸, 트리플룸으로 구성되어 있다. 시설이 깨끗하고 친절한 직원이 있는 호텔로 소문났다. 여행 정보는 물론 택시 섭외 등의 도움을 받을 수 있다.

Data 지도 260p-D
가는 법 중앙 광장에서 동쪽으로 500m 거리
주소 26 May II Aly 10, Kutaisi 4600 전화 +995 599 62 42 44 가격 더블룸 기준 240라리~
홈페이지 https://hotel-terrace-kutaisi.business.site

레스토랑도 있는 세련된 호텔

호텔 솔로몬 Hotel Solomon

쿠타이시 역사박물관 근처에 있는 3성급 호텔. 룸은 조금 작은 편이지만 깔끔하고 세련된 인테리어를 갖췄다. 호텔 내 식당이 있어 숙소에서 식사를 할 수 있다. 음식 또한 맛있다. 쿠타이시 관광명소를 도보로 이동이 가능하다. 역사박물관 600m, 콜키스 분수대 800m 거리다.

Data 지도 260p-D 가는 법 쿠타이시 역사박물관에서 남쪽으로 300m
주소 7P83+GX Kutaisi (구글 플러스 코드) 전화 +995 555 74 79 80 가격 더블룸, 트윈룸 기준 235라리~

풍성한 조식과 싱글 침대가 있는

호스텔 포레스트

Hostel Forrest

중앙 광장에서 농쪽으로 500m 정도 떨어져 있다. 시내 중심까지 도보로 10~15분 걸리지만 가격대비 좋은 시설을 갖추고 있다. 객실은 6베드룸과 4베드룸으로 구성되어 있다. 모든 침대가 싱글이다. 2층 침대의 불편함을 느끼는 여행자에게 좋다. 주인장 니노가 차려주는 조식은 푸짐하다.

Data 지도 260p-D 가는 법 중앙 광장에서 트빌리시 거리를 따라 동쪽으로 500m
주소 7P97+2VR, Kutaisi (구글 플러스 코드)
전화 +995 593 44 26 11 가격 50라리~

홈스테이를 느껴볼 수 있는

마코스 게스트 하우스

Makos Guest House

바르라티 대성당 근처에 있는 게스트 하우스다. 객실과 침구가 청결하게 잘 관리 되어 있다. 잘 가꾼 정원과 직접 기른 과일과 채소로 만든 조식이 유명하다. 친절하고 배려가 많아 다양한 정보를 얻을 수 있다. 현지인들만 아는 핫플레이스를 추천 받아 방문해 보는것도 좋다.

Data 지도 260p-B
주소 Petre Iberi street 19, Kutaisi
전화 +995 555 35 81 38
가격 88라리~

보르조미
Borjomi

조지아 서남부에 있는 보르조미는 휴양도시로 오랫동안 사랑받은 곳이다. 해발 800m에 위치한 이 도시에서 세계 3대 광천수가 난다. 제정 러시아 시절부터 귀족들의 휴양지였으며, 작곡가 차이코프스키도 이곳을 찾아 요양했다. 코카서스 최대 규모의 하라가울리 국립공원이 도시를 감싸고 있다. 또 인근에 조지아 3대 스키장에 드는 바쿠리아니도 있다.

미리보기

인구 1만6,000여명이 사는 작은 도시다. 하라가울리 국립공원 트레킹을 하지 않는다면 마을을 돌아보는데 4시간이면 충분하다. 보르조미는 오래 머무는 여행지는 아니다. 다른 도시로 가면서 잠시 들리는 곳이다. 그러나 침엽수와 활엽수가 더불어 이룬 숲은 맑은 공기를 느끼기 충분하다. 보르조미를 거닐며 힐링의 시간을 가져보자.

SEE

보르조미 센트럴 파크 입구 왼쪽에 있는 파란 건물 피루자는 역사적인 건축물이다. 피루자를 본 뒤 센트럴 파크로 들어가 산책하는 기분으로 걸으면 좋다. 이곳에서 광천수를 맛본 후 케이블카를 타거나 센트럴 파크를 거닐어 보자.

EAT

보르조미 센트럴 파크에서 세계 3대 광천수를 맛보자. 생각했던 것과 다른 맛에 놀랄 수도 있다. 살짝 미끌미끌한 느낌이 익숙하지 않을 수 있다. 하지만 이 광천수의 매력에 빠지면 계속 생각난다. 레스토랑은 대부분 센트럴 파크 가는 길에 몰려 있다. 내부분 조지아 음식음 주메뉴로 한다.

BUY

센트럴 파크에서 맛볼 수 있는 광천수 말고, 정제해서 판매하는 보르조미 광천수도 구매해서 마셔보자. 보르조미 센트럴 파크로 가는 길 양편에 기념품 가게가 많다. 보르조미 광천수 모양으로 만든 마그넷, 오프너 등 보르조미를 상징하는 기념물이 많다.

SLEEP

과거에는 숙박시설이 게스트하우스가 대부분이었다. 지금은 호텔도 많이 생겼다. 크라운 플라자 보르조미는 오픈하자마자 보르조미 최고의 리조트가 되었다. 역사적인 건축물 피루자를 호텔로 사용하는 골든 튤립 보르조미는 일부러 숙박하러 오는 여행객도 많다.

어떻게 갈까?

마르슈르트카

트빌리시 디두베 버스터미널에서 07:00부터 매
시 정각에 보르조미로 가는 마르슈르트카가 출
발한다. 보르조미까지는 2시간이 소요되며, 요
금은 12라리다.

보르조미 버스터미널 Borjomi Bus Station
지도 282A
주소 8, 1200 Meskheti St, Borjomi 1200
가는 법 보르조미 센트럴 파크 입구에서 도보 20분

보르조미 마르슈르트카 운행 정보

출발지	도착지	출발시간	도착시간	소요시간	가격
트빌리시	보르조미	07:00~19:00 (승객이 차면 출발)	09:00~	2시간	12라리
쿠타이시		08:20, 09:30, 11:30, 13:00	11:20, 12:30, 14:30, 16:00	3시간	10라리
아할치헤		12:45	13:30	45분	5라리
보르조미	트빌리시	07:00~18:00 (승객이 차면 출발)	09:00~20:00	2시간	45분
	쿠타이시	11:30, 14:15	14:30, 17:15	3시간	10라리
	아할치헤	08:45, 14:45	09:30, 15:30	45분	5라리(보르조미 시청사 앞 버스정류장)

TIP 지도를 보면 보르조미와 흑해에 접한 바투
미가 가까워 보인다. 하지만 생각만큼 가기가 쉽
지 않다. 모든 마르슈르트카가 바투미-쿠타이시-
하슈리-보르조미-아할치헤를 거쳐 간다. 보르조
미에서 바투미로 가려면 쿠타이시에서 환승해야
한다. 보르조미~쿠타이시 3시간, 쿠타이시~바
투미 2시간 30분 걸린다.

기차

보르조미에서 트빌리시로 가는 기차도 있다. 하지만 꼭 필요한 경우가 아니라면 추천하지 않는다. 소요시간이 마르슈르트카보다 두 배(4시간)나 더 걸린다. 열차 객실도 생각보다 열악하다. 운행도 하루에 딱 한 번(16:45)이다. 인터넷 예매도 안 된다. 역으로 가야만 예매할 수 있다. 단, 아할치헤에서 보르조미를 경유해 트빌리시로 가는 마르슈르트카가 아할치헤부터 만석이라면 차선책으로 기차를 타기도 한다. 또 트빌리시로 가는 길에 있는 동굴 유적지 우플리스치헤Uplistsikhe로 간다면 이 기차를 이용하는 것도 방법이다.

보르조미 기차역
주소 Kostava St, Borjomi

마르슈르트카 + 하슈리 기차 환승

트빌리시가 아닌 다른 도시에서 보르조미로 간다면 마르슈르트카만으로는 가기가 어려울 수 있다. 이때는 하슈리Khashuri에서 기차를 이용한다. 하슈리는 쿠타이시, 바투미, 고리, 주그디디, 트빌리시로 가는 마르슈르트카가 지나는 길목에 있으며, 기차도 운행한다. 메스티아에서 올 경우 마르슈르트카를 타고 주그디디까지 가서 기차를 타고 하슈리로 온 뒤 다시 마르슈르트카를 타고 보르조미로 온다. 바투미에서는 마르슈르트카를 타고 주그디디로 와서 같은 방식으로 보르조미로 온다. 여름철 성수기에는 보르조미에서 메스티아까지 직행하는 마르슈르트카가 운행하기도 한다.

다만, 하슈리 기차역에서 보르조미로 가는 마르슈르트카를 타려면 버스터미널로 이동해야 한다. 기차역에서 버스터미널까지는 도보로 30분 거리다. 짐이 있다면 택시를 이용한다. 택시 요금은 시간대에 따라 다르지만 10라리 미만이다. 그 이상 부른다면 다른 택시를 찾는 게 좋다. 보르조미로 가는 마르슈르트카는 버스터미널 안에 있지 않다. 버스터미널 입구와 입구 맞은편 길가에 서 있다. 운전기사에게 물어보면 안내해준다.

하슈리 기차역 Khashuri Railway Station
주소 XJX2+GC Khashuri (구글 플러스 코드) 가는 법 하슈리 버스터미널에서 1.7km 떨어져 있다. 도보 30분

하슈리 버스터미널 Khashuri Bus Terminal
주소 Khashuri, Borjomi Street nr. 147, Shida Kartli 4816

주그디디-하슈리 기차 운행 정보

출발지	도착지	출발시간	도착시간	소요시간	가격
주그디디	하슈리	16:55	21:49	4시간 54분	2등석 12라리, 1등석 25라리
하슈리	주그디디	09:56	15:08	5시간 12분	2등석 12라리, 1등석 25라리

*현재 코로나로 1일 1회 운행 중이며, 요일별로 시간이 다르므로 사전에 확인 필요.

어떻게 다닐까?

도보

보르조미는 작은 도시다. 도보로 여행해도 충분하다. 다만, 하라가울리 국립공원이나 스키 리조트가 있는 바쿠리아니는 택시나 기차를 이용한다. 보르조미 버스터미널은 센트럴 파크에서 약 1.4km 거리다.

택시

하라가울리 국립공원을 트레킹 한다면 택시를 이용하는 것이 좋다. 버스터미널에서 국립공원 사무소는 도보로 갈 수 있다. 그러나 이곳에서 약 5km 떨어져 있는 국립공원 입구까지는 걸어가기는 조금 멀다. 택시를 타는 것이 좋다. 국립공원 사무소에서 나오면 기다렸다는 듯이 택시 기사들이 말을 걸어 올 것이다. 보통 20 라리를 부르지만, 15라리까지도 흥정해서 탈 수 있다.

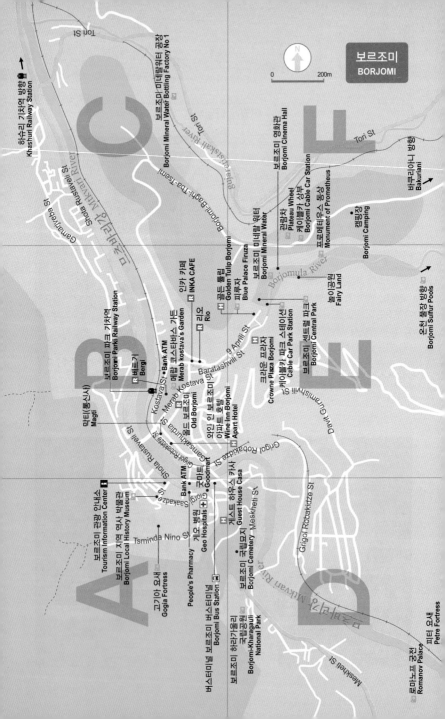

보르조미
BORJOMI

0   200m

하슈리 기차역 방향
Khashuri Railway Station

토리 St
Tori St

보르조미 미네랄워터 공장
Borjomi Mineral Water Bottling Factory No 1

쇼타 루스타벨리 St
Shota Rustaveli St

간나젤라 St
Gannajela St

보르조미-바그히-트바-트셈이
Borjomi-Baghi-Tba-Tsemi

Bulteriskalh River

토리 St
Tori St

바쿠리아니 방향
Bakuriani

보르조미 영화관
Borjomi Cinema Hall

보르조미 케이블카 정류장
Borjomi Cable Car Station

관람차
Plateau Wheel

케이블카 상부
Borjomi Cable Car Station

프로메테우스 동상
Monument of Prometheus

캠핑장
Borjomi Camping

보르조미 미네랄 워터
Borjomi Mineral Water

골든 튤립
Golden Tulip Borjomi

피루자
Blue Palace Firuza

Borjomula River

인가 카페
INKA CAFE

리오
Rio

놀이공원
Fairy Land

온천 풀장 방향
Borjomi Sulfur Pools

보르조미 파르크 기차역
Borjomi Parki Railway Station

Bank ATM

메랍 코스타바스 가든
Merab kostava's Garden

베르기
Bergi

9 Aprili St

Baratashvili St

보르조미 세트롤 파크
Borjomi Central Park

케이블카 파크 스테이션
Ceble Car Park Station

막티(통신사)
Magti

코스타바 St
Kostava St

메랍 코스타바
Merab Kostava

올드 보르조미
Old Borjomi

와인 인 보르조미
Wine Inn Borjomi

크라운 프라자
Crowne Plaza Borjomi

아파트 호텔
Apart Hotel

다비 구라미쉬빌리 St
Davit Guramishvili St

간사키운드리아 St
Gansakiundria St

지오르지 로바키드제 St
Giorgi Robakidze St

그리골 로바키드제 St
Grigol Robakidze St

쇼타 루스타벨리 St
Shota Rustaveli St

Bank ATM

굿마트
Goodmart

보르조미 관광 안내소
Tourism Information Center

보르조미 지역 역사 박물관
Borjomi Local History Museum

사카드제 St
Saakadze St

지오르지
Giorgi

게오 병원
Geo Hospitals

게스트 하우스 카사
Guest House Casa

츠민다 니노 St
Tsminda Nino St

고기아 요새
Gogia Fortress

피플즈 파머시
People's Pharmacy

보르조미 버스터미널
Borjomi Bus Station

보르조미 국립묘지
Borjomi Cemetery

메스케티 St
Meskheti St

버스터미널 보르조미-하라가울리
국립공원
Borjomi-Kharagauli
National Park

보르조미 하라가울리
국립공원
Borjomi-Kharagauli
National Park

그리골 로바키드제 St
Grigol Robakidze St

바크타리 Mkvari River

메스케티 St
Meskheti St

로마노프 궁전
Romanov Palace

피티 요새
Petra Fortress

세계 3대 광천수

보르조미 미네랄 워터 Borjomi Mineral Water

보르조미는 세계적으로 유명한 광천수가 나는 마을로 제정 러시아 때는 귀족들의 휴양지였다. 구 소련 때도 엘리트 공산당원들의 요양지로 사랑받았다. 작곡가 차이코프스키도 이곳에서 광천수를 마시며 요양했다. 마을의 중심 보르조미 관광 안내소 앞에 차이코프스키 동상이 있는 것도 이 때문 이다. 보르조미 광천수는 지하 8,000m에서 용출되는 것을 그대로 사용한다. 1,000년 전부터 이 미 식수로 사용했다는 기록이 있을 만큼 역사가 깊다. 또 서기 1세기경 석조로 목욕탕을 지어 온천 욕을 한 흔적도 있다고 한다.

보르조미 센트럴 파크 안에서 보르조미 광천수를 맛볼 수 있다. 공원 입구에 들어서면 투명유리로 만들어진 돔 모양의 천정으로 된 곳이 보인다. 이곳이 1850년에 만들어진 광천수 샘이다. 보르조 미 광천수는 60%가 넘는다는 미네랄 함량 때문에 쓴맛이 느껴진다. 혀가 얼얼하다고 표현하는 사 람들도 있다. 보르조미 광천수는 약 60여 가지 광물이 함유되어 있다고 한다. 광천수의 효과는 여 러 가지 에피소드를 통해 검증되었는데, 특히, 소화기와 당뇨에 좋다고 한다. 물맛이 생각과 다를 수 있지만, 세계적 명성의 광천수를 맛보는 것은 낭연하다. 다만, 익숙하지 않은 물에 탈이 날 수 도 있다. 다음 일정을 위한 예방 차원으로 맛만 볼 것을 권한다.

세상에서 가장 깨끗한 보르조미 광천수

조지아는 몰라도 보르조미 광천수는 안다! 조지아가 자랑하는 보르조미 광천수는 세계에 수출되어 미식가의 입맛을 사로잡고 있다. 이 광천수가 보르조미에서 난다. 보르조미 광천수는 1829년 러시아 보병대가 숲속에서 따뜻한 광천수가 나오는 샘물을 발견하면서 알려졌다. 이 샘이 바로 보르조미 센트럴 파크에 있는 예카테리나 광천수다. 그 후 보르조미 광천수는 러시아 황제에게 진상되어 '황제가 마시는 물'이 되었다.

보르조미 광천수에 얽힌 일화는 많다. 1829년 오스만 튀르크 제국의 침략에 대비해 이곳에 파병 나왔던 러시아 파벨포포브 대령은 피부병이 심했는데, 이곳에서 온천욕을 하고 낫다고 한다. 1841년 코카서스 총독 예브게니골로반의 딸 예카테리나두 원인 모를 병에 걸렸으나 보르조미 광천수를 마신 후 병이 말끔히 낫다. 그 후 보르조미 광천수를 '예카테리나 샘물'로 불렀다. 작곡가 차이코프스키도 보르조미 광천수를 마시며 요양하기도 했다.

보르조미 광천수는 만성위염, 위궤양, 간질환, 신장결석, 숙취 해소 등에 좋으며, 특히 소화질환, 당뇨병에 효과가 있는 것으로 알려졌다. 이처럼 보르조미 광천수가 치유 효과가 좋고, 세상에서 가장 깨끗한 물로 대접받는 것은 빙하 녹은 물이 땅 속 깊이 스몄다가 다시 용출되기 때문이다. 광천수가 화산암반 지대를 통과하면서 각종 미네랄과 광물성분을 함유하면서 몸에 이로운 물로 재탄생한 것이다.

보르조미 광천수는 1890년 처음 병에 담아 판매한 후로 지금까지 조지아를 대표하는 수출품목이 됐다. 구소련으로부터 독립한 후 지금의 러시아와 관계가 악화되면서 한때 위기를 맞기도 했다. 하지만, 지금은 현대적인 시설을 갖추고 대량생산을 통해 전 세계로 수출하고 있다. 한국에는 2019년부터 정식으로 수출되어 미식가들의 식탁에 오르고 있다.

특별한 공기가 배출된다는
보르조미 센트럴 파크 Borjomi Central Park

보르조미 마을의 중심이자 여행의 중심이다. 이곳은 침엽수와 활엽수가 함께 자라 피톤치드가 많이
나온다고 한다. 이 나무들이 배출하는 산소의 특별한 효능으로 이곳에서 요양하면 모든 병이 낫는
다는 이야기가 있다. 특히, 호흡기 계통 질환에 치유 효과가 있어 방학에는 아이와 함께 장기로 머
무는 가족이 많다고 한다. 센트럴 파크에는 아이들을 위한 놀이동산, 놀이터도 조성되어 있다.
센트럴 파크 내에는 광천수를 맛볼 수 있는 샘이 있다. 공원 내 온천 풀장이 있어 자연 속에서 온천
욕을 즐길 수 있다. 따뜻한 온천수와 시원한 공기를 함께 즐기는 온천욕은 건강에 좋을 수밖에 없
다. 공원 입구에서 케이블카를 타고 올라가면 보르조미를 한 눈에 볼 수 있는 전망대가 있다.

Data 지도 282p-E
가는 법 보르조미 버스 터미널에서 도보 20분 주소 50 9 Aprili St, Borjomi 1200 입장료 10라리

 센트럴 파크의 이동수단
케이블카 파크 스테이션
Cable Car Park Station

보르조미를 한눈에 담을 수 있는 전망대로 데려다 주는 케이블카다. 센트럴 파크에 있는 이 케이블카는 보르조미의 명물로 여행객들의 필수 코스가 되었다. 케이블카를 타면 센트럴 파크를 가로질러 산중턱에 도착한다. 이곳은 보르조미 전망대 역할을 한다. 케이블카를 타고 올라가 보르조미를 한눈에 보거나 근처의 대관람차를 탈 수 있다. 다만, 케이블카를 타고 올라가면 프로메테우스 동상이나 온천 풀장으로 갈 수 없다. 온천 풀장까지 가려면 다시 내려와서 도보로 이동해야 한다. 케이블카는 6월 말부터 9월 초까지만 운행하니 참고하자.

Data 지도 282p-E 가는 법 센트럴 파크 입구에서 오른편에 위치 주소 R9PV+3VW Borjomi (구글 플러스 코드) 가격 15라리

 그리스 신화에 등장하는
프로메테우스 동상
Monument of Prometheus

코카서스는 그리스 신화의 배경으로 등장하는 곳이 많다. 특히, 프로메테우스에 대한 전설이 많다. 보르조미 센트럴 파크 안에 있는 프로메테우스 동상도 그런 연유다. 프로메테우스 동상은 물줄기가 두 갈래로 갈라져 내려오는 천연 폭포 앞에 있다. 프로메테우스는 신에게서 불을 훔쳐 인류에게 준 죄로 카즈벡산 정상의 바위에 쇠사슬로 묶여 낮에는 독수리에게 간을 뜯어 먹히는 벌을 받았다. 독수리에게 뜯어 먹힌 간은 밤에 회복되어 다음날 독수리가 다시 뜯어 먹었다. 이 형벌은 헤라클라스가 프로메테우스를 구해주기 전까지 3,000년 동안 계속됐다고 한다.

Data 지도 282p-E 가는 법 센트럴 파크 입구에서 도보 7분 주소 Prometheus, Borjomi

산속의 유황온천
온천 풀장 Sulphur Water Swimming Pool

프로메테우스 동상을 지나 공원 끝까지 가면 숲길이 나온다. 이
곳부터 1.8km 떨어진 곳에 보르조미의 명물 온천 풀장이 있다.
러시아 황제(차르)의 지시로 생긴 이 온천 풀장은 '차르의 유황온
천'이라 불리기도 했다. 당시에는 러시아 귀족들만이 이 호사를
누렸다고 한다. 시간적인 여유가 있다면 38~41도를 유지하는
미지근한 온천수에 몸을 담가보자. 온천은 유료로 입장이 가능
하다. 온천 옆에 탈의시설과 간단한 샤워시설이 구비되어 있다.

Data 지도 282p-E
주소 50 9 Aprili St, Borjomi
1200
가는 법 프로메테우스 동상에서
도보 40분
요금 10라리

© httpscaucasiantours.com

© tourguide.ge

독특한 양식으로 지어진 파란 궁전
피루자 Firuza

보르조미 센트럴 파크 입구 왼편에 있는 멋진 외관의 푸른 건물
이다. 이 건물은 1892년 이란 영사 미르자 칸Mirza Khan의 여름
별장으로 지어졌다. 페르시아, 조지아, 유럽 스타일을 혼합한 건
축양식으로 지어져 독특한 모습을 하고 있다. 특히, 내부 인테리
어가 특이하고 아름다워 많은 관광객이 찾는다. 현재는 호텔로
사용되고 있다.

Data 지도 282p-E
가는 법 보르조미 버스터미널에서
도보 20분
주소 Firouze, 48 9 Aprili St,
Borjomi 1200

로마노프가의 여름 궁전
로마노프 궁전 Romanov Palace

보르조미를 너무 사랑한 러시아 알렉산더 2세 황제의 동생 미카일 로마노프 공작이 지은 궁전이다. 1892부터 1895년까지 건축가 레온틴 베누아에 의해 지어졌으며, 로마노프의 여름 궁전으로 사용되었다. 이곳에는 러시아 황제 피터 1세가 조각한 식탁을 비롯한 유물이 전시되어 있으나 2015년부터 수리를 위해 폐장했다. 사전에 개장 유무를 확인하고 가야 헛걸음 하지 않는다.

Data 지도 282p-D
가는 법 보르조미 버스터미널에서 도보 25분
주소 R9H7+6Q7 Borjomi (구글 플러스 코드)

보르조미의 역사를 담고 있는
보르조미 지역 역사박물관 Borjomi Local History Museum

조지아에서 가장 오래된 박물관 중 하나다. 1890년 지어진 건물에 자리한 역사박물관은1926년에 개장했다. 박물관은 3층으로 구성되어 있다. 1층에는 도기류와 화살, 2층은 러시아 황실 소유의 18~19세기 유물이 전시되어 있다. 3층에는 보르조미 광천수와 지역 문화사, 동식물 등 보르조미에 관한 역사를 제공한다. 보르조미 버스터미널에서 350m 떨어졌다. 짧은 시간에 관람할 수 있어 버스를 기다리는 시간을 이용해서 다녀올 수 있다.

Data 지도 282p-A
가는 법 보르조미 버스터미널에서 도보 6분
주소 5 Tsminda Nino St, Borjomi 1200
전화 +995 367 22 23 62
오픈 10:00~17:00(월 휴무)
입장료 5라리, 가이드 30라리

보르조미 기차역

`Data` 지도 282p-C
가는 법 보르조미 버스터미널에서 택시로 5분 주소 RCX5+3W Borjomi (구글 플러스 코드)
운행시간 보르조미 출발 07:50, 10:50(바쿠리아니 출발 10:00, 14:15)
소요시간 2시간 30분
요금 편도 2라리

뻐꾸기 울음소리를 내며 달리는
쿠쿠시카 산악 열차 Kukushika Railway

보르조미는 아주 특별한 기차여행을 할 수 있는 곳이다. 보르조미에서 남쪽으로 25km 거리의 바쿠리아니Bakuriani까지 운행하는 쿠쿠시카 산악 열차가 그것이다. 바쿠리아니는 조지아 3대 스키장이 있는 곳이다. 보르조미−바쿠리아니 구간을 운행하는 쿠쿠시카는 객실이 2~3량에 불과하다. 운행 중에 내는 기적 소리가 뻐꾸기 울음소리와 비슷하다고 해서 쿠쿠시카로 불린다. 쿠쿠시카는 러시아어로 뻐꾸기다. 열차를 타고 가며 깎아지른 절벽과 다리 아래로 흐르는 계곡, 편백나무가 이룬 숲을 볼 수 있다. 하지만 쿠쿠시카는 오래된 역사를 자랑하는 만큼 안전에 민감해 운행은 날씨에 영향을 많이 받는다. 쿠쿠시카를 타려면 미리 운행 여부를 확인하자.

조지아 최대의 국립공원
하라가울리 국립공원 Borjomi-Kharagauli National Park

보르조미를 감싸고 하라가울리 국립공원이 있다. 이 국립공원 면적은 조지아 영토의 1%가 넘는다. 유럽 최대 크기의 국립공원 중 하나이며, 코카서스 3국 국립공원 중 유일하게 보호지역으로 지정되어 있다. 국립공원에서는 트레킹과 캠핑을 즐길 수 있다. 하라가울리 국립공원에서 트레킹을 하려면 허가증을 받아야 한다. 보르조미 마을에서 도보 20분 거리의 국립공원 사무소에 들려 여권번호, 인적사항, 연락처를 적으면 입산 허가증을 준다. 이 입산 허가증은 트레킹 중에 산림관리원이 요구하면 보여줘야 한다. 국립공원 사무소에서는 4시간, 8시간, 당일, 2일, 3일 등 시간별로 즐길 수 있는 트레킹 코스와 주의할 점이 적힌 지도(5라리)도 구입할 수 있다. 트레킹을 하려면 가급적 지도를 구매해서 하자. 국립공원 사무소에서 국립공원 입구까지는 5km(도보 약 50분) 거리다. 걸어가는 게 부담스럽다면 택시를 이용하자.

하라가울리 국립공원 사무소
Borjomi-Kharagauli National Park Administration

`Data` 지도 282p-D
가는 법 국립공원 사무소에서 자동차로 약 10분
주소 23 Meskheti St, Borjomi 1200
전화 +995 599 74 79 19
오픈 09:00~18:00

조지아인 사랑하는 국민 스키장

바쿠리아니 스키장 Bakuriani Ski Resort

바쿠리아니는 조지아의 국민 스키장이다. 구다우리가 1990년대 후반에 만들어진 것과 달리 역사가 90년이 넘는다. 그만큼 스키장으로의 입지가 좋다는 얘기다. 바쿠리아니 스키장은 세계 3대 광천수가 솟는 보르조미에서 남쪽으로 30분 거리에 있다. 화산이 폭발한 분화구에 자리한 마을의 남쪽에 스키장이 자리한다.

바쿠리아니 스키장은 하나가 아니다. 사크벨로(Sakvelo, 2816m) 산을 중심으로 미타르비(Mitarbi), 콕타(Kokhta), 타트라(Tatra), 디드벨리(Didveli) 등 4개의 스키장이 모여 있다. 이 가운데 4년 전에 개장한 디드벨리가 가장 크다. 디드벨리에서 2023년 프리라이드 월드컵이 열린다. 조지아는 이 대회를 기점으로 조지아의 스키장이 세계에 널리 알려지기를 소망하고 있다. 또 이 행사를 대비해 리프트를 새롭게 짓고, 경기장 건설도 한창이다.

바쿠리아니의 스키장은 상단과 하단이 분명히 나뉜다. 상단은 상급 이상의 스키어를 위한 가파른 슬로프가 있고, 하단부는 초중급자가 놀기 좋게 숲에 슬로프를 조성했다. 주변에 아이들을 위한 전용 스키장도 별도로 있다. 스노모빌 체험이나 승마 등 다양한 체험 시설도 있다. 이처럼 가족 친화적인 조건을 갖추고 있어 가족단위로 많이 찾는다. 다만, 전체적인 스키장 규모나 슬로프 조성, 프리라이드 구역 등을 종합하면 구다우리나 메스티아의 스키장에는 조금 못 미친다.

Data 주소 QH23+22 Bakuriani, 소시아
가는 법 보르조미에서 산악열차나 마르슈르트카 이용
주소 QH23+22 Bakuriani (구글 플러스 코드)
가격 종일권 55라리, 스키 렌탈 30~40라리, 썰매 대여 1시간 10라리
홈페이지 http://bakuriani.ski

EAT

보르조미에서 가장 유명한
인카 카페 INKA CAFE

센트럴 파크로 가는 길에 있는 카페다. 커피가 맛있는 집으로 유명하다. 커피 외에 디저트와 음식 메뉴도 있어 식사도 할 수 있다. 음식 메뉴는 다양한 종류의 피자와 하차푸리가 있다. 조각 케이크 도 판매한다. 보르조미 레스토랑 대부분이 조지아 전통 음식을 주 메뉴로 한다. 조지아 전통 음식 이 아닌 다른 메뉴가 생각난다면 들려보자.

Data 지도 282p-B 가는 법 보르조미 센트럴 파크 입구에서 도보 7분
주소 R9QP+XV Borjomi (구글 플러스 코드) 전화 +995 595 30 20 77 오픈 10:00~21:00
가격 마르게리타 피자 18라리, 살라미 피자 25라리, 하차푸리 17라리, 아메리카노 6라리, 조각 케이크
3~6라리, 오믈렛 15라리 홈페이지 www.facebook.com/INKACAFE

샴푸르제 하차푸리를 맛볼 수 있는
베르기 테라스 Bergi terrace

조지아 전통 음식이 주 메뉴다. 다양한 하차푸리와 조지아 빵 을 즐길 수 있다. 점심과 저녁 식사가 가능하며, 간단하게 맥주 나 와인을 즐기기에도 좋다. 메뉴판에 음식 사진이 있어 메뉴를 선택하기 편리하다. 하차푸리 스핏khachapuri spit은 하차푸리의 한 종류로 샴푸르제 하차푸리라 부른다. 긴 빵 안에 치즈가 가득 들어 있다. 넓적한 하차푸리와는 또 다른 맛이다. 가격이 저렴해 가성비 좋게 한 끼를 즐길 수 있다.

Data 지도 282p-B
가는 법 보르조미 버스터미널에서
도보 6분
주소 R9RM+FX Borjomi
(구글 플러스 코드)
전화 +995 599 22 38 16
오픈 10:00~22:30
가격 하차푸리 스핏 20라리,
피자 15~30라리, 시크메룰리
35라리

보르조미에서 치맥을 즐길 수 있는
올드 보르조미 Old Borjomi

센트럴 파크 가는 길에 있는 조지안 음식점이다. 외관은 오래된 음식점처럼 보이지만 실내는 리모
델링해 깨끗하다. 다양한 수프와 바비큐, 시크메룰리, 힌칼리 메뉴가 있다. 치킨은 맥주와 함께 먹
으면 옛날 통닭이 생각난다. 전체적으로 메뉴가 비싸지 않다. 처음 음식 선정에 실패하지 않았다면
보르조미에 있는 동안 여러 번 찾게 된다.

Data 지도 282p-B 가는 법 보르조미 센트럴 파크 입구에서 도보 10분
주소 19 Kostava St, Borjomi 1200 전화 +995 367 22 33 20 오픈 10:00~23:00
가격 하르초 수프 12라리, 버섯 수프 10라리, 프라이드 치킨 25라리, 치킨 바비큐 14라리, 포크 바비큐 25라리,
시크메룰리 35라리, 힌칼리 1라리, 홈메이드 와인 1리터 25라리 홈페이지 https://old-borjomi.business.site

미니 도넛이 맛있는
리오 Rio

테이크아웃이 가능한 카페이. 다양한 종류의 커피와 쉐이크, 폰
치키라 부르는 미니 도넛을 판매한다. 꽈배기 빵 같은 질감의 도
넛은 먹다보면 몇 개를 먹었는지 잊을 정도로 달콤하고 맛있다.
거창한 식사 대신 간식이 필요하다면 폰치키를 추천한다.

Data 지도 282p-B
가는 법 보르조미 센트럴 파크
입구에서 도보 7분
주소 6 9 Aprili St, Borjomi
1200 전화 +995 558 48 23 35
오픈 10:00~20:00
가격 폰치키 8개 3라리,
밀크쉐이크 4라리, 아메리카노
3.5라리, 라떼 6라리
홈페이지 www.facebook.com/
Rio-ჩიზ-426995074161690

⚐ SLEEP

보르조미 최고의 리조트
크라운 프라자 Crowne Plaza Borjomi

2018년에 오픈한 신식 호텔이다. 외관은 알프스 산장 같은 느낌이다. 하지만 내부는 깔끔하고 모던하다. 호텔 앞은 냇가와 산책로가 있어 가벼운 트레킹을 하기 좋다. 보르조미 센트럴 파크까지 도보로 5분이면 갈 수 있다. 부대시설로 피트니스, 스파 센터, 사우나, 실내 수영장이 있다. 정원에는 천연 온천 및 유황 온천탕이 있다. 투숙객에게는 매일 오전 요가 수업을 무료로 제공한다. 보르조미 센트럴 파크 입장도 무료다. 객실은 모두 101개. 2개의 레스토랑, 테라스 카페, 와인바가 있다. 5성급 호텔에 머물며 보르조미를 천천히 즐기고 싶다면 추천한다.

Data 지도 282p-E 주소 Baratashvili st, 9 Borjomi 1200
전화 +995 322 22 12 21 가격 더블룸 기준 340라리~ 홈페이지 www.ihg.com

역사적인 피루자 건물을 사용하는
골든 튤립 Golden Tulip Borjomi

보르조미 센트럴 파크 입구 왼편에 있는 파란색 건물이다. 1892년 이란 영사가 여름별장으로 지었으나 현재는 골든 튤립 호텔로 사용하고 있다. 독특한 스타일의 화려한 인테리어가 돋보인다. 호텔 안쪽에 있는 실외 정원도 아름답다. 의미가 있는 호텔이다 보니 일부러 이곳에 투숙하려는 여행자들도 있다. 100년 전 여름별장이 궁금하다면 추천한다.

Data 지도 282p-E
주소 Firouze, 48 9 Aprili St, Borjomi 1200
전화 +995 322 88 02 02 가격 스탠다드 트윈룸 360라리~

가성비 좋은 아파트 호텔

와인 인 보르조미 아파트 호텔 Wine Inn Borjomi Apart Hotel

보르조미 센트럴 파크로 가는 길목의 므츠바리 강변에 있는 아파트형 호텔이다. 호텔 위치가 좋고 깨끗하기로 소문났다. 모든 객실에 간이주방과 전용 욕실이 구비되어 있다. 소파베드가 1개씩 있어 최대 4명까지 투숙할 수 있다. 2인 추가 비용은 25라리. 일행이 많으면 저렴한 가격에 묵을 수 있다. 가족이 지내기도 좋다.

Data 지도 282p-E
주소 2 Grigol Robakidze St, Borjomi 1200
전화 +995 595 09 09 98
가격 125라리~
홈페이지 www.facebook.com/pg/WineInnBorjomiHotel

버스터미널과 가까운

게스트하우스 카사 Guest House Casa

버스터미널에서 길을 건너 작은 언덕을 올라가면 있는 게스트하우스다. 객실은 트윈룸, 디럭스룸, 패밀리룸으로 구성되어 있다. 각 룸은 개별 출입구를 통해 드나들 수 있다. 게스트하우스이지만, 분리된 공간을 사용하는 장점이 있다. 호스트와 영어로 의사소통이 가능하다. 패밀리룸에는 전용 욕실과 간이 주방이 있다. 트윈룸과 디럭스룸은 공용 욕실을 사용해야 하지만 숙박료가 저렴하다. 이른 시간에 버스를 타고 이동하거나 가성비 좋은 게스트하우스를 찾는다면 추천한다.

Data 지도 282p-D
주소 saakadze 8 dom, Borjomi 1200
전화 +995 591 40 04 04
가격 트윈룸 기준 55라리~

아할치헤 & 바르지아
Akhaltsikhe & Vardzia

아할치헤는 조지아 서부 바투미와 보르조미 사이에 있는 작은 도시다. 이 도시에는 '조지아의 디즈니랜드'라 불리는 라바티성이 있다. 최근 복원된 라바티성은 조지아의 미래와 희망을 상징한다. 아할치헤에서 1시간 30분 거리에는 12세기 몽골의 침략에 맞서기 위해 절벽에 지은 동굴 도시 바르지아가 있다. 바위절벽에 13층 규모로 지어진 동굴 도시를 거닐며 조지아의 영화를 이끌던 타마르 여왕을 떠올려보자.

미 리 보 기

아할치헤는 바르지아를 가기 위해 꼭 들르게 되는 도시다. 트빌리시에서는 보르조미를 거쳐 온다. 보통 오전에 아할치헤를 거쳐 바르지아로 가서 '동굴 수도원'을 본다. 그 다음 오후에 아할치헤로 돌아와 라바티성을 돌아본다. 이렇게 하면 트빌리시에서도 당일 일정으로 올 수 있다.

아할치헤의 볼거리는 라바티성이 거의 전부라고 해도 과언이 아니다. 라바티성은 조지아가 공들여 복원한 성이다. 라바티성 덕분에 근교의 동굴 도시 바르지아도 새롭게 떠오르는 관광지가 되었다.

SEE

EAT

아할치헤만의 특별한 전통 음식은 없다. 작은 도시라서 대부분의 음식점 주인들은 친절하다. 마치 시골집에 온 느낌을 준다. 인심 좋은 식당에서 식사하면 조지아의 정을 느낄 수 있을 것이다.

BUY

라바티성 내부에 손으로 만든 공예품을 비롯해 각종 기념품을 파는 작은 가게들이 있다.

SLEEP

아할치헤를 조금 더 여유롭게 보고 싶다면 라바티성 주변의 숙소를 찾아보자. 놀랄 정도로 저렴하고 깨끗한 숙소를 이용할 수 있다. 2~3성급 호텔과 게스트하우스 등 다양한 숙소가 있다.

마르슈르트카

트빌리시 디두베 버스터미널에서 아할치헤로 가는 마르슈르트카가 08:00부터 19:00까지 40분에서 1시간 간격으로 출발한다. 아할치헤 가는 길에 보르조미를 지나간다. 만약 아할치헤로 가는 마르슈르트카에 자리가 없다면 일단 보르조미까지 가서 갈아타고 갈 수도 있다. 보르조미에서 아할치헤로 가는 버스는 시청(Borjomi Municipality) 앞에서 탄다. 대부분의 여행자들은 보통 보르조미를 여행한 후 아할치헤로 간다. 다음 목적지와 출발 시간을 정했다면 아할치헤에 도착하자마자 미리 표를 구매하자. 아할치헤로 가는 마르슈르트카는 바투미, 쿠타이시, 고리에서도 운행한다.

아할치헤 마르슈르트카 운행 정보

출발지	도착지	출발시간	도착시간	소요시간	가격
트빌리시	아할치헤	08:00~19:00	11:30~22:30	3시간 30분	15라리
보르조미		08:45, 14:45	09:30, 15:30	45분	5라리
바투미		08:30, 10:00, 12:30	14:30, 16:00, 18:30	6시간	35라리
아할치헤	트빌리시	06:20~19:00 (40분 간격)	10:50~22:30	3시간 30분	15라리
	보르조미	12:45	13:30	45분	5라리
	쿠타이시	10:40, 15:00, 18:10	14:40, 19:00, 22:10	4시간	12라리
	바투미	08:30, 11:30	14:30, 17:30	6시간	35라리

어떻게 다닐까?

도보

아할치헤 버스터미널에서 라바티성 입구까지는 도보로 15분이면 갈 수 있다. 성 내부를 둘러보는 데는 한두 시간이면 충분하다. 대부분의 여행자는 아할치헤와 바르지아를 함께 여행한다. 아할치헤는 도보로 여행하고, 바르지아로 이동할 때만 차량을 타고 간다.

> **TIP** 바투미에서 아할치헤까지는 지도상으로 매우 가까워 보인다. 하지만 마르슈르트카를 타고 가면 결코 가깝지 않다. 모든 마르슈르트카가 바투미-쿠타이시-하슈리-보르조미를 거쳐 아할치헤로 가기 때문이다. 만약 바투미에서 마르슈르트카 승객 전부가 아할치헤로 간다면 곧장 갈 수 있다. 그러나 이런 경우는 거의 드물다. 대부분의 마르슈르트카는 위의 도시를 들려 승객을 내려주고 채우면서 이동한다. 이 때문에 바투미에서 아할치헤까지는 보통 6시간, 길면 7시간이 걸린다.

보통 아할치헤와 바르지아를 묶어 하루 일정으로 여행한 뒤 트빌리시나 보르조미로 이동한다. 트빌리시에서 당일치기로 아할치헤를 여행한다면 아침 일찍 출발해 밤늦게 돌아간다. 이때는 오가는 교통편을 비롯해 관람시간을 잘 짜야 일정대로 여행할 수 있다. 오고 가는 마르슈르트카 예약은 필수다. 아할치헤는 오전에 도착해야 하며, 바르지아에서도 너무 오래 머물지 않도록 한다. 만약 아할치헤에서 하룻밤 머문다면 훨씬 넉넉하게 일정을 짤 수 있다.

바르지아 찾아가기

바르지아는 아할치헤에서 마르슈르트카와 택시를 이용해 갈 수 있다. 바르지아로 가는 마르슈르트카는 아할치헤를 거쳐 간다. 보르조미에서 출발해도 아할치헤를 거쳐 간다. 아할치헤 버스터미널에서 바르지아까지는 1일 4회(10:30, 12:20, 16:00, 17:30) 마르슈르트카가 운행한다. 소요시간은 1시간 30분, 요금은 8라리다. 바르지아에서 아할치헤로 돌아오는 마르슈르트카는 정해진 시간없이 1일 4회 운영 중인데 마지막 마르슈르트카는 15:00에 있다.

마르슈르트카 대신 택시를 이용할 수도 있다. 바르지아에서 아할치헤나 보르조미로 가는 택시가 많다. 택시 요금은 아할치헤에서 바르지아 왕복 120~150라리다. 보통 바르지아에서 2시간 기다려 준다. 택시는 여행자들을 모아 함께 이용해야 가격이 저렴하다.

SEE

아할치헤 랜드마크
라바티성 Rabati Castle

라바티성은 아할치헤의 과거와 미래다. 아할치헤 여행자 대부분은 라바티성을 가기 위해 이곳에 들른다. 포츠코피스츠칼리Potskhovistskali강 기슭의 작은 언덕 위에 있는 이 성은 9세기에 만들어졌다. 본래 이름은 롬시아Lomsia였으나 1590년 오스만 제국에 의해 정복당한 후 라바티로 바뀌었다. 라바티는 아랍어로 '요새'를 뜻한다. 라바티성은 그 후에도 많은 전쟁을 겪으면서 크게 훼손되었다. 라바티성이 재건된 것은 조지아가 구소련으로부터 독립한 뒤다. 2012년 복원 후 개장한 라바티성에는 호텔, 레스토랑, 웨딩홀, 정원 등 다양한 공간이 있어 '조지아의 디즈니랜드'라 불린다.

라바티성은 요새화된 성벽으로 둘러싸여 있다. 주 출입구는 성의 동쪽에 있다. 주 출입구로 들어가면 제일 먼저 레스토랑과 카페가 보인다. 카페 오른쪽으로 올라가면 성채로 갈 수 있다. 성채의 망루에 오르면 라바티 성벽 내부의 멋진 전경을 한눈에 볼 수 있다. 성채 안뜰에는 유물들이 보존되어 있다. 라바티성은 건물 사이사이에 정원이 많다. 인형극장 앞 정원, 교회에서 박물관으로 이어져 있는 정원을 걷다 보면 산책하는 기분이 든다. 성 안 언덕 위에는 교회, 모스크, 제켈리스의 궁선, 유대교회당, 정원, 분수, 역사박물관이 있다. 저지대 광장에는 다양한 상점, 호텔, 레스토랑 및 카페가 있다. 성 안은 이렇게 복합 공간으로 재탄생 되었다.

라바티성은 박물관과 교회 등 일부 건물을 제외하고 24시간 동안 개장한다. 아할치헤에서 보내는 시간이 많다면 하루 중 언제든지 라바티성에 들려 여유로운 산책을 할 수 있다. 관람은 박물관과 교회를 제외하고 무료다.

Data 지도 300p-A 가는 법 아할치헤 버스터미널에서 도보 15분
주소 JXRG+R5 Akhaltsikhe (구글 플러스 코드) 전화 +995 322 99 71 76
오픈 라바티성 24시간, 박물관 09:00~18:00 입장료 박물관 가이드 투어 20라리

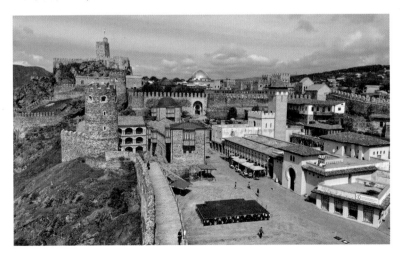

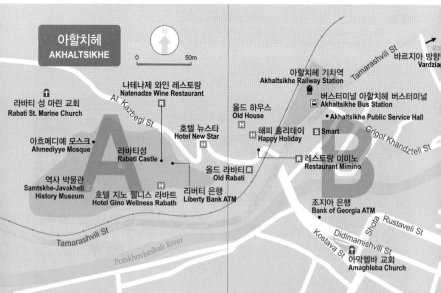

아할치헤
AKHALTSIKHE

N

0   50m

바르지아 방향
Vardzia
Tamarashvili St

아할치헤 기차역
Akhaltsikhe Railway Station

버스터미널 아할치헤 버스터미널
Akhaltsikhe Bus Station

Akhaltsikhe Public Service Hall

나테나제 와인 레스토랑
Natenadze Wine Restaurant
Al. Kazbegi St

라바티 성 마린 교회
Rabati St. Marine Church

올드 하우스
Old House

해피 홀리데이
Happy Holiday

Smart

호텔 뉴스타
Hotel New Star

아흐메디예 모스크
Ahmediyye Mosque

라바티성
Rabati Castle

레스토랑 미미노
Restaurant Mimino

Grigol Khandzteli St

올드 라바티
Old Rabati

역사 박물관
Samtskhe-Javakheti
History Museum

호텔 지노 웰니스 라바트
Hotel Gino Wellness Rabath

리버티 은행
Liberty Bank ATM

조지아 은행
Bank of Georgia ATM

Shota Rustaveli St

Tamarashvili St

Didimamishvili St
Kostava St

Potskhovistskali River

아막헬바 교회
Amaghleba Church

 절벽에 동굴을 파서 만든 도시
바르지아 Vardzia

아할치헤 북쪽에 있는 바르지아는 '동굴 도시'로 유명한 곳이다. 므츠바리강에 접한 가파른 바위 벼랑에 있는 바르지아는 본래 자연동굴이 있던 곳을 파서 동굴 도시를 만들었다. 동굴 도시는 폭이 500m에 달하고, 높이는 13층에 이른다.

이곳에 동굴 도시가 만들어진 것은 12세기 타마르 여왕 시절이다. 타마르 여왕은 몽골의 침입에 대비해 이곳에 은신처를 만들도록 지시했다. 이때 만들어진 동굴은 모두 119개다. 동굴 속에는 409개의 방과 13개의 예배당, 25개의 포도주 저장소가 있었다. 또한 왕의 집무실, 접견실, 회의실, 빵집, 대장간, 작은 예배소, 큰 교회당도 있었다. 그야말로 동굴 속의 비밀스럽고 은밀한 지하도시가 건설된 것이다. 동굴 도시로 접근하는 유일한 길은 므츠바리강에서 시작하는 비밀통로뿐이다. 바르지아 동굴 도시는 농사를 지어 자급자족할 수 있는 조건도 갖추었다. 관개시설과 수로를 만들어 농사를 지었다. 일부 터널의 관개 시설은 지금도 마실 수 있는 물을 공급한다고 한다.

바르지아 동굴 도시는 몽골의 침입을 받지 않았다. 하지만 1283년에 일어난 지진으로 동굴 도시의 3분의 2 이상이 파괴되었다. 또한 지진으로 숨겨졌던 동굴이 드러나면서 주변 국가의 침략이 있을 때마다 크게 훼손되며 도시로서의 기능을 상실했다. 그러나 소수의 수도사들이 관개 수로를 다시 만드는 등 복원 작업을 해서 현재에 이르게 했다. 바르지아 동굴 도시는 유네스코 세계문화유산 등재 준비 중에 있다.

Data 운영시간 10:00~17:00(11월 15일~5월 1일), 10:00~19:00(5월 1일~10월 1일), 10:00~18:00(10월 1일~11월 15일) 입장료 15라리, 셔틀버스 2라리

타마르 여왕과 바르지아 동굴 도시

타마르 여왕은 조지아 역사에서 빼놓을 수 없는 인물이다. 타마르 여왕은 기오르기 3세에 이어 25세에 왕위를 물려받았다. 타마르 여왕은 나이가 어리고 여자라서 왕위를 위협받기도 했다. 하지만 타마르 여왕은 귀족과 군대의 충성심을 이끌어내고, 뛰어난 외교력을 발휘해 29년간 조지아 황금시대를 열었다. 이런 연유로 타마르 여왕에 대한 조지아인들의 자부심은 아주 높다.

바르지아 동굴 도시도 타마르 여왕의 지시에 의해 만들어졌다. 타마르 여왕이 통치하던 시절은 몽골이 유럽을 휩쓸던 시기였다. 몽골의 침략에 위협을 느낀 타마르 여왕은 백성들이 피난할 수 있는 곳을 비밀리에 건설하도록 명령했다. 그렇게 해서 자연동굴이 있던 바르지아에 동굴 도시가 건설되기 시작했다.

바르지아 이름에 관해서는 재미난 전설이 있다. 어느 날 어린 타마르 여왕이 삼촌과 사냥을 나갔다가 동굴에서 길을 잃었다. 삼촌이 그녀의 이름을 부르자 타마르는 "Ac var dzia"라고 대답했는데, 이 말은 조지아어로 "저 여기 있어요"라고 한다. 그 후 이 동굴은 바르지아로 불리게 되었다고 한다.

ⵗⵔ EAT

친절한 가족이 운영하는
올드 라바티 Old Rabati

게스트하우스와 레스토랑을 함께 운영한다. 게스트하우스를 이용
한 여행객들의 좋은 후기로 인해 유명해졌다. 가족이 운영하고 있어 친절하
고 편안한 분위기를 준다. 주 메뉴는 조지아 전통 음식이다. 대체적으로 모든 메뉴가
저렴하고 맛있다. 또 직접 담근 차차와 와인도 맛볼 수 있다. 대부분의 조지아 식당이 그렇듯 음식
이 나오는 속도가 느린 편이다. 이동시간이 정해져 있다면 참고하자.

Data 지도 300p-B 가는 법 라바티성에서 도보 10분
주소 Tsikhisdziris 6, Rabati, Akhaltsikhe 0800 전화 +995 551 94 55 49
오픈 09:00~00:00 가격 오자후리 20라리, 버섯 요리 10라리, 하차푸리 10라리, 힌칼리 1.5라리, 므츠바디
20라리 시크메룰리 30라리 홈페이지 www.facebook.com/pg/Old-rabati-509954005799946

아할치헤 바비큐 맛집
레스토랑 미미노 Restaurant Mimino

홈메이드 와인과 차차가 있는 레스토랑. 조지아 전통 음식
이 주 메뉴다. 특히, 바비큐 메뉴가 맛있기로 유명하다. 와
인과 차차가 맛있게 익은 시기에 가면 서비스로 나눠주는 와
인과 차차를 마실 수도 있다. 인심 좋고 친절한 식당으로 소
문났다.

Data 지도 300p-B 가는 법 라바티성에서 도보 8분
주소 Eqvtime Atoneli 108-2 St, Akhaltsikhe 0800 전화 +995 568 00 44 40
오픈 09:00~23:00 가격 시크메룰리 23라리, 하우스 와인 1리터 20라리, 하우스 차차 30라리
홈페이지 https://restaurantmimino.business.site

라바티성 안의 카페
나테나제 와인 레스토랑 Natenadze Wine Restaurant

라바티성 안에 있는 카페다. 성을 산책하다 쉬기 좋다. 아이스크림과 커피, 차, 와인 등을 판매한
다. 조지아 전통 음식과 이탈리안 음식 메뉴도 있다. 성 안에 있는 카페라서 성 밖의 음식점보다 가
격이 비싸다. 특별히 먹고 싶은 메뉴가 있는 게 아니라면 음료나 디저트를 추천한다.

Data 지도 300p-A 가는 법 아할치헤 버스터미널에서 도보 7분
주소 Kharischirashvili st. 1, Akhaltsikhe 0800 전화 +995 591 15 31 13
가격 칵테일 14~27라리 오픈 10:00~03:00

🔔 SLEEP

라바티성 안의 호텔
호텔 지노 웰니스 라바트 Hotel Gino Wellness Rabath

라바티성 안에 있는 호텔이다. 유서 깊은 라바티성 안에서 하룻밤을 보내기 위해 찾는 여행자들이
많다. 아할치헤에서는 유일한 4성급 호텔로 사우나와 스파 시설을 갖추고 있다. 호텔 내 레스토랑
과 바도 있다. 호텔 투숙객은 성 안의 박물관을 무료로 입장할 수 있다.

Data 지도 300p-A 가는 법 아할치헤 버스터미널에서 도보 7분
주소 Kharischirashvili St 1, Akhaltsikhe 0800 전화 +995 599 88 09 24 가격 더블룸 기준 236라리~

전용 욕실이 있는 게스트하우스
해피 홀리데이 Happy Holiday

아할치헤 버스터미널과 가까운 곳에 있는 게스트하우스다. 2층집으로 된 가정집을 게스트하우스로 개조했다. 객실은 트윈룸과 트리플룸으로 구성되어 있다. 모든 객실에 전용 욕실이 있다. 조식도 제공된다. 호스트는 영어 소통이 능숙하지는 않지만 친절하다.

Data 지도 300p-B 주소 JXVJ+7CR, Akhaltsikhe (구글 플러스 코드)
전화 +995 591 15 69 07 가격 트윈룸 기준 60라리~

가성비 좋은 2성급 호텔
호텔 뉴스타 Hotel New Star

라바티성 앞에 위치한 호텔이다. 객실은 작은 편이지만 깨끗하다. 최소한의 편의시설이 구비되어 있다. 체크인을 하면 정성스러운 웰컴 음료를 맛볼 수 있다. 친절한 호스트가 있는 곳으로 유명하다. 조식도 맛있다. 성 앞에 있어 야경을 보러 가기에도 좋다. 게스트하우스 요금에 전용 욕실이 있는 개인룸을 사용하고 싶다면 추천한다.

Data 지도 300p-A
주소 JXVH+5Q Akhaltsikhe (구글 플러스 코드)
전화 +995 595 29 74 18
가격 더블룸 기준 50라리~

레스토랑과 함께 운영하는
올드 하우스 Old House

레스토랑과 게스트하우스를 함께 운영한다. 인심 좋은 주인의 웰컴 와인과 차차를 마음껏 맛볼 수 있다. 모든 객실은 더블룸으로 구성되어 있다. 욕실은 공용이지만, 호스트 가격으로 개인 룸을 사용할 수 있는 장점이 있다.

Data 지도 300p-B 주소 JXVJ+97 Akhaltsikhe
(구글 플러스 코드) 가격 더블룸 기준 50라리

바투미
Batumi

바투미는 조지아 내 자치공화국 아자르의 수도다. 1993년 내전 후 자치
공화국으로 인정되었다. 바투미는 터키 국경과 닿아 있는 흑해 연안의
항구 도시다. 조지아 최대의 휴양지로 일 년 내내 따뜻하고 비가 자주 내
리는 독특한 아열대 기후를 보인다. 이 때문에 '비 내리는 태양의 땅'으로
불리기도 한다. 여름철에는 많은 관광객이 찾아 세계적인 휴양지로 급부
상하고 있다.

바투미

미리보기

바투미는 조지아에서 두 번째로 큰 도시다. 산과 계곡 같은 자연 속에 자리한 수수한 모습의 타 도시와는 다른 느낌이다. 바투미에서는 현대식 건물과 멋지게 조성된 해양공원, 볼 것 많은 골 목을 즐겨보자. 또 다른 조지아의 매력을 느낄 수 있다.

SEE

유럽 광장을 시작으로 바투미 피아자, 천문시계, 메디아 동상을 보며 골목을 거닐어보자. 해질녘에는 바투미 해양공원에서 알리와 니노 동상을 보고, 곳곳에 있는 조형물과 사진을 남기는 재미도 있다. 아르고 케이블카를 타고 바투미 전경을 보는 것도 추천한다.

EAT

바투미는 조지아를 대표하는 음식 중 히니인 하차푸리의 본 고장이다. 바투미에 왔다면 오리지널 아자리안 하차푸리를 꼭 먹어보자.

BUY

바투미 해양공원과 아르고 케이블카를 타고 가는 전망대에 기념품 파는 상점이 많다. 바투미에서 원조 아자리안 하차푸리를 먹고, 하차푸리 마그넷과 하차푸리 그림이 그려진 양말 등을 기념품으로 구입하는 것도 좋다. 하차푸리가 그려진 양말은 조지아에서만 구입할 수 있다.

SLEEP

바투미는 최고의 휴양지답게 5성급 호텔부터 아파트 형태의 호텔, 에어비앤비, 호스텔 등 다양한 숙박시설이 있다. 자신의 여행 스타일에 맞게 숙소를 선택하면 된다. 여름철 성수기는 가격이 많이 올라가니 참고하자.

찾아가기

어떻게 갈까?

항공

조지아 여행자는 보통 트빌리시로 입국한다. 하지만, 저렴한 항공권을 구할 수 있고, 여행 스케줄이 괜찮다면 바투미에서 조지아 여행을 시작해도 된다. 인천공항에서 터키항공을 이용하면 이스탄불을 경유해 바투미로 갈 수 있다. 이밖에 이스라엘, 벨라루스, 우크라이나, 폴란드, 요르단, 사우디아라비아, 레바논, 아르메니아, 이란 등에서 바투미 국제공항으로 입국이 가능하다. 바투미에서 트빌리시까지 국내선도 운항한다. 국내선은 비수기가 시작되는 10월부터는 운항 편수가 줄어든다.

바투미 국제공항 주요 노선

항공사	출발지	소요시간
이스라엘항공	텔아비브	2시간 35분
아르키아 이스라엘항공	텔아비브	2시간 15분
벨라비아항공	민스크	3시간 5분
터키항공	이스탄불	3시간 15분

바투미 국제공항
Batumi International Airport
주소 Batumi International Airport
Alexander Kartveli 전화 +995 422 23 51 00
홈페이지 www.batumiairport.com/en-EN

바투미 공항

바투미 국제공항에서 시내로 가기

❶ 버스

공항 밖으로 나오면 맞은편 버스 정류장에서 시내까지 운행하는 10번 버스가 있다. 요금은 1라리, 시내 중심지까지 20분이 소요된다.

❷ 택시&앱택시

바투미 택시 역시 미터기가 없다. 흥정을 한 후 택시에 타야 한다. 보통 공항에서 시내 중심가까지 보통 25라리를 부른다. 앱택시도 보통 10라리부터 시작된다. 따라서 일반 택시와 앱택시 요금이 크게 차이나지 않는다. 일행이 있거나 편하게 이동하고 싶다면 택시를 이용하자.

❸ 기차

트빌리시에서 바투미로 갈 때 가장 많이 이용하는 교통편이다. 기차는 1등석, 2등석으로 구성되어 있으며, 트빌리시에서 바투미까지는 5시간이 소요된다. 기차역에서 미리 예매를 하거나 온라인으로 예매할 수 있다. 온라인으로 예매할 경우 여권의 이름과 번호를 정확히 기재하자. 기차 탑승 시 여권과 승차권을 확인한다. 앱

으로 예매한 경우 기차표를 따로 출력할 필요 없이 앱으로 확인이 가능하다. 기차 내에서는 와이파이 사용이 가능하다. 기차 칸마다 샌드위치, 초콜릿, 음료수 등을 판매하는 자판기가 있다. 바투미 기차역에서 시내는 기차역 길 건너 정류장에서 10번 버스를 이용한다. 15분쯤 걸리며, 요금은 1라리.

트빌리시-바투미 기차 정보

도착지	출발시간	도착시간	소요시간	가격
트빌리시	08:00, 16:55	13:17, 22:17	5시간 17분, 5시간 22분	1등석 70라리, 2등석 35라리
바투미	08:00, 17:10	13:35, 22:45	5시간 35분	1등석 70라리, 2등석 35라리

*요일에 따라 열차 출발시간이 다르다. 기차표 구매시 출발 시간을 정확히 확인하도록 하자.

바투미 기차역 Batumi Central Station
주소 Batumi Central Station(Railway , Bus & Mall)

❹ 국제 버스

터키에서 조지아를 거쳐 아제르바이잔까지 운행하는 국제 버스가 바투미와 트빌리시를 경유한
다. 현재 코로나로 1일 2회 운행되지만, 조만간 1일 4회로 확대 운영될 것으로 보인다. 바투미
버스터미널에서 타면 트빌리시까지 직행으로 갈 수 있다. 요금은 기차보다 저렴하다. 하지만 시
간이 조금 더 오래 걸리고, 화장실이나 편의시설 이용이 자유롭지 못한 단점이 있다. 바투미 버
스터미널에서 시내 중심까지는 도보 40분 거리. 아주 멀지는 않지만, 짐이 있다면 택시를 타자.
앱택시 약 5라리.

바투미–트빌리시 국제 버스 정보

도착지	출발시간	도착시간	소요시간	가격
트빌리시	01:00, 12:00, 20:00	07:30, 18:00, 02:00	6시간 30분	45라리
바투미	02:00, 12:00, 23:59	08:00, 18:00, 06:00	6시간	540 터키 리라

 바투미 버스터미널 Batumi Bus Terminal
주소 1 Gogol St, Batumi 전화 +995 555 71 77 28
홈페이지 http://metrogeorgia.ge/en/home

❺ 마르슈르트카

트빌리시를 제외한 도시에서는 마르슈르트카를 이용해 바투미로 갈 수 있다. 조지아 북부의
주요 여행지인 메스티아에서는 주그디디를 경유해 바투미로 간다. 주그디디에서 하차하는 승
객이 없거나 자리가 꽉 차 더 이상 태울 수 없다면 주그디디를 거치지 않고 바투미로 직행하기
도 한다. 메스티아에서 바투미까지는 하루 단 1대만 운행한다. 주그디디에서 바투미는 하루 8
편 운행한다.

바투미 마르슈르트카 운행 정보

출발지	도착지	출발시간	도착시간	소요시간	가격
주그디디	바투미	정해진 시간 없이 일정 인원이 차면 출발하고 있음		3시간	12라리
쿠타이시		07:00~20:00 (1시간 간격 출발)	10:00~23:00	3시간	20라리
바투미	주그디디	정해진 시간 없이 일정 인원이 차면 출발하고 있음		3시간	12라리
	쿠타이시	07:00~20:00 (1시간 간격 출발)	10:00~23:00	3시간	20라리

바투미 버스 터미널 Batumi Otobüs Terminali (마르슈르트카)
주소 JMV2+G4 Batumi (구글 플러스 코드)

TIP 마르슈르트카와 국제 버스가 출발하는 버스터미널이 다르다. 혼동하지 않도록 하자.

어떻게 다닐까?

도보

바투미 주요 볼거리는 흑해 해변을 따라 몰려 있다. 6메이 공원의 돌고래쇼를 시작으로 바투미 해양공원, 알파벳 타워, 등대, 니노와 알리 동상, 유럽 광장, 천문시계, 바투미 피아자, 아르고 케이블카 탑승장까지 도보 이동이 가능하다. 6메이 공원부터 케이블카 탑승장까지 도보로 30분 정도 걸린다. 바투미 시내만 돌아본다면 도보여행이 가능한 도시다.

택시&앱택시

공항 또는 기차역, 터미널 이동 시 택시를 이용하면 편리하다. 바투미는 조지아에서 트빌리시

를 제외하고 유일하게 앱택시 사용이 가능한 도시다. 와이파이 혹은 유심카드를 이용해서 앱택시를 타자. 앱택시를 사용할 수 없는 상황이라면 와이파이가 가능한 곳에서 이동거리까지의 앱택시 가격을 미리 확인한 후 여기에 최대 5라리 정도를 더해 일반 택시를 흥정하면 된다.

버스

시내버스를 이용해 바투미 시내를 여행하는 방법도 있다. 바투미 관광 안내소에서 버스 노선이 그려진 지도를 구할 수 있다. 버스 1회 승차 요금은 0.8라리다. 버스표는 버스에 승차해 안내원에게 표를 구매할 수 있다. 버스표를 구매한 후 카드 대는 곳 위에 있는 기계에 탑승 시각을 꼭 체크하자. 버스는 바투미 카드, 트빌리시 카드로도 탑승 가능하다.

TIP 트빌리시 교통카드가 있다면 바투미에서도 사용 가능하다. 하지만 바투미에서 판매하는 바투미 카드는 바투미에서만 사용 가능하니 참고하자.

A

B

바투미
Batumi Summ

루카
luca

바투미 쇼타 루스타벨리 국립대학
Batumi Shota Rustaveli State University

힐튼 바투미
Hilton Batumi Ⓗ

흑해
Black Sea

바투미 돌피나리움
Batumi Dolphinarium

6메이
May 6th

바투미 동물
Batumi city zo

레트로
Retro Ⓡ Zura

E

바투미 몰
Batumi Mall Ⓡ

Ⓢ

Parnava

맥도날드
McDonald's

Vakhtang Gorgasali St

춤추는 분수
Dancing Fountains

Javakhishvili St

Cha

바투미 루나공원
Batumi Lunapark

F

국립병원
Republican (

서스 오르비 시티
Seo 's Orbi City Ⓗ

Tbel-Abuseridze St

Sherif Khimshiashvili St

블랙씨 몰
lack Sea Mall
(Carrefour Batumi) Ⓢ

Javakhishvili St

아쿠아파크
Aqua Park Batumi

Bagrationi St

I

J

바투미 대학병원
International University Hospital Bat

카르툴리 호텔
Kartuli Hotel Ⓗ

Tbel-Abuseridze St

메트로시티 몰
Metrocity Mall Ⓢ

바투미 국제 공항 방향
Batumi International Airport
↓

경찰서
• Batumi police Station

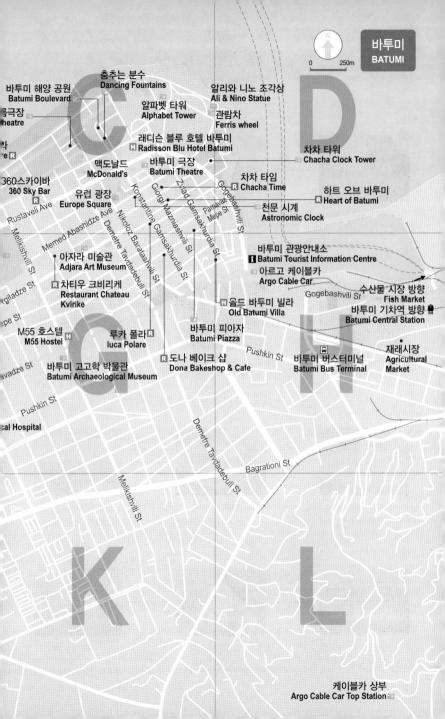

바투미
BATUMI

0   250m

바투미 해양 공원
Batumi Boulevard

춤추는 분수
Dancing Fountains

알리와 니노 조각상
Ali & Nino Statue

름극장
Theatre

알파벳 타워
Alphabet Tower

관람차
Ferris wheel

래디슨 블루 호텔 바투미
Radisson Blu Hotel Batumi

차차 타워
Chacha Clock Tower

맥도날드
McDonald's

바투미 극장
Batumi Theatre

차차 타임
Chacha Time

하트 오브 바투미
Heart of Batumi

360스카이바
360 Sky Bar

유럽 광장
Europe Square

천문 시계
Astronomic Clock

Rustaveli Ave

Memed Abashidze Ave

Nikoloz Baratashvili St

Demetre Tavdadebuli St

Konstantine Gamsakhurdia St

Giorgi Mazniashvili St

Zviad Gamsakhurdia St

Parnavaz Mepe St

Gogebashvili St

Melikishvili St

아자라 미술관
Adjara Art Museum

바투미 관광안내소
Batumi Tourist Information Centre

차티우 크비리케
Restaurant Chateau
Kvlrike

아르고 케이블카
Argo Cable Car

수산물 시장 방향
Fish Market

gitladze St

Gogebashvili St

pe St

올드 바투미 빌라
Old Batumi Villa

바투미 기차역 방향
Batumi Central Station

M55 호스텔
M55 Hostel

루카 폴라
luca Polare

바투미 피아자
Batumi Piazza

재래시장
Agricultural
Market

avadze St

바투미 고고학 박물관
Batumi Archaeological Museum

도나 베이크 샵
Dona Bakeshop & Cafe

Pushkin St

바투미 버스터미널
Batumi Bus Terminal

Pushkin St

cal Hospital

Demetre Tavdadebuli St

Bagrationi St

Melikishvili St

케이블카 상부
Argo Cable Car Top Station

바투미
📍 2일 추천 코스 📍

1일차

바투미 공원 도착
(6메이 공원 돌고래쇼 예매)

→ 도보 10분 →

유럽 광장 메디아 동상,
천문시계 돌아보기
🕐 30분

→ 도보 7분 →

바투미 피아자
🕐 30분

↓ 도보 25분

차차타임에서 조지아의
전통 술 차차 맛보기

← 도보 10분 ←

바투미 해양공원, 알파벳 타워,
니노와 알리와 니노 조각상 야경 감상
🕐 1시간

← 도보 20분 ←

돌피나리움
🕐 공연 40분

2일차

바투미 해양공원
산책하기
🕐 1시간

→ 도보 20분 →

바투미 명물
아자리안 하차푸리 맛보기

→ 도보 25분
(차량 15분) →

아르고 케이블카 타고
전망대 올라가기

↓

바투미 기차역
(18:00 트빌리시행 기차 탑승)

← 차량 15분 ←

탑승장으로
다시 내려오기

←

바투미 전망대
🕐 1시간

바투미의 로미오와 줄리엣
알리와 니노 조각상 Ali & Nino Statue

바투미 여행자라면 한 번쯤 찾아가는 조각상이다. 1937년 출간되어 영화로 만들어진 소설 〈알리와 니노〉의 두 주인공을 조각했다. 무슬림을 믿는 아제르바이잔 소년 알리와 조지아 정교를 믿는 소녀 니노가 사랑에 빠졌다. 로미오와 줄리엣처럼 이루어질 수 없는 사랑처럼 보이지만 두 사람은 역경을 딛고 결혼한다. 그러나 이들 앞에 전쟁이란 더 큰 시련이 다가서고 끝내 두 사람은 영원한 이별을 하고 만다.
알리와 니노 조각상은 10분에 한 바퀴씩 회전하도록 설계되었다. 두 사람은 잠시 멀어졌다가 가까워지는데, 서로 닿을 것 같다가도 스쳐 지나가고 만다. 끝내 이루어지지 못한 두 사람의 영원한 사랑을 표현한 것이다. 알리와 니노 조각상은 낮보다 조명을 비추는 밤이 더욱 로맨틱하다. 여유가 되면 낮과 밤 모두 가보자. 또 스마트폰의 동영상 촬영 모드 '타임랩스'로 동상이 한 바퀴 도는 모습을 촬영하면 멋진 동영상을 남길 수 있다.

Data 지도 313p-C
가는 법 차차 타워에서 도보 6분
주소 Miracles Park, Batumi 6010

메디아 동상이 있는
유럽 광장 Europe Square

바투미 여행은 유럽 광장에서 시작된다. 정식 명칭은 유럽 광장이지만 황금 양털을 들고 있는 메디아 동상이 있어 '메디아 광장'이라고도 부른다. 광장은 분수대를 중심으로 주변에 고딕 양식과 바로크 양식의 건물들이 조화롭게 어우러져 있다. 이곳 광장을 시작으로 천문시계, 극장 광장 앞 포세이돈 분수까지 골목골목 걸으며 바투미를 즐겨보자. 광장 곳곳에는 바투미의 예전의 모습을 볼 수 있는 사진들이 전시되어 있다. 바투미의 과거와 현재를 비교하는 색다른 재미가 있다.

유럽 광장 한쪽에는 메디아 동상이 있다. 동상의 주인공은 아르고 원정대에게 황금 모피를 준 메디아 공주다. 그리스 로마 신화에 등장하는 아르고 원정대는 황금 양털을 찾아 흑해를 건너 미지의 땅 콜키스(지금의 바투미)로 떠난 50인 영웅의 모험에 관한 이야기다. 메디아 동상을 받치는 기둥의 4면에는 황금 양털을 찾아 떠난 아르고 원정대의 이야기를 담은 조각이 있다.

Data 지도 313p-C 가는 법 6메이 공원에서 도보 10분, 알파벳 타워에서 도보 10분 주소 MJ2P+FHP, Batumi (구글 플러스 코드)

그리스 신화에 등장하는 아르고 원정대 이야기

그리스 이올코스의 왕 크레테우스가 죽자 어린 아들 아이손이 왕위를 물려받았다. 그러나 아이손이 나이가 어리다는 이유로 그의 이복형 펠리아스가 왕위를 빼앗고, 아이손을 유배지에 감금시켰다. 아이손은 유배지에서 아들(이아손)을 낳았다. 시간이 흘러 이아손이 어른이 되자 펠리아스를 찾아가 왕위를 되돌려 달라고 요구했다. 이에 펠리아스는 꾀를 내어 콜키스의 황금 양털을 가져오면 왕위를 돌려주겠다고 했다. 이아손은 왕위를 되찾기 위해 원정대를 모아 황금 양털을 찾으러 나선다.

아르고호를 타고 떠난 원정에는 50인의 영웅이 함께 한다. 그들의 면면은 화려하기 그지없다. 최고의 전사 헤라클레스를 비롯해 천리 밖을 보는 린케우스, 트로이 전쟁의 영웅 펠레우스, 나무와 짐승도 감동시킨다는 음유시인 오르페우스 등 각기 다양한 능력을 가졌다. 이들은 자신이 가진 능력을 발휘해 모든 난관을 헤치고 콜키스까지 간다.

콜키스에 도착한 원정대는 콜키스 왕이 낸 문제를 풀지 못하고 좌절한다. 이때 콜키스의 공주 메디아가 아버지를 배신하고 원정대를 돕는다. 메디아의 도움으로 어렵게 황금 양털을 손에 넣은 원정대는 메디아와 함께 돌아와 숙부를 물리치고 왕위를 되찾는다.

화려한 모자이크 장식이 있는 광장
바투미 피아자 Batumi Piazza

바투미에서 가장 아름다운 곳 중 하나다. 피아자는 이탈리어로 광장을 뜻한다. 바투미 피아자는 작은 광장이이다. 하지만 모자이크로 장식된 바닥과 주변에 창문을 스테인드글라스로 장식한 건물들이 눈길을 끈다. 광장에 있는 시계탑에서는 15분마다 종소리가 울린다. 이 광장은 호텔, 레스토랑, 카페, 바 등으로 둘러싸여 있다. 이곳에서 식사를 하거나 차를 마시며 예술미가 느껴지는 광장의 분위기에 취해보자. 저녁에는 라이브 음악을 연주하는 레스토랑과 펍이 많아 여행자들이 몰려든다. 바투미 피아자를 중심으로 바투미의 이름난 여행지까지 도보로 접근할 수 있다. 이 때문에 광장 근처에 숙소를 잡고 여행자들이 많다.

Data 지도 313p-C
가는 법 알파벳 타워에서 도보 10분 주소 12 Parnavaz Mepe St, Batumi

바투미 전망대에 갈 수 있는
아르고 케이블카 Argo Cable Car

바투미를 멀리서 한눈에 담고 싶다면 케이블카를 타고 전망대에 올라가보자. 바투미 관광 안내소 옆 탑승장에서 케이블카를 타고 15분쯤 도심 상공을 가로질러 가면 바투미 전망대에 닿는다. 바투미 전망대에서 바라보면 흑해에 자리한 바투미의 전경이 펼쳐진다. 전망대에서 시내 중심가와는 거리가 있어 야경이 가깝게 보이지는 않는다. 그래도 흑해와 함께 바투미의 모습이 파노라마처럼 펼쳐지는 모습은 인상 깊다. 특히, 저녁노을이 질 때 아름답다. 전망대에는 카페와 쉴 수 있는 공간이 있다. 아르고 케이블카는 에어컨이 없다. 한여름에는 저녁에 타는 것을 추천한다.

Data 지도 313p-H 가는 법 알파벳 타워에서 케이블카 승차장까지는 도보 15분 주소 Gogebashvili St, Batumi 전화 +995 591 87 00 08 오픈 10:00~21:00 요금 왕복 30라리

Data 지도 313p-C
가는 법 유럽 광장에서 도보 10분
주소 MJ3J+4X Batumi (구글
플러스 코드)

바투미의 상징이 된
바투미 해양 공원 Batumi Boulevard

바투미 여행에서 빠뜨릴 수 없는 곳이다. 바투미 해양 공원은 1881년 독일의 조경 예술가가 만든 흑해에 접한 대로를 따라 조성한 공원이다. 길이가 7km에 이른다. 바투미 해양 공원은 지금도 계속 업데이트 되고 있다. 이 공원은 역사적인 건물은 보존하면서 독창적이고 현대적인 조각품을 추가하고 있다. 해가 지고 나면 시작되는 음악 분수도 있다. 곳곳에 설치된 조각을 돌아보며 산책 삼아 거닐어보자. 여름에는 카페, 레스토랑, 바, 클럽 등을 찾는 사람들로 붐비고 활기차다. 하지만 겨울에는 조용한 해변 느낌이 난다.

해와 달의 위치를 알려주는
천문 시계 Astronomic Clock

프라하와 베네치아처럼 바투미에도 천문 시계가 있다. 유럽 광장 근처에 있는 천문 시계는 시간과 해와 달의 위치를 보여준다. 시계 타워 곁에 천문 시계를 읽는 안내판도 있으니 함께 보면 좋다. 매시 정각에는 멜로디가 나오고 30분마다 종소리가 울린다. 이 소리를 듣고 해와 달의 위치를 확인하려는 여행자들로 시계탑 주변은 항상 북적인다. 시계탑은 바투미 피아자 광장에도 있으니 혼동하지 않도록 하자.

Data 지도 313p-C 가는 법 유럽 광장에서 도보 2분
주소 25 Memed Abashidze Ave, Batumi

조지아 전통 술 차차가 흘렀다는
차차 타워 Chacha Clock Tower

'차차 타워'로 널리 알려진 분수대다. 20세기 초 건축가 레이몬드 찰스 페레가 만든 25m 높이의 시계탑이다. 옛날에는 이 탑에 있는 분수대에서 매일 오후 7시부터 10분 동안 조지아 전통술 차차가 흘러나왔다고 한다. 이 술은 누구나 마음껏 마셨다. 하지만 지금은 흐르는 차차를 볼 수 없고, 시계탑으로만 남아 있다.

Data 지도 313p-C 가는 법 유럽 광장에서 도보 9분
주소 4 Gogebashvili St, Batumi

바투미의 돌고래를 만날 수 있는 곳
바투미 돌피나리움 Batumi Dolphinarium

1975년 개장한 돌고래 수족관이다. 개장 당시에는 소련 전체에서 최고의 돌고래 수족관이었다. 한때 문을 닫기도 했는데, 20년의 휴식 끝에 2011년 5월 6일 재개장했다. 돌고래 쇼는 최대 30가지 묘기와 세 가지 춤 공연을 보여준다. 최근에는 외국인 관광객에게 인기가 많아 미리 예매하지 않으면 볼 수 없다. 돌고래쇼에 관심이 있다면 도착하자마자 미리 예매하자.

Data 지도 312p-F 가는 법 해양 공원에서 도보 16분, 6메이 공원에서 도보 6분
주소 51 Rustaveli Ave, Batumi 오픈 16:00, 19:00 가격 16:00 20라리, 19:00 15라리, 돌고래와 함께
수영하기 (15분) 150라리 홈페이지 www.parkbatumi.ge

조지아의 알파벳이 새겨진
알파벳 타워 Alphabet Tower

조지아 알파벳을 2개의 나선형 띠에 새겨 넣은 타워다. 4m 길이의 이 나선형 띠에는 조지아 알파벳 33개가 적혀 있다. 타워의 높이는 130m. 엘리베이터를 타고 맨 위층까지 올라갈 수 있다. 타워 위에는 레스토랑과 바가 있다. 하지만 타워 위에 올라가도 바투미의 전경이 잘 보이지 않는다. 전망을 보러 올라가는 것은 추천하지 않는다. 낮에 알파벳 타워를 본다면 단지 알파벳이 적힌 철제 구조물처럼 보일 수 있다. 하지만 밤에 반짝이는 알파벳 타워를 보면 생각이 달라진다. 꼭 밤에 보기를 추천한다.

Data 지도 313p-C
주소 Miracles Park, Batumi 6010
가는 법 알리와 니노 조각상에서 도보 4분
오픈 10:00~00:00
가격 10라리

현지인이 추천하는 맛집
차티우 크비리케 Restaurant Chateau Kvirike

2019년 초까지만 해도 검색조차 되지 않던 현지인들만의 맛집이다. 그러나 숙박 호스트 추천이 이어지면서 여행자 사이에도 유명한 레스토랑이 됐다. 한국 여행자들이 '마늘 치킨'이라 부르는 시크메룰리는 겉은 바싹하고 속은 야들야들 촉촉하다. 크림소스는 마늘향이 진해 마치 한국 음식을 먹는 듯하다. 하차푸리도 짜지 않은 편이다. 모든 메뉴가 저렴한 편이니 다양하게 즐겨보자.

Data 지도 313p-G
가는 법 유럽 광장에서 도보 7분
주소 26 May, 17, Batumi 6000
전화 +995 577 41 65 65
오픈 10:00~23:30
가격 시크메룰리 30라리, 오믈렛 30라리, 치즈 머시룸 인어 팬 위드 술구니 14라리

하차푸리를 바로 구워주는
레트로 Retro

아자라 자치주 주도인 바투미에는 아자라만의 하차푸리가 있다. 계란 노른자가 눈동자 모양으로 들어가 있는 길쭉한 모양의 아자리안 하차푸리가 바로 그것이다. 다른 곳에서도 많이 팔지만 이곳은 오리지널 하차푸리 전문점이다. 모든 메뉴는 주문과 동시에 굽는다. 방금 구운 따뜻한 하차푸리를 먹을 수 있는 유일한 곳이다. 계란과 넉넉한 치즈, 버터 덕에 한 개를 혼자 다 못 먹을 수도 있다. 일행이 있다면 하차푸리 1개를 주문해 나눠 먹고 다른 메뉴도 맛보자.

Data 지도 312p-F
가는 법 6메이 공원에서 도보 8분
주소 54/62 Zurab Gorgiladze St, Batumi 6010
전화 +995 579 51 17 22
오픈 10:00~22:00
가격 하차푸리 20~30라리
홈페이지 www.retro.ge

차차로 만든 칵테일도 있는
차차 타임 Chacha Time

다양한 종류의 조지아 전통주 차차를 맛볼 수 있는 레스토랑이다. 이곳에서는 차차로 만든 칵테일도 맛볼 수 있다. 차차로 만든 칵테일은 바투미와 트빌리시에 각각 지점이 있는 차차 타임에서만 즐길 수 있다. 칵테일을 좋아한다면 놓치지 말자. 차차라는 단어를 넣어 칵테일 이름을 바꾼 메뉴판을 보는 재미도 있다. 음료 뿐 아니라 햄버거와 스프 또한 이곳의 인기 메뉴다. 대부분의 버거는 15라리, 스프는 8~9라리에 즐길 수 있다.

Data 지도 313p-C
가는 법 유럽 광장에서 도보 4분
주소 Giorgi Mazniashvili St, 5 Batumi, Batumi 6010
전화 +995 599 04 06 67
오픈 17:00~02:00
가격 버거 18~20라리, 보르쉬 수프 14라리, 차차 4~7라리
홈페이지 http://chacha-time.com

싱싱한 송어 요리를 맛볼 수 있는
하트 오브 바투미 Heart of Batumi

카페 같은 분위기로 인테리어를 한 레스토랑이다. 이미 한국인 여행자 사이에서 유명한 맛집으로 시크메룰리, 하차푸리, 송어구이가 유명하다. 바닷가에 접한 도시답게 해산물이 많은 바투미에서 싱싱한 송어구이를 먹을 수 있는 곳이다. 테이블이 많지 않아 기다리는 경우가 많다. 하지만 예약을 하면 기다리지 않고 식사를 할 수 있다.

Data 지도 313p-C 가는 법 천문 시계에서 도보 3분 주소 Gen. Mazniashvili 11, Batumi 0102
전화 +995 568 94 05 15 오픈 11:00~23:00 가격 하차푸리 15라리, 샤슬릭 16~24라리, 송어구이 20라리
홈페이지 https://heart-of-batumi-georgian-restaurant.business.site

조각 케이크와 커피를 마실 수 있는
도나 베이커리 앤 스위츠 Dona Bakery and Sweets

여행자 사이에 입소문이 난 조각 케이크 전문점이다. 한국에서 먹는 케이크와는 조금 다른 느낌이지만, 한국에서 먹는 케이크와 가장 비슷한 느낌의 케이크를 골라 먹을 수 있다. 양과 맛에 비해 가격도 저렴한 편이라 많이 찾는다. 디저트가 필요하다면 들려보자.

Data 지도 313p-G 가는 법 아르고 케이블카에서 도보 10분
주소 41 Vakhtang Gorgasali St, Batumi
전화 +995 422 27 58 14 오픈 09:00~10:00 가격 케이크 한 조각 3~7라리
홈페이지 www.facebook.com/DonaBakeshopCafe

아이스크림 전문점
루카 폴라 Luca polare

트빌리시에서 유명한 아이스크림 전문점이다. 바투미에도 유럽 광장 뒤편, 해안가 등에 4개의 지점이 있다. 트빌리시에서 먹었던 아이스크림이 생각난다면 바투미에서도 먹어보자. 해변에서 먹는 아이스크림은 좀 더 색다르다.

Data 지도 313p-C 가는 법 유럽 광장에서 도보 5분 주소 3 Irakli Abashidze St, Batumi
전화 +995 599 28 56 21 오픈 08:00~01:00 가격 4.5라리 홈페이지 www.lucapolare.com

🔔 SLEEP

바투미 시내 중심에 있는
래디슨 블루 호텔 바투미 Radisson Blu Hotel Batumi

바투미 중심부에 있는 유명 체인 호텔이다. 해양 공원에서 도보 5분 거리로, 대부분의 관광명소를 걸어서 갈 수 있다. 주변에 음식점, 카페, 바 등이 밀집되어 있어 편리한 여행을 할 수 있다. 5성급 호텔이지만 조지아 물가가 저렴해 합리적인 가격에 숙박할 수 있다. 그래도 이름난 휴양지라 여름철 성수기는 숙박료가 많이 올라간다.

Data 지도 313p-C 주소 Ninoshvili St 1, Batumi 6000 전화 +995 422 25 55 55 가격 스탠다드룸 기준 590라리~ 홈페이지 www.radissonhotels.com/en-us/hotels/radisson-blu-batumi

흑해를 볼 수 있는
힐튼 바투미 Hilton Batumi

흑해를 가장 가까운 곳에서 볼 수 있는 5성급 호텔. 6메이 공원에서 100m쯤 떨어져 있다. 아르고 케이블카 승차장과는 1.2km 거리다. 대부분의 바투미 관광 명소를 도보로 이동이 가능하다. 객실은 트윈룸, 킹게스트룸, 킹룸이 있다. 바다와 도시 조망, 발코니 유무로 객실 스타일이 나뉜다. 바다 전망과 발코니 있는 방을 선택해도 가격 차이가 크게 나지는 않는다. 다만 성수기와 비수기에 따라 다르니 비교해보고 선택하자. 레스토랑, 실내 수영장, 피트니스센터 등 부대시설이 훌륭하다. 또 유료 스파도 있고, 유료 공항 픽업 서비스도 제공한다.

Data 지도 312p-F
주소 40 Rustaveli Ave, Batumi 6010
전화 +995 422 22 22 99
가격 트윈룸 기준 525라리~
홈페이지 www3.hilton.com/en/hotels/georgia/hilton-batumi-BUSBTHI

 요리와 세탁이 가능한
올드 바투미 빌라
Old Batumi Villa

 모든 객실에서 흑해를 조망하는
카르툴리 호텔
Kartuli Hotel

이름 그대로 빌라다. 주인 아저씨가 1층에 살면서 숙소를 관리한다. 예약과 체크인, 체크아웃은 영어소통이 가능한 딸이 책임진다. 가족이 운영하는 숙소라서 깨끗하고 친절하다는 평이 많다. 바투미 피아자 광장과 아르고 케이블카 승차장이 도보로 5분 거리다. 객실은 더블룸, 트리플룸, 패밀리룸으로 구성되어 있다. 더블룸은 소파베드를 이용한다. 이왕이면 가격이 같은 트리플룸을 선택해 넓게 사용하는 것을 추천한다. 각종 요리 도구가 구비되어 있어 직접 요리를 할 수도 있다. 장기 여행자에게는 반가운 세탁기도 있다.

Data 지도 313p-H
주소 R. Komakhidze, Turn N2, House N4, Batumi 6010
전화 +995 577 51 71 71 가격 100라리~

도심 관광 명소에서 떨어진 해양 공원 남쪽에 있는 호텔이다. 하지만 택시를 타고 다녀도 중심가에 있는 호텔보다 저렴한 가격으로 지낼 수 있다. 2019년 개장한 이 호텔은 전 객실에 흑해를 볼 수 있는 테라스가 있다. 또 모든 객실 창가에는 해먹이 설치되어 있다. 해먹에 앉아 흑해를 바라보는 것도 또 다른 재미다. 체크인 할 때 조식을 신청하면 원하는 시간에 조식을 먹을 수 있다. 계속 업데이트 되고 있는 해양 공원은 이 호텔 바로 앞까지 이어질 예정이다.

Data 지도 312p-L
주소 Sherif Khimshiashvili St, 57 Orbi Beach Tower, 38-39 floors, Batumi 6000
전화 +995 595 10 06 69 가격 더블룸 기준 510라리~
홈페이지 http://kartulihotel.com

한국인 부부가 운영하는 에어비앤비
서스 오르비 시티 Seo 's Orbi City

조지아에서 유일하게 한국인이 운영하는 숙소다. 건축 인테리어를 공부한 부부가 20개국을 여행하다 흑해에 접한 바투미에 반해 이곳에 머무르고 있다. 부부 스타일에 맞게 아파트 인테리어를 새롭게 했다. 덕분에 여행자는 깔끔하면서 멋진 아파트에 머무를 수 있다. 아파트는 무려 13곳이 있다. 서스 오르비 시티는 바투미 중심 시내에서 약 4km 떨어져 있다. 중심가에서 떨어져 있지만 해변과는 불과 50m 거리다. 숙소에서 바투미 바다 조망을 즐길 수 있다.

Data 지도 312p-L
주소 Orbi city block A, 7b
Sherif Khimshiashvili St,
Batumi 6000
가격 2인 기준 90라리~
층수, 뷰, 계절에 따라
요금이 다름(봉사료 10% 별도)
홈페이지 www.airbnb.com/p/
blackseaseo

자전거도 대여해 주는
M55 바투미 M55 Batumi

6메이 공원에서 도보 6분 정도 떨어진 곳에 있는 호스텔이다. 이 호스텔은 자전거도 대여해준다. 거리가 먼 곳은 자전거를 대여해 다니자. 객실은 여성 전용, 남성 전용, 혼성 도미토리로 구성되어 있다. 공용시설로 주방과 정원이 있다. 신식은 아니지만 청결함에서 높은 점수를 받은 곳이다. 저렴한 가격의 숙소와 다양한 사람을 만나는 시간을 보내고 싶다면 추천한다.

Data 지도 313p-G
주소 55, 6000 Melikishvili
Street, Batumi, 조지아
전화 +995 579 00 88 88
가격 더블룸 기준 190라리~

여행 준비 컨설팅

여행을 떠나기 전에는 막막했지만, 여행이 끝나도 돌아와 생각해보면 여행을 준비하는 하루하루가 제일 즐거운 시간일 것이다. 여행 전의 기분 좋은 설렘을 만끽하며 차근차근, 꼼꼼하고 알뜰하게 조지아 여행을 준비해보자. 항공편, 숙소 예약, 필요한 아이템 리스트까지 담았다.

D-90

MISSION 1 여행 계획을 짜자

1. 여행의 형태를 결정하자 (자유 여행&투어 여행)

조지아 여행을 어떤 방식으로 할 것인지 결정한다. 여유가 있다면 2~3주 이상 자유여행을 하며 꼼꼼하게 둘러볼 것을 추천한다. 시간적 여유가 없거나 자유 여행이 부담스럽다면 패키지를 이용하는 경우도 방법이다. 다만, 패키지 투어의 경우 조지아만 따로 여행하는 상품은 거의 없다. 보통 코카서스 3국(조지아, 아르메니아, 아제르바이잔)을 함께 여행하는 일정이 대부분이다. 코카서스 3국 패키지 투어는 8~12일 상품이 많다. 자유 여행에서 짧은 시간에 조지아를 돌아보고 싶다면 택시를 대절하거나 현지 여행사 프로그램을 이용하는 것도 좋은 방법이다.

2. 출발 시기를 정하자

조지아는 1년 내내 다른 매력이 있는 나라다. 4~6월은 코카서스산맥의 고원에 들꽃이 피는 아름다운 시기다. 7~9월은 휴양이 가능한 계곡과 흑해 연안을 여행하기 좋다. 10~12월은 포도가 익어 와인이 만들어지기 시작하는 시기

다. 12~2월은 코카서스산맥에서 스키 같은 겨울 스포츠가 있다. 이처럼 조지아는 시기마다 다양한 매력을 느낄 수 있어 자신의 취향에 따라 여행 시기를 정하면 된다. 다만, 코카서스산맥에서 트레킹을 즐기고 스바네티나 스테판츠민다 같은 고지대를 여행할 계획이라면 5월부터 9월까지가 최적이다.

3. 여행기간을 결정하자

한국에서 조지아까지는 비행기로 최소 13시간 이상 가야 한다. 아직 직항도 없다. 터키나 카자흐스탄 등을 경유해야 한다. 거리가 멀고 찾아가기 불편한 만큼 짧게 보고 돌아오기에는 너무 아쉽다. 가급적 일정을 길게 잡아 여행하는 것을 추천한다. 보통 트빌리시와 근처 도시들을 보는데만 4일 이상이 걸린다. 여기에 스테판츠민다, 시그나기, 메스티아, 쿠타이시 등 조지아의 주요 여행 명소를 돌아보려면 최소 10일 이상은 투자해야 한다. 20일 이상 여행할 수 있다면 아제르바이잔과 아르메니아까지 함께 여행하는 것도 추천한다.

D-80

MISSION 2 여권을 준비하자

해외 여행을 떠나기 전 여권 확인은 필수다. 여권 유효 기간이 최소 6개월 이상 남아 있어야 안전하다. 6개월 미만으로 남아 있다면 재발급 받도록 하자. 여권이 없다면 미리 만들어두자.

1. 여권 유효 기간 확인하기

조지아는 대한민국 여권 소지자라면 무비자로 여행이 가능하다. 여행 목적으로 최대 1년까지 조지아에 머물 수 있다. 한국인이 이처럼 장기간 머물 수 있는 나라는 세계에서 조지아가 유일하다. 단, 오래 머물 경우 조지아 입국일 기준 여권 유효 기간이 1년 이상 남아 있어야 한다. 항공권을 예매하기 전에 여권 유효 기간을 반드시 재확인하자.

여권 재발급 절차는 신규 발급과 비슷하지만, 재발급 사유를 적어야 한다. 여권 분실 시 분실 신고서를 작성해야 한다. 25세 이상의 군 미필자는 병무청 홈페이지에서 신청서를 작성해야 하며, 신청 2일 후 홈페이지에서 국외여행허가서와 국외여행허가증명서를 출력할 수 있다. 국외여행허가서는 여권 발급 신청 시 제출한다. 국외여행허가증명서는 출국할 때 공항에 있는 병무신고센터에 제출한 후 출국 신고를 마치면 된다.

2. 어디서 만들까?

서울에서는 외교통상부와 각 구청에서 여권 발급이 가능하다. 광역시를 비롯한 다른 도시에서는 도청이나 시청, 구청에서 발급을 해준다. 신청 후 발급까지는 3~7일 정도 소요된다. 일반적으로는 직접 방문을 원칙으로 하나 18세 미만의 미성년자와 질병, 장애, 사고로 거동이 불편한 사람은 대리신청이 가능하다. 발급비용은 단수여권 15,000원, 복수여권 5년 미만(26면) 15,000원, 복수여권 10년 이내 (26면) 47,000원, (58면) 50,000원이다.

3. 어떤 서류가 필요할까?

- 여권발급신청서 1부(홈페이지, 접수처)
- 여권용 사진 1매 (6개월 이내에 촬영한 사진)
- 신분증 (주민등록증, 운전면허증 등)
- 발급수수료(현금, 카드)

참고 사이트

외교부 여권 안내 홈페이지
www.passport.go.kr

> **TIP** 혹시 모를 상황에 대비한 서류들을 챙기자
>
> 여권을 분실했을 경우에 대비해 여권 사본을 챙기자. 신용카드, 체크카드, 휴대폰을 분실 했을 때 요청할 전화번호도 따로 적어두자.

MISSION 3 여행 정보를 수집하자

1. 아는 만큼 여행이 알차다

관광지와 맛집, 호텔 등의 정보만이 여행 정보의 전부는 아니다. 조지아는 긴 역사와 뚜렷한 문화를 가진 나라다. 대부분의 도시에는 수십 세기의 역사를 간직한 유적지가 있다. 이런 역사적인 유적지를 제대로 돌아보고 느끼려면 공부가 필요하다. 조지아의 역사와 인물, 종교 등을 알고나면 여행의 수준이 달라질 것이다.

2. 〈조지아 홀리데이〉 정독하기

조지아를 소개하는 여행서는 많지 않다. 그만큼 알려진 게 많이 없다. 여행 가이드북은 물론 에세이 등을 찾아보면서 조지아 여행의 밑그림을 그린다. 가이드북의 장점은 내가 직접 찾지 않아도 모든 정보들을 접할 수 있다는 것이다. 부득이하게 일정을 변경해야할 때도 유동적으로 대처할 수 있다.
〈조지아 홀리데이〉는 조지아의 역사와 여행의 포인트, 여행지 등을 체계적으로 소개하는 가이드북이다. 이 책만 잘 활용해도 조지아를 여행하는데 크게 부족함이 없다. 〈조지아 홀리데이〉에는 조지아의 주요 도시들과 함께 식당, 교통, 숙소에 대한 자세한 설명이 있다. 여행서에 내가 갈 곳들을 표시해두고 여행다닐 수 있다.

3. 여행 후기를 찾아보자

인터넷을 통해 먼저 조지아 여행을 다녀온 여행자들의 후기를 찾아본다. 여행자들의 생생한 후기를 통해서 얻을 수 있는 정보들이 있다. 조지아를 여행하면서 겪은 경험담은 좋은 여행정보가 된다. 문화적인 차이로 현지인과 마찰을 빚었거나, 보수 공사 등으로 인해 입장이 어려운 곳이 있는 것 등 최신 여행 정보를 얻을 수 있다. 특히, 공간 제약이 없는 블로그에는 가이드북에서는 다 담을 수 없는 다양한 여행지 사진 등을 볼 수 있다. 유튜브를 통해서 동영상으로 여행 정보를 얻는 것도 좋은 방법이다.

4. 구글 검색 적극 이용하기

조지아를 다녀간 해외 여행객의 후기도 큰 도움이 된다. 적극적인 구글 검색으로 많은 정보를 얻을 수 있다. 각 시내별 투어를 원한다면 구글 내에서 현지 여행사의 정보를 얻을 수 있다. 하지만 여행 프로그램의 운영내용, 출발 일자, 시간, 가격 등 변동이 있을 수 있으므로 여행이 다가오면 확인 하는 습관을 들이자. 구글 맵은 유명 관광지를 찾을 경우 도움이 된다. 특히, 조지아는 주소로도 잘 검색이 되지 않는 곳도 많다. 이럴 때는 〈조지아 홀리데이〉에 있는 QR코드를 활용해 찾아 갈 수 있다. 여행 전 구글맵을 다운받아 두면 유용하게 사용할 수 있다. 만약 구글 맵에서 검색이 잘 되지 않는다면 〈조지아 홀리데이〉에 적힌 주소를 현지인에게 보여주면 도움을 받을 수 있다.

D-60

MISSION 4 항공권을 확보하자

항공권 가격은 성수기, 비성수기, 경유 여부, 항공사 상황에 따라 다르다. 여행 시기를 고려해 항공권 가격 비교 홈페이지, 항공사 홈페이지 등을 꼼꼼히 체크해서 구매하자. 특히, 직항이 없는 조지아는 경유하는 지역에 따라 비용과 시간 등이 많이 차이 나기 때문에 항공권 구매에 신중을 기한다.

1. 항공권 구매 시기

최소 두세 달 전에는 항공권을 구매해야 한다. 아무리 훌륭한 여행 계획을 세웠어도 항공권을 구하지 못 하면 헛수고다. 특히, 코로나 이후 코카서스 여행에 대한 수요가 급증하여 생각보다 항공권 구매가 쉽지 않을 수 있다. 따라서 여행의 시기와 일정을 결정했다면 충분한 여유를 두고 항공권을 구매하자.

2. 항공권 구입하기

우리나라에서 조지아로 가는 직항 노선은 없다. 주변 국가를 경유해서 들어간다. 우리나라에서는 보통 트빌리시로 많이 들어가고, 유럽에서는 쿠타이시로 많이 들어간다. 여행 일정을 먼저 정하고 발권을 하자. 항공권은 미리 발권할수록 저렴하다. 각 항공사 홈페이지에 들어가서 금액을 비교해보고 경유시간도 꼭 체크하자. 경유 시간을 조정하여 경유지를 여행하는 것도 좋은 방법이다. 성수기에는 보통 150만원 정도 혹은 이상이고, 비수기에는 100만원 내외면 조지아 왕복 항공권을 구매할 수 있다. 출발일이나 항공사에 따라 금액이 달라질 수 있으니 수시로 확인하여 저렴한 항공권을 구매하자.

메스티아를 방문하는 경우 조지아 국내항공사 바닐라스카이를 이용하면 시간을 절약할 수 있다.

바닐라스카이 예약은 60일 전부터 가능하다. 항공기가 19인승 소형 비행기이기 때문에 성수기에는 60일 전 예약이 열리자마자 몇 분 만에 매진된다. 바닐라스카이를 이용할 계획이 있다면 미리 준비하자.

주요 항공사 홈페이지
카타르항공 www.qatarairways.com
터키쉬항공 www.turkishairlines.com
우즈베키스탄항공 www.uzairways.com
에미레이트항공 www.emirates.com
에어아스타나항공 https://airastana.com
바닐라스카이 https://ticket.vanillasky.ge

항공권 가격비교 사이트
스카이스캐너 www.skyscanner.net
칩오에어 www.cheapoair.com
카약 www.kayak.com

조지아는 물가가 저렴하다. 좋은 호텔에서 머물면서 택시를 대절해 여행하는 게 아니라면 적은 비용으로도 여행이 가능하다. 그래서 한 달 살기 최적의 나라라는 평을 듣고 있다. 고급 레스토랑도 저렴한 편이라 고급스런 요리도 부담없이 즐길 수 있다. 조지아 1일 여행 경비는 게스트하우스+마르슈르트카 이용 3만원, 3성급 호텔+마르슈르트카와 택시 12만~15만원, 고급 호텔+택시 위주 30만원 이상 잡으면 된다.

항공권

항공료는 80만~150만원선이다. 성수기는 가격을 떠나 일찍 구매를 하는 게 좋다. 항공료는 보름 일정의 여행이라면 전체 여행 경비의 절반에 해당한다. 가장 많은 비중을 차지하기 때문에 신중하게 구입한다.

숙박비

숙박료는 숙소의 등급에 따라 천차만별이다. 최상급 호텔은 결코 싸지 않다. 하지만 게스트하우스는 상당히 저렴하고, 3성급 호텔도 크게 부담스런 수준은 아니다. 5성급 특급 호텔은 1박에 한화 25만~30만원쯤 한다. 3성급 호텔은 5만~7만원쯤 한다. 게스트하우스는 저렴한 곳은 1만원 이내에 구할 수 있다. 따라서 최상급 호텔에

머문다면 전체 여행 경비 가운데 항공료 이상 들수 있다. 하지만 저렴한 숙소를 찾는다면 여행 경비 비중을 크게 낮출 수 있다.

식사

조지아는 물가가 싸다. 고급 레스토랑의 음식 가격도 비싸지 않다. 물론 조지아의 다른 물가에 비하면 비싸겠지만, 여행자의 입장에서는 충분히 지불할 만하다. 일반 레스토랑에서 와인이 포함된 식사는 2만원 내외면 충분히 가능하다. 만약 현지인들이 이용하는 음식점이나 카페를 이용한다면 훨씬 더 저렴하다. 와인은 보통 1만~2만원, 생수는 510원쯤 한다. 따라서 식사비를 너무 아끼려고 하기 보다 조금 더 비용을 지불하더라도 좋은 레스토랑에서 맛있는 요리를 먹으면서 하는 게 좋다.

교통비

조지아 여행에서 큰 비중을 차지하는 것 중 하나는 투어비용이다. 조지아의 대중교통은 마르슈르트카가 책임진다. 마르슈르트카는 요금이 저렴하다. 하지만 마르슈르트카는 주요 도시를 연결하거나 현지인을 위한 교통수단이다. 여행자가 원하는 목적지까지 데려다주지 않을 수 있다. 이때는 택시를 이용해야 여행한다. 택시 대절료는 1일 7만원 선이다. 조지아 물가로 보면 비싼 편이다. 그러나 3~4인이 함께 이용하면 부담없는 가격이다.

> **TIP**
>
> **1. 환전**
>
> 조지아 화폐 라리는 한국에서 환전할 수 없다. 한국에서 달러나 유로로 환전한 후 현지에서 다시 라리로 환전해야 한다. 현지에는 환전소가 많다. 환율이 비슷해 필요할 때마다 조금씩 환전하면 된다.
>
> **2. 신용카드**
>
> 트빌리시나 쿠타이시 같은 도시에서는 신용카드 사용이 어렵지 않다. 다만, 카드 결제 시 6자리의 핀코드를 요구하는 경우가 많다. 출발 전 거래 은행을 방문해 핀코드를 설정하자. 메스티아 같은 작은 마을은 신용카드 사용에 한계가 있어 현금이 꼭 필요하다. 작은 도시나 시골을 여행할 때는 꼭 라리를 지참하자.

D-30

MISSION 6 숙소와 교통, 투어를 예약하자

여행 떠나기 한 달 전. 이제 여행 계획이 확정되었다면 숙소와 교통, 투어를 확정한다. 숙소는 방문 도시별로 선정해 예약한다. 교통은 조지아 내 항공이나 기차 같이 먼 거리를 이동하는 경우 예약이 필수다. 현지 투어를 이용해 여행하는 경우도 사전 예약을 한다.

1. 교통을 예약하자

조지아 여행 일정이 정해졌다면 사전 예약이 가능한 대중교통은 예약을 하는 것이 좋다. 여행 중에 예약을 하려면 번거로울 뿐 아니라 티켓이 없는 경우 일정에 차질이 생긴다. 메스티아로 가는 조지아 국내항공 바닐라스카이는 60일 전부터,

332 여행 준비 컨설팅

도시 간 이동하는 기차는 40일 전부터 예약이 가능하다. 항공과 기차는 예약을 하고 움직이는 게 좋다. 마르슈르트카는 사전 예약이 불가능하다.

2. 숙소를 예약하자

미리 예약하면 가격이 저렴한 경우가 많다. 숙소는 여행 스타일에 맞게 예약하면 된다. 대중교통이 잘 되어 있는 트빌리시는 지하철역 근처, 또는 공항버스로 시내에 들어가면 처음 만나는 자유광장도 추천한다. 트빌리시를 제외한 다른 도시는 지하철이 없다. 가급적 시내 중심지나 버스터미널에서 가까운 곳에 숙소를 예약하는 것이 좋다.

3. 투어 예약하기

트빌리시에서 근교 도시는 투어를 이용해 여행할 계획이면 구글 검색으로 미리 찾아 볼 수 있다. 성수기 근교 도시 투어는 일찍 마감 될 수 있으니 미리 예약하는 것도 좋다. 투어 회사, 투어 종류, 기간에 따라 요금이 다양하다. 이전에 이용한 여행객의 후기를 찾아 꼼꼼히 비교해보자. 여행 시기가 극성수기가 아니라면 현지에 도착해 현지 여행사들을 둘러보는 것도 방법이다. 트빌리시 시내를 걷다 보면 많은 여행사와 투어 홍보물을 나눠 주는 현지인들을 만날 수 있다. 현지에서 투어를 선택한다면 한 곳만 보지 말고 여러 군데를 둘러본 후 결정하자.

호텔 예약 홈페이지
부킹 닷컴 www.booking.com
리바고 www.trivago.co.kr
익스피디아 www.expedia.co.kr
호텔스컴바인 www.hotelscombined.co.kr

호스텔 예약 홈페이지
호스텔스닷컴 www.hostels.com

B&B 예약 홈페이지
에어비앤비 www.airbnb.co.kr

MISSION 7 여행자보험에 가입하자

여행 중에 발생하는 사건이나 사고를 위해 여행자보험은 반드시 준비하자. 여행자보험은 보험료에 따라 보상 한도가 달라진다. 여행 중에 불의의 사고로 병원에 입원을 하게 되거나 물건이 파손 또는 도난을 당했을 때 유용하게 사용된다.

1 . 여행자보험

■ 여행자보험 가입 목적

사건사고 없이 즐겁게 여행을 마무리한다면 가장 좋겠지만, 여행에서 발생할 일은 예측할 수 없다. 혹시 모를 사건사고에 대비해 준비하는 것이 여행자보험이다. 갑자기 몸이 아프거나, 사고를 당하거나, 귀중품을 도난당했을 때 여행자보험에 가입되어 있다면 보상을 받을 수 있다. 회사와 보험 종류마다 가입비와 보상액이 다르다. 단기 여행자라면 비교적 저렴한 금액(5만원 이하)으로 가입할 수 있으니 여행 전 꼭 가입하자.

■ 여행자보험 가입하기

여행자보험은 인터넷이나 여행사를 통해 신청할 수도 있고, 출발 직전 공항에서 가입할 수도 있다. 공항에서 드는 보험이 가장 비싸니 여행 전 인터넷을 통해 예약해야 한푼이라도 아낄 수 있다. 보험사 정책에 따라 보험 혜택이 불가능한 항목들(고위험 액티비티 등)도 있으니 미리 확인하자. 여행자가 겪게 되는 일은 도난이나 상해가 대부분이다. 이 부분에 보장이 얼마나 잘 되어 있는지 꼼꼼히 확인하자. 도난 보상 금액이 올라가면 내야 할 보험비도 비싸진다. 또, 혹시 일어날 수 있는 지진 같은 자연재해 등으로 인한 피해도 상해보험으로 보상을 받을 수 있는지 약관을 꼭 확인하는 것이 좋다. 그 외 사망, 질병도 보상 내역에

포함되어 있는지 확인하자. 코로나 질병의 경우 일반 여행자보험으로는 보상받을 수 없다. 별도로 보험을 가입해야 한다. 보험료는 상당히 비싸다. 현지에서 치료비는 국가마다 제각각이다. 코로나 보험은 면밀히 따져보고 가입한다.

2. 증빙 서류 챙기기

보험증서, 비상연락처, 제휴 병원 등 증빙 서류는 여행 시 여행 가방 안에 꼭 챙기자. 여행 중 도난을 당했을 때는 가장 먼저 현지 경찰서에 가서 도난증명서를 받자. 도난증명서에서 'Stolen' 항목에 체크한 후 잘 보관해야 귀국 후 보상을 받을 수 있다. 현지에서 몸이 아파 병원에 갔다면 병원에서 받은 증명서와 영수증도 반드시 챙길 것. 서류가 미비하면 제대로 보상 받기가 힘들다. 회사마다 제출해야 하는 증빙 서류 규정이 다르니 가입시 미리 확인하자.

3. 보상금 신청하기

귀국 후에는 보험 회사로 연락해 제반 서류들을 보내고 보상금 신청 절차를 밟는다. 병원 치료를 받은 경우 진단서와 영수증을, 도난을 당했을 때는 도난증명서를 제출해야 한다. 도난물품의 가격을 증명할 수 있는 쇼핑 영수증도 첨부하면 더 좋다. 보상금을 받으려는 부분에 필요한 관련 서류들을 꼼꼼히 챙겨야 보상금을 잘 받을 수 있다.

MISSION 8 여행 짐을 꾸리자

여행 짐은 꼼꼼하게 싸더라도 꼭 하나씩 빠뜨리는 경우가 생긴다. 일주일 전부터 리스트를 만들어 꼼꼼하게 챙기자. 현지에서 구입할 수 있는 것이라 해도 사전에 챙겨가는 것이 좋다. 불필요한 시간을 줄이는 것도 여행의 질을 높이는 방법이다.

꼭 가져가야할 것들

여권
해외여행을 간다면 반드시 필요하다. 해외 출국하기 전에 여권 만료일이 6개월 이상 남았는지 꼭 확인하자. 혹시 6개월 미만으로 남았다면 미리 재발급 받도록 하자.

항공권
최근에는 전자 티켓으로 여권만 제출해도 발권이 가능하다.

여행 경비
혹시나 가방을 분실할 경우를 대비해 현금 경비는 잘 나눠서 보관하는 것이 좋다. 신용카드의 경우 거래 은행에 방문하여 추가로 1개를 더 발급받아 가는 것도 방법이다. 2개의 카드를 가져간다면 하나는 마스터, 하나는 비자로 발급받는 것을 추천한다.

의류 및 신발
조지아의 산악지역은 일교차가 심하다. 여름에도 밤에는 춥다고 느낄 수 있다. 여름이라도 부피가 작은 바람막이나 얇은 경량 패딩은 챙기는 것이 좋다. 신발은 슬리퍼와 트레킹화, 그리고 여분의 가벼운 운동화를 준비하자. 여성은 긴 치마를 하나 챙기는 것도 좋다. 조지아에서는 교회에 입장하려면 원칙적으로 여성은 긴 치마를 입고 머리에 머플러를 둘러야 한다.(머리와 허리 모두에 둘러야 한다!) 짧은 바지나 짧은 치마는 입장이 불가하다. 긴 바지를 입었다면 겉에 머플러를 두르고 들어가면 된다.

가방
카메라, 지갑, 책, 여권 등을 담을 수 있는 작은 휴대용 가방이 있으면 좋다. 조지아는 치안이 좋다. 소매치기가 없어 백팩을 준비해도 된다. 그래도 혹시 모르니 작은 자물쇠도 하나 같이 준비하자.

우산&우비
조지아의 산악 지역은 소나기가 쏟아지는 경우가 많다. 작고 가벼운 우산을 챙겨가는 게 좋다. 트레킹을 할 예정이라면 우산보다는 우비를 추천한다.

화장품&세면도구
작은 크기의 여행용 화장품을 미리 준비하자. 세면도구도 미리 여행용 용기를 사서 샴푸나 샤워젤을 담아가면 편리하다. 현지에서도 구입이 가능하지만 작은 용량을 찾기가 쉽지 않다. 치약, 칫솔, 면도기 등 필요한 것을 꼼꼼하게 준비하는 게 좋다. 호스텔은 수건을 지급하지 않는 곳도 많다. 잘 마르는 기능성 수건을 가져가면 유용하다.

비상약품
해외여행에 상비약은 필수다. 해열제와 소화제,

진통제, 지사제, 파스, 밴드 등이 있으면 비상 상황 시 유용하게 쓰인다. 조지아는 우리나라와 물이 많이 달라 물갈이로 고생하는 경우가 종종 있다. 지사제는 꼭 여유 있게 챙겨가자.

휴대전화
대부분의 레스토랑과 숙소에서 와이파이가 가능하다. 현지에서 유심을 구매하면 저렴한 가격에 인터넷 사용이 가능하다. 한국에서 로밍을 해와도 도심을 벗어나면 잘 안되는 경우가 많다. 로밍보다는 현지 유심을 추천한다.

카메라
본인의 취향에 맞게 가져오면 된다. 여분의 배터리와 메모리 카드는 꼭 챙겨가자. 아름다운 코카서스산맥, 흑해 연안 등 자연이 아름다운 조지아를 방문하면 카메라 셔터가 쉴 시간이 없다.

가이드북
〈조지아 홀리데이〉는 꼭 챙겨간다. 책에 주요 정보들을 표시해 두고 다니면 여행의 질을 높여준다.

수영복
조지아 여행은 수영복이 있으면 즐길거리가 더 많아진다. 지역마다 있는 온천, 코카서스산맥의 계곡, 흑해의 해변을 제대로 누리려면 수영복이 필요하다.

선크림
조지아는 여름에도 겨울에도 선크림은 필수다. 여름에는 뜨거운 햇살을 직접 받게 되고, 겨울에는 눈에 반사되어 피부를 자극한다. 선크림은 SPF50+ 이상을 추천한다.

선글라스
선크림과 마찬가지로 선글라스도 꼭 필요하다. 우리나라보다 햇살이 강하기 때문에 선글라스 없이는 야외 활동이 어렵다. 내 눈을 보호하기 위해 자외선 차단기능이 제대로 되어 있는지 확인하자.

머플러
여성의 경우 교회나 수도원에 입장하기 위해서 머리에 머플러를 꼭 둘러야 한다. 교회 앞에 무료로 대여가 가능하나 부피가 크지 않으니 하나쯤 챙겨가는 것이 좋다.

모자
따가운 햇살은 얼굴, 몸뿐만 아니라 두피까지도 태운다. 조지아 여행은 야외 활동이 많다보니 모자도 챙겨가는 것이 좋다.

동전지갑
조지아에서는 동전이 많이 생긴다. 조지아 동전은 1, 2, 5, 10, 20, 50 테트리와 1, 2라리도 동전이다. 각 동전은 크기가 다르다. 동전의 종류가 많아 적응하는데도 시간이 꽤 걸린다. 지폐를 주로 쓰게 되기 때문에 동전이 계속 생기게 된다. 동전지갑을 하나 가져가면 요긴하게 활용할 수 있다.

멀티 콘센트
휴대폰, 카메라 배터리, 보조 배터리 등 전자기기를 모두 충전하기 위해서 3~5구 멀티 콘센트가 있으면 유용하다.

휴대용 선풍기 or 부채

여름철에 트빌리시 시내를 걷거나 근교 도시 투어를 할 때 휴대용 선풍기나 부채가 있으면 큰 도움이 된다.

소형 자물쇠

사용 용도가 다양하다. 외출 시에는 가방을, 호스텔에서는 보관함을 잠그는데 사용한다. 열쇠 자물쇠는 분실 위험이 있으니 번호 자물쇠로 준비하자.

볼펜

입국 신고서나 출국 신고서를 작성할 때 필요하다. 필요 시 언제나 사용할 수 있게 한 두 개 정도 가져간다.

보조 배터리

핸드폰, 카메라, 휴대용 선풍기 등 전자 기기가 방전되었을 때 보조 배터리가 있으면 유용하다. 단, 항공 이용 시 보조 배터리는 반드시 기내에 들고 타야 한다.

침낭

호스텔이나 야간기차 이용 시 침구류가 청결하지 않은 경우가 있다. 이럴 때 침낭이 있으면 유용하다. 침낭은 얇고 가벼운 것을 추천한다.

MISSION 9 출국과 입국

인천공항에서 출국 하기

1. 인천국제공항 도착

인천국제공항은 규모가 크다. 최소 3시간 전에는 도착하는 것이 좋다. 공항 터미널은 제1터미널과 제2터미널로 나뉜다. 두 터미널의 거리가 멀어 자칫 터미널을 잘못 찾아가면 낭패를 당할 수 있다. 사전에 자신이 이용하는 항공사가 어떤 터미널에서 출발하는지 꼭 확인하자. 예약 티켓에 터미널이 표시되어 있다.

2. 탑승권 발권

이용하는 항공사 직원에게 여권을 제출하고 탑승권을 받는다. 대부분의 항공사가 인터넷으로 좌석 지정이 가능하다. 사전에 원하는 좌석을 지정하고 가자. 사전에 좌석 지정을 하지 못했다면 항공사 직원에게 원하는 좌석을 요청하자.

3. 위탁수하물 부치기

항공사별로 위탁 수하물 무게 제한이 있다. 사전에 확인하고 짐을 싸자. 100ml이상의 액체류는

기내 반입이 불가하다. 100㎖ 이하의 액체가 있더라도 용기가 100㎖ 이상이면 반입이 불가하다. 이런 경우 사전에 작은 용기에 옮겨 담도록 하자. 칼이나 손톱깎이 등 위험물질로 판단되는 제품은 기내 반입이 불가하니 항공사 홈페이지에서 확인하자. 보조 배터리는 반드시 기내에 들고 타야 한다.

4. 보안 검색과 출국 수속

위탁수하물까지 부쳤다면 이제 출국 수속을 한다. 출국 수속 전에 보안 검색대에서 기내 수하물 검사를 받는다. 전자기기는 가방에서 모두 꺼내 따로 검사를 받아야 한다. 모자, 선글라스, 벨트 등을 벗고 검사를 받는다. 검사대를 통과한 뒤 짐을 잘 챙겨 출국 수속을 한다.

5. 비행기 탑승

출국심사대를 지나면 면세점과 함께 탑승구가 보인다. 가장 먼저 비행기가 몇 번 탑승구에서 탑승하는지 확인하자. 인천국제공항은 규모가 크기 때문에 탑승구가 먼 경우도 있다. 탑승 시작 전에 탑승구를 찾아 이동하자.

트빌리시 국제공항 입국하기

입국 심사

트빌리시공항에 도착하면 입국 심사를 받는다. 조지아는 한국인에 한해 360일 무비자다. 그만큼 한국과 한국인에 대해 우호적이다. 입국 심사장에서는 특별한 일이 없는 한 한국 여권에는 쉽게 도장을 찍어준다. 그래도 혹시 모르니 숙소 주소, 여행 일정은 따로 프린트해 준비해두자. 심사관에 따라 몇 가지 질문을 할 수도 있다. 입국 심사를 마쳤다면 수하물을 찾는다.

수화물 찾기

트빌리시공항은 규모가 작다. 위탁 수화물 찾기도 쉽다. 모니터에서 탑승했던 항공편에 해당하는 레일 번호를 확인한 후 해당 레일로 가서 짐을 찾는다. 마지막까지 내 짐이 나오지 않으면 배기지 클레임 태그Baggage Claim Tag를 가지고 항공사를 찾아간다. 입국장을 빠져 나올 때 세관원이 배기지 클레임 태그와 짐을 대조할 수 있다. 따라서 배기지 클레임 태그는 버리지 않고 잘 보관한다.

알아두면 좋은 조지아 여행 Tip

1. 조지아 음식에 적응하기!

한국인들이 느끼기에 조지아 음식이 짜다고 생각할 수 있다. 또 대부분의 음식에는 고수가 들어가 있다. 만일 싱겁게 먹는 것을 선호한다면 주문하면서 미리 소금을 적게 넣어달라고 말하는 것이 좋다. 또 고수를 원하지 않는다면 이것도 미리 말도록 하자.

"소금은 적게 주세요."
나끌레비 마릴리 호르트 naklebi marili gtkhovt
"고수는 빼주세요."
킨지 가레쉬 호르트 kindzi gareshe gtkhovt

2. 택시 탈 때는 흥정하자

택시 탑승할 때 택시 어플을 사용하면 기사와 흥정할 필요가 없다. 택시 어플은 금액이 나오기 때문에 목적지까지 이동하고 어플 상에 표시된 금액만 지불하면 된다. 하지만 지방 도시의 경우 어플이 지원 안 되는 곳이 있다. 또 어플을 지원하더라도 택시가 안 잡히는 경우도 있다. 이런 경우 주변에 있는 택시와 가격 흥정을 해서 이동해야 한다. 일반적으로 외국인에게는 현지인보다 2배 정도 비싸게 부른다. 외국인이 현지인 가격으로 흥정하는 것은 어려울 수 있다. 그러나 1.5배 정도까지는 흥정을 시도해 보자. 흥정이 부담스럽다면 숙소에서 택시를 불러달라고 하는 것도 방법이다.

3. 거절할 때는 단호하게!

트빌리시공항에 내리는 순간부터 동양인을 보면 현지인들의 호객행위가 시작된다. 호객행위는 택시, 여행 투어, 길거리 음식까지 다양하다. 대부분의 한국인들은 거절할 때 웃으며 거절한다. 하지만 현지인들은 웃음을 호의로 생각한다. 그래서 웃으며 하는 말은 거절로 듣지 않는 경우가 많다. 따라서 거절할 때는 분명하게 의사표시를 하는 게 좋다. 예를 들어 택시를 흥정하고 싶은 마음이 없다면, 이미 택시가 왔다 등으로 단호하게 거절하는 것이 필요하다.

4. 조지아에서는 개조심

조지아에서는 개를 흔하게 볼 수 있다. 어디서나 풀어놓은 개를 볼 수 있다. 조지아 개는 덩치가 커도 대부분 온순하다. 시골에서 만나는 개는 여행자를 오래오래 따라 오기도 한다. 간식을 준다면 1시간 넘게 따라 올 수도 있다. 만약 개를 좋아하지 않는다면 적당히 거리두기를 하는 게 좋다. 또 광견병 예방 주사 등을 맞지 않았을 확률이 높아 항상 조심한다.

이건 꼭 읽자!
조지아 여행 주의 사항

1. 여행 중 분실

여권을 분실했다면

주 조지아 대한민국 대사관으로 연락하여 1회용 단수여권 혹은 여행증명서를 발급 받자. 남은 여행기간이 길어 여권 재발급 신청을 하면 좋지만 기다릴 시간적 여유가 없다면 단수 여권을 받으면 된다. 여권은 늦어도 다음날엔 발급이 가능하다. 신청서류 : 여권발급 신청서, 여권용 사진 1장(전자여권이 아니면 사진이 2장), 신분증, 긴급여권 신청 사유서, 수수료. 또 조지아에서 한국으로 귀국만 남았다면 여행증명서를 발급 받는 것도 방법이다. 여행증명서는 긴급하거나 부득이 필요한 경우 외교통상부장관이 여권 대신 발급하는 증명서이다. 신청서류 : 신청서, 남은 여정의 항공 E-ticket 사본(경유지, 목적지 모두 기재해야 하므로 귀국 티켓 필요), 증명사진 1장, 수수료.

신용카드를 분실했다면

신용카드, 체크카드를 분실했다면 카드사에 전화해 재빨리 분실, 정지 신고를 해야 한다. 본인이 사용하는 카드사의 분실/정지 전화번호를 미리 확인하자.

모든 여행 경비를 분실했다면

해외에서 예상치 못한 사고로 현금을 분실 했다면 외교부의 '신속 해외 송금 지원 제도'를 이용하자. 국내의 지인이 외교부 계좌로 입금하여 현지 대사관에서 긴급경비를 현지화로 받을 수 있는 제도이다.
① 현지 대사관에 방문 신청
② 플레이스토어 또는 앱스토어에 '영사콜센터' 어플을 설치하여 실행하고 무료통화를 이용
③ 카카오톡 : 카카오 채널에서 '영사콜센터' 채널 친구 추가하여 채팅하기로 상담
④ 전화통화(유료) : +82-2-3210-0404

2. 해외안전여행 애플리케이션

플레이스토어 또는 앱스토어에서 '해외안전여행' 어플을 다운받아 두자. 위기 상황별 대처 메뉴얼, 국가별 여행경보 단계, 공관 위치 찾기, 영사 콜센터 번호, 대사관 연락처 등 안전한 해외여행을 위한 다양한 정보를 제공받을 수 있다. 해당 어플은 데이터나 와이파이가 없는 곳에서도 사용 가능하다.

3. 소지품은 항상 잘 챙기자

다른 여행지에 비해 조지아는 치안이 좋은 편이지만 혹시 모를 상황에 대비하도록 하자. 관광객이 많은 트빌리시의 구시가지Old Tbilisi, 사메바 성당 등지에서는 외국인 관광객을 상대로 소매치기가 발생 한 적도 있다하니 조심하도록 하자. 또 관광객에게 접근하여 금전을 구걸하며 시선을 분산시키고, 일행이 소매치기를 하기도 한다.

4. 산악지대 방문 시 안전유의

도로 정비가 잘 되어 있지 못한 구간이 있기도 하고, 우천 시에는 위험할 수 있다. 스테판츠민다, 메스티아 등 산악마을 이동 시 마르슈르트카를 이용해서 이동할 계획이라면 반드시 안전벨트를 착용하도록 하자. 또 날씨에 따라 트래킹 시에 미끄러울 수 있으니 유의하자.

꼭 알아야 할 조지아 필수 정보 / 조지아에 대한 기본 상식

국가명 조지아 (현지어 사카르트벨로)
수도 트빌리시
면적 69,700㎢
위치 유럽 동부 및 코카서스 지역 (북위 42도, 동경 43도)
언어 조지아어
민족 조지아인(87%), 아제르바이잔인(6%), 아르메니아인(4.5%), 러시아인(2.5%)
인구 373만명
기후 서부 지역 아열대, 동부 지역 온대
종교 조지아 정교회 84%, 아르메니아 사도교회 3%,
　　　 이슬람 10%, 기타 3%
통화 라리
시차 한국보다 5시간 느림
전압 220V
국가번호 +995

유용한 전화번호

주 조지아 대한민국 대사관

주소 8 Ilia Chavchavadze, 1st Ln, Tbilisi, 조지아
전화 +995 322 97 03 20(근무시간)
긴급연락 또는 영사 콜센터(24시간) +82 2 3210 0404
홈페이지 overseas.mofa.go.kr/ge-ko/index.do
이메일 georgia@mofa.go.kr
근무시간 월~금 09:00~17:30(점심시간 12:00~13:00)

해외안전여행사이트 www.0404.go.kr

| INDEX |

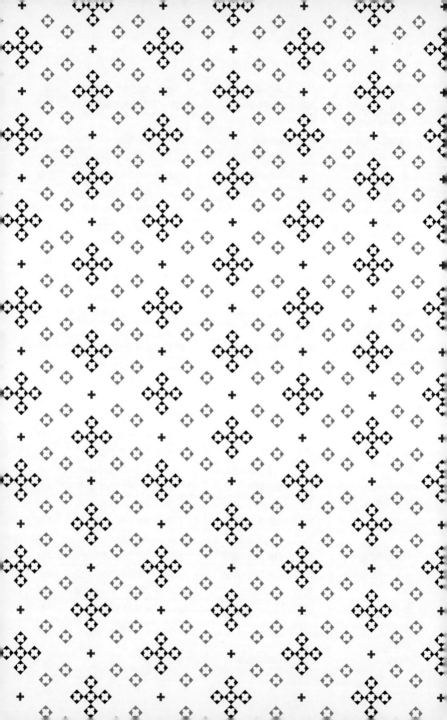